U0228025

21世纪高等学校规划教材 | 软件工程

软件案例分析

刘天时 宋新爱 李皎 张留美 编著

清华大学出版社

北 京

内 容 简 介

本书围绕软件开发的一些案例由浅入深地讲述软件开发过程中的一些设计方法(包括算法设计方法)和实例技巧;按照软件开发流程介绍一个信息系统的开发过程,通过理论与应用相结合的方式,帮助和引导读者进一步掌握软件工程的基本概念、理论、方法和技术。结合具体案例分析讲解是本书的特点。

本书可作为高等院校本科计算机相关专业高年级和研究生教材,也可作为从事软件开发、管理、维护和应用的工程技术和管理人员的参考书。

版权所有,侵权必究。举报:010-62782989,beiqinquan@tup.tsinghua.edu.cn。

图书在版编目(CIP)数据

软件案例分析/刘天时等编著.—北京:清华大学出版社,2015(2024.7重印)
21世纪高等学校规划教材·软件工程
ISBN 978-7-302-41055-3

Ⅰ.①软… Ⅱ.①刘… Ⅲ.①软件开发—案例—高等学校—教材 Ⅳ.①TP311.52

中国版本图书馆 CIP 数据核字(2015)第 173291 号

责任编辑:郑寅堃 王冰飞
封面设计:傅瑞学
责任校对:梁 毅
责任印制:丛怀宇

出版发行:清华大学出版社
  网 址:https://www.tup.com.cn,https://www.wqxuetang.com
  地 址:北京清华大学学研大厦 A 座   邮 编:100084
  社 总 机:010-83470000   邮 购:010-62786544
  投稿与读者服务:010-62776969,c-service@tup.tsinghua.edu.cn
  质量反馈:010-62772015,zhiliang@tup.tsinghua.edu.cn
  课件下载:https://www.tup.com.cn,010-83470236
印 装 者:三河市龙大印装有限公司
经 销:全国新华书店
开 本:185mm×260mm 印 张:22.75   字 数:565 千字
版 次:2016 年 1 月第 1 版   印 次:2024 年 7 月第 5 次印刷
印 数:2951~3120
定 价:59.00 元

产品编号:065964-02

出 版 说 明

随着我国改革开放的进一步深化,高等教育也得到了快速发展,各地高校紧密结合地方经济建设发展需要,科学运用市场调节机制,加大了使用信息科学等现代科学技术提升、改造传统学科专业的投入力度,通过教育改革合理调整和配置了教育资源,优化了传统学科专业,积极为地方经济建设输送人才,为我国经济社会的快速、健康和可持续发展以及高等教育自身的改革发展做出了巨大贡献。但是,高等教育质量还需要进一步提高以适应经济社会发展的需要,不少高校的专业设置和结构不尽合理,教师队伍整体素质亟待提高,人才培养模式、教学内容和方法需要进一步转变,学生的实践能力和创新精神亟待加强。

教育部一直十分重视高等教育质量工作。2007 年 1 月,教育部下发了《关于实施高等学校本科教学质量与教学改革工程的意见》,计划实施“高等学校本科教学质量与教学改革工程(简称‘质量工程’)”,通过专业结构调整、课程教材建设、实践教学改革、教学团队建设等多项内容,进一步深化高等学校教学改革,提高人才培养的能力和水平,更好地满足经济社会发展对高素质人才的需要。在贯彻和落实教育部“质量工程”的过程中,各地高校发挥师资力量强、办学经验丰富、教学资源充裕等优势,对其特色专业及特色课程(群)加以规划、整理和总结,更新教学内容、改革课程体系,建设了一大批内容新、体系新、方法新、手段新的特色课程。在此基础上,经教育部相关教学指导委员会专家的指导和建议,清华大学出版社在多个领域精选各高校的特色课程,分别规划出版系列教材,以配合“质量工程”的实施,满足各高校教学质量和教学改革的需要。

为了深入贯彻落实教育部《关于加强高等学校本科教学工作,提高教学质量的若干意见》精神,紧密配合教育部已经启动的“高等学校教学质量与教学改革工程精品课程建设工作”,在有关专家、教授的倡议和有关部门的大力支持下,我们组织并成立了“清华大学出版社教材编审委员会”(以下简称“编委会”),旨在配合教育部制定精品课程教材的出版规划,讨论并实施精品课程教材的编写与出版工作。“编委会”成员皆来自全国各类高等学校教学与科研第一线的骨干教师,其中许多教师为各校相关院、系主管教学的院长或系主任。

按照教育部的要求,“编委会”一致认为,精品课程的建设工作从开始就要坚持高标准、严要求,处于一个比较高的起点上;精品课程教材应该能够反映各高校教学改革与课程建设的需要,要有特色风格、有创新性(新体系、新内容、新手段、新思路,教材的内容体系有较高的科学创新、技术创新和理念创新的含量)、先进性(对原有的学科体系有实质性的改革和发展,顺应并符合 21 世纪教学发展的规律,代表并引领课程发展的趋势和方向)、示范性(教材所体现的课程体系具有较广泛的辐射性和示范性)和一定的前瞻性。教材由个人申报或各校推荐(通过所在高校的“编委会”成员推荐),经“编委会”认真评审,最后由清华大学出版社审定出版。

目前,针对计算机类和电子信息类相关专业成立了两个"编委会",即"清华大学出版社计算机教材编审委员会"和"清华大学出版社电子信息教材编审委员会"。推出的特色精品教材包括:

(1) 21世纪高等学校规划教材·计算机应用——高等学校各类专业,特别是非计算机专业的计算机应用类教材。

(2) 21世纪高等学校规划教材·计算机科学与技术——高等学校计算机相关专业的教材。

(3) 21世纪高等学校规划教材·电子信息——高等学校电子信息相关专业的教材。

(4) 21世纪高等学校规划教材·软件工程——高等学校软件工程相关专业的教材。

(5) 21世纪高等学校规划教材·信息管理与信息系统。

(6) 21世纪高等学校规划教材·财经管理与应用。

(7) 21世纪高等学校规划教材·电子商务。

(8) 21世纪高等学校规划教材·物联网。

清华大学出版社经过三十多年的努力,在教材尤其是计算机和电子信息类专业教材出版方面树立了权威品牌,为我国的高等教育事业做出了重要贡献。清华版教材形成了技术准确、内容严谨的独特风格,这种风格将延续并反映在特色精品教材的建设中。

清华大学出版社教材编审委员会
联系人:魏江江
E-mail:weijj@tup.tsinghua.edu.cn

前　言

　　本书以面向对象开发环境 VC++ 为基础,围绕软件开发的典型案例讲述软件开发过程中的一些设计方法和实例技巧。结合案例来进行讲解,不但有助于读者理解相关的知识,而且在实际应用中能起到参考作用。

　　全书分为 8 章,第 1 章主要介绍软件工程的发展历程和研究现状以及数据库的发展过程;第 2 章为开发环境简介,主要介绍 C++ 语言基础、MFC 编程技术、SQL 基础;第 3 章是一些应用实例技巧,包括一对多表单设计、数据加锁方法、回滚与提示、游标模板和通知发布;第 4 章讲述通用功能中的界面设计部分,包括界面风格设计、快捷键设置、进度指示器和树形可视图形界面;第 5 章讲述通用功能中的数据操作部分,包括数据整理、跨库查询、数据导出与导入、大文本数据管理、角色与授权、系统启动;第 6 章以汉诺塔递归算法开始,主要讲述数字拼图游戏算法、点对点网络通信算法和通用试题库组卷算法;第 7 章以医院管理信息系统为例,介绍软件开发的过程和方法;第 8 章主要介绍大数据及推荐系统,包括大数据的基本概念、核心思想、处理方法,以真实数据集为应用研究对象,描述了推荐系统的设计方法和实现过程。附录为一些实验项目,可作为实验教学内容,通过实验培养学生的实践、分析和解决问题的能力。

　　本书由刘天时主编,刘天时承担了第 3～5 章的编写工作,宋新爱承担了第 2 章和附录 A.1～A.4 的编写工作,李皎承担了第 1 章、第 6 章和附录 A.5～A.8 的编写工作,张留美承担了第 7～8 章和附录 A.9 的编写工作。卫红春和胡宏涛教授负责全书的审阅。马刚和范莉莉等老师阅读了书稿,提出了许多建设性意见。师雪雪、魏雨、刘瑞香、杨雪、肖敏敏、邱果同学详细阅读了书稿,并对文字和格式进行了修改。吕博扬同学在第 8 章中收集数据并对其进行详细分析与整理。清华大学出版社的广大员工为本书的出版做了大量工作。在此对为本书的编写和出版做过工作的所有老师和同学表示衷心感谢。

　　本书可作为计算机相关专业本科高年级和研究生教材,也可作为从事软件开发和管理人员的参考书。

　　由于作者水平所限,书中难免有疏漏和欠妥之处,恳请读者批评指正。本书为教师免费提供本书的实验代码,需要的教师可与本书编辑联系索取。本书编辑的电子邮箱地址是 zhengyk@tup.tsinghua.edu.cn,作者的电子邮箱地址是 liutianshi@xsyu.edu.cn。

编　者

2015 年 8 月于西安

第 1 章

绪论

随着计算机的广泛应用,软件开发人员开始注重程序设计的结构、风格和可维护性,典型代表是结构化程序设计方法。20 世纪 60 年代末,提出了软件工程的概念,其目的是倡导以工程的概念、原理和方法进行软件开发。进入 20 世纪 80 年代后,开始围绕软件工程过程展开了有关软件生产技术的研究,主要是软件重用技术和软件工程管理。近几年来,随着计算机网络的广泛应用,以软件重用技术为基础,在软件构件技术、中间件技术、分布式计算技术等方面均取得了有影响的成果,有力地推动了软件工程学科的发展。

教学要求

(1) 掌握软件的定义、软件的特点和软件的分类;

(2) 了解软件危机的概念及导致软件危机的原因;

(3) 了解软件工程的发展历程和研究现状;

(4) 了解数据库的产生原因;

(5) 掌握数据库的特点和相关概念。

重点和难点

(1) 软件的定义、特点和分类;

(2) 数据库的特点和相关概念。

1.1 软件

"计算机系统依赖于软件,但有时也毁于软件。有些软件故障令人烦恼,而有些软件故障却是灾难性的。技术带来某种风险早已不是新闻。在系统中增加软件可以使系统提供的服务更便利、更易用、更易修改,但却不会使系统更可靠。"Weiner 的这段话道出了软件对系统的重要性。

1.1.1 软件的定义

软件是能够完成预定功能和性能的可执行的计算机程序和使程序正常执行所需要的数据,加上描述程序的操作和使用的文档,即"软件=程序+数据+文档"。

程序是为了解决某个特定问题而用程序设计语言描述的适合计算机处理的语句序列。

数据是用来描述软件所要处理的业务和事物的静态特征,是程序处理的对象,是能被计算机存储和处理的反映客观实体信息的物理符号。

文档是软件开发活动的记录,主要供人们阅读,既可用于专业人员与用户之间的通信和交流,也可以用于软件开发过程的管理和运行阶段的维护。

1.1.2　软件的特点

软件具有以下特点。

（1）智能性。软件是人类智力劳动的产物。

（2）抽象性。软件是一种逻辑实体,而不是具体的物理实体。

（3）系统性。软件是由多种要素组成的有机整体,具有确定的目标、功能和结构。

（4）复制性。软件的开发过程中没有明显的制造过程,不像硬件可重复制造,但可无限次复制同一内容的副本。

（5）非损性。在软件的运行和使用期间,不像硬件那样存在机械磨损、老化等问题。

（6）依附性。软件的开发和运行常常受到计算机系统的限制,不能完全摆脱硬件独立运行。

（7）泛域性。软件可以服务于人类活动所涉足的各行各业。

（8）演化性。软件在其生命周期中,其功能和性能会受各种社会因素的影响而不断变化。

1.1.3　软件的分类

1. 按软件的功能划分

按照功能可把软件分为系统软件、支撑软件和应用软件 3 种类型。

（1）系统软件是能与计算机硬件紧密配合,使计算机系统各个部件、相关的软件和数据能够协调、高效工作的软件,如操作系统、数据库管理系统、设备驱动程序、通信处理程序等。

（2）支撑软件是协助用户开发软件的工具性软件,如文本编辑程序、文件格式化程序、磁盘向磁带传输数据的程序、程序库系统,以及支持需求分析、设计、实现、测试和管理的软件等。

（3）应用软件是在特定领域内开发,为特定目的服务的一类软件,如商业数据处理软件、工程与科学计算软件、计算机辅助设计/制造软件、系统仿真软件、智能产品嵌入软件、医疗与制药软件、事务管理与办公自动化软件、计算机辅助教学软件等。

2. 按软件规模划分

（1）微型：一个人,在几天之内完成的软件。

（2）小型：一个人半年之内完成的代码在 2000 行以内的软件。

（3）中型：5 个人以内,在一年多时间里完成的代码在 5000 行至 5 万行的软件。

（4）大型：5～10 个人,在两年多的时间里完成的代码在 5 万行到 10 万行的软件。

（5）甚大型：100～1000 个人,用 4 到 5 年时间完成的具有 100 万行代码的软件。

（6）极大型：2000～5000 个人,10 年内完成的代码在 1000 万行以内的软件。

3．按软件工作方式划分

（1）实时处理软件：是指在事件或数据产生时，立即予以处理，并及时反馈信息，控制需要监测和控制其过程的软件。

（2）分时软件：是管理多个联机用户同时使用一台主机的软件。

（3）交互式软件：是指能实现人机通信的软件。

（4）批处理软件：是把一组输入作业或一批数据以成批处理的方式一次运行，按顺序逐个处理完的软件。

4．按软件服务对象的范围划分

（1）项目软件（也称为定制软件）：是受某个特定客户（或少数客户）的委托，由一个或多个软件开发机构在合同的约束下开发出来的软件。

（2）产品软件：是由软件开发机构开发出来直接提供给市场，或是为千百个用户服务的软件。

5．按软件使用的频度划分

按照软件使用的频度可把软件分为一次使用软件、多次使用软件两种类型。

6．按软件可靠性划分

按照软件可靠性可把软件分为高可靠性软件、一般可靠性软件两种类型。

1.1.4 软件危机

1．软件危机的含义

软件危机是指在20世纪60年代计算机软件的开发和维护过程中所遇到的一系列严重问题，这些问题给软件的产生和应用造成严重的社会障碍。软件危机表现在以下几方面：

（1）软件开发人员与用户进行完全沟通通常比较困难，用户对已完成系统不满意的现象经常发生。

（2）软件应用的需求快速增长，软件开发生产率的提高赶不上硬件的发展和人们需求的增长。

（3）软件测试技术规范和制度不够健全，软件产品的质量往往不可靠。

（4）对软件开发成本和进度的估计常常不准确。开发成本超出预算，相比预定计划实际进度一再拖延的现象并不罕见。

（5）软件开发常常没有依据统一的、科学的开发规范，软件的可维护程度低。

（6）软件通常没有适当的文档资料。

（7）软件的成本逐年上升，软件的价格昂贵。

2．软件危机产生的原因

软件危机产生的原因有以下几方面。

（1）管理和控制软件开发过程相当困难，这与软件本身的特点有关。软件不同于硬件，它是计算机系统的逻辑部件而不是物理部件。在写出程序代码并在计算机运行之前，软件开发过程的进展情况较难衡量，软件开发的质量也较难评价。

（2）软件不易于维护。软件维护通常意味着改正或修改原来的设计，客观上使软件较难维护。

（3）在软件开发过程中，或多或少地采用了错误的方法和技术。

（4）对用户需求还没有完整准确地把握，就匆忙着手编写程序。

（5）开发人员与管理人员重视开发而轻视问题的定义和软件维护。

3．软件危机的解决途径

采用以下软件工程学的技术和方法，是解决软件危机的有效途径。

（1）采用工程化方法和工程途径来研发、维护软件。

（2）采用先进的技术、方法和工具来设计和实现软件。

（3）采用必要的组织管理措施。

1.2　软件工程的发展历程

自1946年第一台计算机问世以来，计算机硬件技术迅速发展，其处理能力不断提高，体积、功耗和成本却不断下降，而计算机软件的发展却远远落后于计算机硬件的进步。当时的软件生产具有个体化、作坊式的特点，开发工具落后，开发平台单一，程序设计语言功能差，软件开发维护费用远远超出预算，软件生产成本急剧增长，开发周期长，进度不易控制，软件可靠性差。这种软件开发技术、开发语言和开发环境与软件需求的日益增加形成了尖锐的矛盾，从而产生了软件危机。软件危机的出现使人们认识到软件开发需要探索新的方法、技术和工具。20世纪60年代末，E. W. Dijkstra提出了结构化程序设计的概念，他强调从程序结构上来研究程序设计，指出分析设计比编码更为重要。北大西洋公约组织（North Atlantic Treaty Organization，NATO）于1968年召开学术研讨会，会议第一次提出了"软件工程"的概念，采用工程的概念、原理和方法来开发、管理和维护软件。自此以后，软件工程作为一门新兴的学科正式诞生，人们开始了软件工程的研究。

1.2.1　软件工程的发展阶段

1．软件工程准备期

从1968年软件工程概念提出到1975年期间是软件工程学科的准备时期。这个阶段提出了软件工程的概念，探讨了软件开发过程中存在的诸多问题，并试图通过使用局部方法和工具以及改善软件管理手段来解决这些问题。该阶段的主要工作有以下几点。

（1）对软件开发以及程序设计中存在的问题进行了深入分析，对问题进行归类，并思考问题出现的原因。

（2）对程序设计方法、数据的抽象表示以及程序实现技巧进行了深入研究，并提出了诸如自顶向下设计、结构化设计、可靠性软件设计等有效的程序设计方法。

（3）开始重视软件测试技术和容错设计。

（4）提出改进软件质量的方法。

（5）提出软件生产化的必要性和设想。

2．软件工程形成期

1975—1980 年是软件工程学科体系的形成时期。这个阶段的典型特征如下。

（1）软件工程作为一个学科体系初步形成。明确了软件工程学的含义，提出了软件生存周期的概念，规定了软件生存期各阶段的划分，并对软件维护给予充分重视。

（2）出现了软件工程方法学、程序设计方法学、软件度量学及成本核算技术、软件开发工具与环境、软件工程规范与标准等软件工程学科的多个分支领域。

（3）数据库技术、微处理机技术、通信网络技术、人机界面技术、多语言处理技术等相关技术的出现和发展。

3．软件工程发展期

从 1981 年至今，软件工程学科进入持续发展时期。这个时期软件开发相关技术得到迅速发展，软件应用向深度和广度发展，软件的规模和范围不断扩大，并由独立系统向开放、互联和集成的一体化系统发展，软件产业化速度加快，软件体系结构和软件建模技术开始受到重视，软件开发环境逐步成熟。尤其进入 20 世纪 90 年代中期以来，软件工程环境得到迅速发展，可视化技术、以 C/S 和 B/S 为代表的软件体系结构模式、面向对象和面向服务的方法，以统一建模语言（Unified Modeling Language，UML）为代表的软件建模语言和建模技术和以统一软件过程（Rational Unified Process，RUP）为代表的软件工程过程的规范和统一等把软件工程推向了一个新的发展时期。

1.2.2　软件工程的发展过程

1968 年北大西洋公约组织会议第一次在国际上正式提出软件工程的概念之后，软件工程化一直在不断发展，具有代表性的事件或产品出现的年代如图 1.1 所示。

				GUI	OOSE	
				CMM	SRE	ADT
			4GL	CASE	REUSE	CA
			COTS	OOD	WWW	AOP
		TQM			UML	TDD
WFL	3GL	PC			SA	UML2.0
1970年	1975年	1980年	1985年	1990年	1995年	2000年

图 1.1　软件工程发展过程

在软件工程发展过程中，具有代表性事件或产品的含义如下。

- WFL：工作流语言（Work Flow Language）。
- 3GL：第三代编程语言（Third Generation Language）。
- PC：微机（Personal Computer）。

- TQM：全面质量管理(Total Quality Management)。
- 4GL：第四代编程语言(Fourth Generation Language)。
- COTS：商品化的产品和技术(Commercial Off-The-Shelf)。
- CMM：软件能力成熟度模型(Capacity Maturity Model)。
- CASE：计算机辅助软件工程(Computer Aided Software Engineering)。
- OOD：面向对象设计(Object Oriented Design)。
- SRE：软件可靠性工程(Software Reliability Engineering)。
- GUI：图形用户界面(Graphic User Interface)。
- REUSE：复用。
- WWW：万维网(World Wide Web)。
- ADT：抽象数据类型(Abstract Data Type)。
- CA：计算机辅助(Computer Aided)。
- OOSE：面向对象的软件工程(Object-oriented Software Engineering)。
- UML：统一建模语言(Unified Modeling Language)。
- SA：软件体系结构(Software Architecture)。
- AOP：面向切面编程(Aspect Oriented Programming)。
- TDD：测试驱动开发(Test-Driven Development)。
- UML2.0：统一建模语言2.0版(Unified Modeling Language 2.0)。

软件工程初步形成于20世纪70年代。1970年，W. Royce提出了"瀑布模型"。由于瀑布模型描述了软件生命周期过程的基本活动，因此也称为传统的生命周期模型，如图1.2所示。在瀑布模型中，系统分析员先收集系统需求，并由用户方和软件开发方共同确认；然后

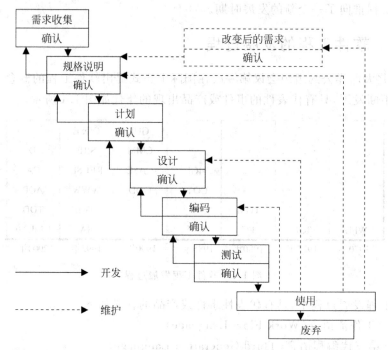

图1.2　瀑布模型

编写需求规格说明文档且需要双方共同确认；随后进入软件项目计划阶段，用户方确认后进入设计阶段；设计人员认可之后，由程序员进行编码实现；编码完成由用户方进行验收测试。经过一段时间后，可能用户最终会将该软件废弃，如使用新系统代替等。瀑布模型的优点包括强制性的分阶段方法。该方法要求每一阶段任务完成后，都必须对其阶段性的产品（包括文档）进行评审，方可进入下一阶段的工作，强调软件开发过程的阶段性。瀑布模型是一种理想的线性模型，开发过程缺乏灵活性，软件出现的错误只能在后期发现，要修改前期的错误将要付出非常大的代价，因此软件维护较难。

从 20 世纪 50 年代中期到 20 世纪 70 年代，出现了以 FORTRAN、COBOL、BASIC、C 等为代表的第三代程序设计语言。为了满足软件工程化的迫切要求，1976 年美国电气和电子工程师协会（Institute of Electrical and Electronics Engineers，IEEE）标准化部成立了一个软件工程组，负责起草软件工程标准。20 世纪 70 年代后期还出现了规范化的软件开发学。

20 世纪 80 年代是软件产业化和软件工程规范化的开端。由于软件市场需求迅猛增长和计算机硬件、外部硬件设备及有关接口的迅速标准化，软件逐步脱离对硬件的依赖，成为世界上发展最快的独立产业。与此同时，软件公司大量涌现，其中最知名的是微软公司的成立与崛起。软件开发也逐步走入专业化、规范化的轨道。IEEE 于 1980 年出版了第一个软件工程标准 IEEE STD730（软件质量保证标准），该标准成为 IEEE 整个软件工程早期标准的基础。之后，美国宇航局（National Aeronautics and Space Administration，NASA）、欧洲空间局（European Space Agency，ESA）、美国国防部（US Department of Defense，DOD）等机构也陆续发布了一些技术指令和标准，并通过培训来推进软件工程的规范化和标准化。在这些软件质量保证标准中，系统管理方面广泛应用的"全面质量管理"的理论也被引入了软件工程之中。20 世纪 80 年代中期出现了面向对象的、非过程化的第四代程序设计语言。

20 世纪 80 年代后期，由于瀑布模型存在的缺陷，人们又提出了改进模型，即原型模型，如图 1.3 所示。原型模型的首要任务是根据用户提出的软件基本需求快速建立一个系统原型，然后重复让用户通过使用原型对其提出意见，软件开发人员根据意见快速修改原型，直至用户对开发的系统原型满意为止。这一模型的最大优点是采用逐步求精、反复修改的方法使原型逐步完善，开发出真正满足用户需要的软件。但在实际操作中也存在以下几个问题。

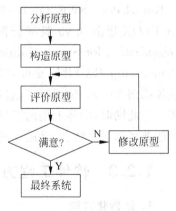

图 1.3 原型模型

（1）要求软件开发人员迅速生成这些原型，如果没有理想有效的工具软件的支持，其开发速度和进度是非常慢的，特别是对于大型复杂系统的开发有可能因原型的失败而导致失败。

（2）由于对原型模型繁杂的修改活动，而忽视开发过程中的其他因素。如果对原型的修改不能收敛于期望值，很可能导致失败。

（3）原型化方法实际上是简化了的软件生存周期过程，其实现的策略偏于非形式化，对原型项目的控制管理比较困难。

之后出现的喷泉模型、螺旋模型等大都是对瀑布模型和原型模型的一种扩展和改进。

20 世纪 90 年代，软件工程的规范化得到了进一步的发展。至 2000 年年底，IEEE 共发布四十多项软件工程标准；NASA 发布了十多项软件工程标准和指南；ESA 和欧洲空间标准化合作组织（European Cooperation for Space Standardization，ECSS）也发布了 10 多项软件工程和质量保证标准；美国软件工程研究所（Software Engineering Institute，SEI）提出的软件过程成熟度模型（CMM、SE-CMM）和个体软件过程（Personal Software Process，PSP）已得到国际广泛认同。20 世纪 90 年代初，软件风险管理已作为国外大型软件项目所必须开展的工作，软件费用评估也作为制订软件开发计划的必要前提。1995 年前后，在美国发展并迅速国际化的万维网和友好的图形用户接口技术，使软件工程发展到了一个新的水平，宣告了信息时代的到来。软件重用技术、并行方法以及自动开发技术成为 20 世纪 90 年代开发模型的新焦点，同时提出了软件可靠工程的理论和实践。

计算机科学教育突飞猛进的发展，进一步带动了软件工程教育。许多院校已经认识到需求建模、设计方法、体系结构设计、软件复用、软件过程、质量问题、团队组织技能等知识对于商业软件高效开发的重要性，因此，许多院校的大纲已经从最初的以程序设计语言和编码为中心的课程设置转移到强调软件工程理论和设计，但是，直接面向工程化的课程和学时很少。美国最先感受到软件工程教育的迫切需求。美国的计算机联合会（Association for Computing Machinery，ACM）、电子电气工程师协会计算机学会（Institute of Electrical and Electronics Engineers Computer Society，IEEE-CS）和计算机科学认可委员会（Computing Sciences Accreditation Board，CSAB）等机构纷纷极力倡导和支持开设高质量的软件工程课程并且积极提供指导。1998 年，美国 Embry-Riddle 航空大学计算与数学系的 Thomas B. Hilburn 教授开发了"软件工程知识体系指南"项目，并且于 1999 年 4 月完成了"软件工程知识主体结构"的报告。1999 年 5 月，ISO 和 IEC 的第一联合技术委员会（ISO/IEC JTC 1）启动了标准化项目——"软件工程知识主体指南"（Guide to the Software Engineering Body of Knowledge，SWEBOK）。2001 年 4 月 18 日，SWEBOK 行业顾问委员会通过了发布 SWEBOK 指南 0.95 版试行两年的协议。2001 年 5 月，国际标准化组织（International Organization for Standardization，ISO）和国际电工委员会（International Electrotechnical Commission，IEC）共同发布了关于软件工程的一份特殊的标准化文件——"软件工程知识主体指南 V0.95（试用版）"，启动了为期两年的指导软件工程学科教育和职业培训的试用过程。与此同时，国际上提出了"用国际标准支持软件工程教育"的口号。标准化与学科教育和职业培训相互结合、迅速发展。

1.2.3 软件工程方法的发展

1. 结构化方法

结构化方法是指任何包括结构设计的软件开发技术。结构化方法是以过程为中心，把程序分解为不同的模块和过程。在编写各个模块时，不必关心其他模块的内部实现细节，从而可采用自顶向下、逐步求精的方法，将要解决的问题一步一步地分解，直到每个问题足够简单且易于处理，最后形成原始问题的解空间。根据分析方法的不同，结构化方法又可分为面向数据流和面向数据结构两大类软件开发方法。

结构化方法在软件工程发展中具有里程碑的意义，使软件摆脱了无序的软件开发方法。

但是对于某些问题不存在自顶向下、逐步求精的方法,开发人员无法重用以前程序的可重用部分。

2．面向对象方法

面向对象的软件开发方法在 20 世纪 60 年代末期开始提出,经过近二十年的发展,这种技术逐渐为人们所认识。到了 20 世纪 90 年代前期,面向对象的软件工程方法学已经成为人们开发大型软件项目时首选的范型。面向对象方法将数据和操作封装在一起,软件维护主要通过修改对象类来实现。因此,软件维护简单并且稳定性好;具有继承机制,子类可以直接使用或重载其父类的操作,有利于提高软件的重用性;面向对象的应用程序是一种基于消息或者事件驱动的程序类型,它支持多态机制,多态机制不仅精简了程序,而且降低了程序的复杂性。因此,面向对象方法在开发效率和系统维护成本等方面,要优于传统结构化设计方法。

3．形式化方法

形式化方法是用于说明和检验基于数学的语言和工具。形式化方法通过揭示系统的不一致性、二义性及不完全性,使人们对系统形成一个更深入的理解。根据形式化的程度,可以把软件工程划分为非形式化、半形式化和形式化三类。使用自然语言描述需求规格说明,是典型的非形式化方法;使用数据流图或实体关系图等图形符号建立模型,是典型的半形式化方法。业界广为流传的典型的形式化方法有 Z 方法、Larch 方法、B 方法等。

近十几年来,国外对形式化方法在软件开发中的研究与应用开展了大量的实践工作,形式化方法已不再仅限于纯学术性研究,而是已经开始被工业界接受并用于实际开发的系统。国外已经出现不少包括形式化方法、形式化语言和形式化工具在内的比较成熟的形式化系统。

4．基于构件的方法

应用构件技术来开发软件项目是 20 世纪 90 年代开始出现在软件工程领域的热点。基于构件的软件工程(Component-Based Software Engineering,CBSE)是一种软件开发的新范型。它是在一定构件模型的支持下,复用构件库中的一个或多个软件构件,通过组合手段高效率、高质量地构造应用软件系统的过程。它包含了系统分析、构造、维护和扩展的各个方面,这些方面都是以构件方法为核心的。与传统的软件重用方法相比,构件具有即插即用的特性,可以方便地集成于框架中,不用修改程序;构件通过接口实现与其他构件框架的交互,构件的具体实现被封装在内部,组装者不必关心具体实现细节,只需关心接口。构件接口标准化特点是构件技术成熟的标志之一,构件的严格标准化有利于构件间的互操作。基于构件设计的系统,具有更好的可维护性。目前主要的构件标准有微软的 COM/DCOM,Java 的 JavaBeans 和 EJB,OMG 组织的 Corba。

构件技术是在面向对象技术基础上发展起来的,两者之间有着密切的联系和明显的差异。构件不一定用面向对象语言编写,任何一种可以实现构件标准接口和所需功能的语言都可用来编写构件。虽然由于面向对象语言的种种特殊性,但一般仍认为它是编写构件最自然的语言。国外一些专家认为面向对象技术如 Java、Corba 和 ActiveX 不够稳定和成熟，并非最佳选择。目前，CBSE 的应用日益广泛，有较广阔的发展前景。

5. 基于 Agent 的方法

近年来，Agent 和多 Agent 系统成为计算机科学和分布式人工智能研究的一个重要方向。Agent 的中文译名有"智能体"、"智体""代理"、"主体"等。

面向 Agent 的软件工程方法为复杂系统的开发提供了一种新的解决途径，采用面向 Agent 的软件方法开发的软件具有较好的灵活性、健壮性、开放性。与传统软件工程方法相比，面向 Agent 系统优点在于 Agent 能够以灵活的、上下文相关的方式与外界交互，而不是通过一些预定的接口函数。

近几年来，业界已相继推出面向 Agent 的系统设计所采用的语言，如 Placa、Congolog 等。面向 Agent 技术已大量用于网络信息处理、电子商务、交通控制、生产过程控制等领域，信息技术发达的国家及公司都着手 Agent 技术的产品开发，成功研制出了一些具有 Agent 特性的产品。

6. 基于净室技术的方法

净室理论基础建立于 20 世纪 70 年代末 80 年代初。净室理论源于数学。Harlan Mills 敏锐地看出计算机程序可以执行一个数学函数，从而为软件开发确立了合适的科学基础。在软件测试的统计特性方面，Mills 同样确立了相应的科学基础，也就是说，他使软件测试变成只是从无限的可能使用中抽取的样本。这使得净室软件工程成为一个真正的工程学科。

净室软件工程包含三项关键技术：增量开发、严格的开发规范与设计、基于统计学的可靠性测量。其中增量开发(Incremental Development)技术是实现开发过程控制的基础和保证。增量开发的技术基础是引用透明性原理，这种原理在软件开发中表现为函数的调用不必关心其内部实现的细节，而只要确认其返回值的正确性。所以软件开发可采用自顶向下、逐步细化的方法，上层函数严格定义其调用函数的功能规范，由于引用透明性，在底层函数被细化之前即可对当前的系统进行验证。从目前的实际情况看，国内在引入净室软件工程上所做的工作远远不够，还必须在加强理论研究的同时，多进行工程实践的探索。

7. 基于敏捷技术的方法

敏捷方法强调适应，而非预测。首先，它能够适应变化的过程，甚至能允许改变自身来适应变化。其次，敏捷方法以人为中心，是"面向人"的，而非"面向过程"的，它强调对人性的关注。敏捷软件开发涵盖了众多的开发方法，其中包括极限编程(eXtreme Programming，XP)、水晶方法族(Crystal Methods，CM)、自适应软件开发(Adaptive Software Development，ASD)、特征驱动开发(Feature Driven Development，FDD)、动态系统开发方法(Dynamic System Development Methods，DSDM)等。在敏捷组织 2001 年发表了敏捷宣言之后的实践中，敏捷方法得到了快速发展。

1.3 软件工程研究现状

1.3.1 软件开发方法现状

面向对象方法是现代软件工程的主流技术之一。近二十年来,面向对象技术得到了迅速的发展和广泛应用,从而产生了面向对象分析(Object Oriented Analysis,OOA),面向对象设计(Object Oriented Design,OOD),面向对象编程(Object Oriented Programming,OOP),面向对象软件工程(Object Oriented Software Engineering,OOSE)等面向对象的技术。

1. 面向对象分析

OOA 方面具有代表性的有 Rumbaugh 等人提出的对象模型技术(Object Model Tech,OMT),即三视点技术,它把分析时收集的信息构造在三类模型中,即对象模型、功能模型和动态模型。对象模型用 E-R 图描述问题域中的对象及其相互关系,功能模型用数据流图描述系统的功能,动态模型用状态转换图描述对象的动态行为。另一具有代表性的是 Coad 和 Yourdon 的面向对象的分析,在分析阶段将系统划分为类和对象层、属性层、服务层、结构层、主题层 5 个层次。OOA 的任务就是通过分析问题域,最终建立系统的概念模型。

2. 面向对象设计

OOD 是对 OOA 工作的进一步细化,主要任务是明确对象及其属性、可施于对象的操作、对象与操作间的关系和接口、决定详细设计、给出对象的实现描述。

Coad 和 Yourdon 在 OOA 建立的 5 个层次的基础上,在 OOD 中建立系统的 4 个组成成分:问题域、人机交互界面、任务管理、数据管理。面向对象方法还有 Booch 方法和 Jacobson 的 OOSE 方法等。

UML 是近年发展起来的面向对象建模语言,该方法结合了 OMT 和 Jacobson 方法的优点,统一了符号体系,从其他的方法和工程实践中吸收了许多经过实际检验的概念和技术,并把 UML 融入 Rational 公司的 CASE 工具 ROSE 之中,ROSE 试图用 UML 语言支持软件开发的大部分过程的建模。

3. 面向对象编程

1) 混合型面向对象程序设计语言 C++

C++是一种混合型语言,它既具有独特的面向对象特征,又保留传统、高效的结构语言 C 的主要特征。C++是支持面向对象程序设计和 C 的一个超集,C++面向对象语言全面支持数据抽象、数据封装、继承性和多态性。

2) 纯面向对象程序设计语言 Java

Java 是由 Sun 公司的 J. Gosling、B. Joe 等人在 20 世纪 90 年代初开发出的一种纯面向对象程序设计语言。首先,Java 作为一种解释型程序设计语言,具有简单性、面向对象性、平台无关性、可移植性、安全性、动态性和健壮性,不依赖于机器结构,并且提供了并发机制,具有很高的性能;其次,它最大限度地利用了网络,Java 的应用程序(Applet)可在网络上传输,可以说是网络世界的通用语言;另外,Java 还提供了丰富的类库,使程序设计者可以方便地建立自己的系统。

4. 面向对象软件工程

OOSE 可较好地描述系统与其用户之间的信息交换机制,即用于向软件系统提出需求后,软件系统完成这项需求的过程。OOSE 方法遵循瀑布式的软件开发过程,首先是描述与系统交互有关的用户视图,然后建立分析模型,最后的构造过程则完成交互设计、实现和测试。

OOSE 方法的最大特点是面向用例。用例(Use Case)代表某些用户可见的功能,实现一个具体的用户目标。用例代表一类功能而不是使用该功能的某一具体实例。用例是精确描述需求的重要工具,贯穿于整个软件开发过程,包括对系统的测试和验证过程。

1.3.2 热点技术发展现状

1. 软件度量

软件度量包括软件产品度量、软件开发管理度量和软件开发过程度量等。

1) 软件产品度量

软件产品度量应该考虑以下几个方面。

(1) 软件规模度量。一般用软件源代码行数来度量,是最基本的一种软件度量,也是进行软件管理和费用估算的基本依据。

(2) 软件功能性度量。度量软件的功能规模和复杂度,一般用软件的功能点来度量,在度量时还需考虑软件的逻辑文件数、外部接口数、输入/输出数等。

(3) 软件复杂性度量。度量软件的复杂程度。软件复杂性度量主要使用 McCabe 的结构复杂性计算公式:

$$M = L - N + 2P$$

其中 L 为连接数,N 为节点数,P 为路径转移数。

(4) 测试覆盖度度量。有功能覆盖率、路径覆盖率、失效模式覆盖率等。

2) 软件开发管理度量

软件开发管理度量有生产性度量、配置管理度量,以及进度、努力程度度量等。

(1) 生产率度量:可采用每人每月的代码行(LOC/PM)以及每人每月的功能点数(FP/PM)来度量软件生产效率。

(2) 质量度量:可采用每千行缺陷数(E/KLOC)以及每功能点缺陷数(E/FP)来度量软件的质量。

(3) 费用度量:可采用每千行或每行语句的美元数($/KLOC 或 $/LOC)、每功能点美元数($/FP)来度量软件费用。

(4) 文档率度量:可采用每千行文档页数(P/KLOC)以及每功能点文档页数(P/FP)来度量软件文档率。

(5) 配置管理度量:包括配置项(CI)、基线、更改申请单、问题报告单的数量和配置记录页数等。

3）软件开发过程度量

软件能力成熟度模型（Capability Maturity Model，CMM）将软件组织的过程能力分为5个成熟度级别，每一个级别定义了一组过程能力目标，并描述了要达到这些目标应该采取的实践活动。CMM模型5级阶梯式结构如图1.4所示。

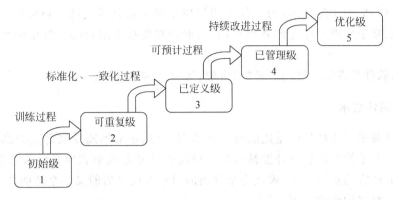

图1.4 CMM模型5级阶梯式结构

第1级（初始级）：软件的开发和生产处于无序的状态，对质量和过程没有实施任何管理，产品的成功与否完全依赖于个人的才能和经验。

第2级（可重复级）：对基本的项目过程建立了费用、进度和功能实现情况的跟踪管理，从而掌握一些过程规律和经验教训，能够重用以前类似项目的成功经验和结果。

第3级（已定义级）：软件过程的管理和工程活动均已标准化、文档化。所有项目的开发和维护活动都必须遵循这些已被证明的、制度化的软件过程标准，但可以视项目的具体特征，对其进行裁减。裁减过程不是随意的，必须根据制度化的裁减准则进行。

第4级（已管理级）：软件过程和产品质量都建立了量化的质量目标。一些重要的软件质量活动的生产能力和质量都可按照组织定义的度量程序进行度量，从而对软件项目的计划和估计更加准确。

第5级（优化级）：根据过程执行的反馈信息来不断改善、优化下一步的执行过程，采取有效的措施避免缺陷的非预期或重复发生。可以收集有效的软件过程数据，通过对数据的度量，分析新技术的成本效益，并利用新的思想和技术促进过程的不断改进。

2．软件重用技术

自1968年在NATO软件工程会议上首次提出软件重用问题以来，人们对软件重用技术和方法进行了深入的研究。

软件重用是指使用已有软件的各种有关知识来建立新的软件。软件重用的范围包括领域知识、开发经验、设计技术、开发规范标准、体系结构、需求模型、源编码、用户界面、测试和文档等。软件重用不仅可以降低软件成本，更重要的是可以提高软件开发效率和软件质量。在软件演化的过程中，重复使用的行为可能发生在3个维上。

（1）时间维：以旧的软件版本为基础，为了适应新的需求加入新功能，即软件维护。

（2）平台维：以某平台上的软件为基础，修改其和运行平台相关的部分，使其运行于新平台，即软件移植。

（3）应用维：将某软件或其中构件用于其他应用系统中，使其具有不同的功能和用途，即真正的软件重用。

但是，重用技术在整体上对软件产业的影响却并不尽如人意。这是由于技术方面和非技术方面的种种因素造成的，其中技术上的不成熟是一个主要原因。近十几年来，面向对象技术出现并逐步成为主流技术，为软件重用提供了基本的技术支持。目前软件重用沿着 3 个方向发展：基于软件复用库的软件重用、与面向对象技术结合的软件重用和基于构件的软件重用。

总体上，软件开发的发展趋势是"高内聚、低耦合、强重用"。

3. 软件构件技术

软件构件技术是支持软件重用的核心技术，是近几年来迅速发展并受到高度重视的一个学科分支。基于构件的软件开发被认为是提高软件开发效率和质量的有效途径，是近几年软件工程界研究的重点之一，被认为是继面向对象方法之后的又一个新的技术热潮，并且逐步成为计算机界的研究热点。

构件是指可以被明确标识的软件制品。构件是可以配置和共享的，并且构件之间能相互提供服务。可重用构件应满足：构件的设计具有较高的通用性，易调整、易组装、可检索、必须经过充分的测试等条件。软件构件技术的目标是实现可重用软件构件的"即插即用"，要求可重用软件构件的开发、使用、部署、运行和维护都必须符合一定的协议和标准。这些协议和标准就是构件软件的体系结构和构件接口技术。

目前较有影响的构件接口技术有 3 种：一是由 IBM、HP 等多家公司联合开发的通用对象请求代理体系结构，即 CORBA 技术；二是由微软公司提出的构件模型，即 COM/DCOM 技术；三是由 Sun 公司提出的构件技术标准，即 EJB/J2EE 技术。

为了提高构件的独立性和可重用性，需要将构件与构件间的交互作用相分离。构件和软件体系结构清晰准确的描述、构件库的管理、可重用构件的获取等方面的研究受到业界的关注。目前流行的 .NET 和 J2EE 采用两种不同的构件模型，.NET 采用 COM/COM＋模型，J2EE 采用 EJB 模型。

软件构件技术将促进软件产业的变革。据美国专家研究预测，2005 年以后至少 70％的新应用将主要建立在软件构件和应用框架的基础上。专业化的构件生产将成为独立的产业而存在，软件系统的开发将由软件系统集成商通过购买商用构件，集成组装而成。目前国内外越来越多的软件系统采用面向构件的技术进行开发，围绕构件的生产、管理和组装将形成具有相当规模的构件市场和构件开发工具市场。随着构件应用的推广和深入，对构件组装技术、构件构架技术、分析设计构件的描述和复用、特定领域软件构架、构件库部署等问题的研究也会不断深入发展。

4. 中间件技术

中间件技术作为软件行业崛起的一个崭新的分支，从诞生起就在全球范围内迅猛发展，是有史以来发展最快的软件产品，但在技术上还处于成长阶段，还没有统一的标准和模型。通常都是用 C++语言以面向对象的技术来实现的，但是它的特性已超出面向对象的表达能力，由于它属于可重用构件，目前趋向于用构件技术来实现。

中间件在操作系统、网络和数据库之上,应用软件之下,处于操作系统软件与用户的应用软件中间,如图 1.5 所示。它消除了计算机体系结构、操作系统、网络技术和编程语言等方面的异构性,使得协议处理、网络故障、分割的内存空间、数据复本、并行操作等问题与应用程序相互独立,中间件的作用是为处于上层的应用程序提供开发运行的环境,方便了用户灵活、高效地开发和集成复杂的应用软件。中间件是一种独立的系统软件或服务程序,它不仅实现了分布式应用软件在不同技术之间的资源共享,还可以实现应用之间的相互操作。

图 1.5 中间件位置示意图

中间件是属于计算机软件中比较底层的内容,它和计算机操作系统的关系是相当密切的,操作系统的一部分功能可以由中间件来实现,一些中间件的功能也可以由操作系统来实现。因此,操作系统和中间件会进一步融合,从而推动计算机软件体系结构的变革。当前主流的分布计算技术平台主要有 OMG 的 CORBA、Sun 的 J2EE 和 Microsoft DNA 2000,它们都是支持服务器端中间件技术开发的平台。

5. 标准化技术

随着软件工程方法和技术发展,软件工程标准应运而生。软件工程标准化的宗旨是规范软件产品的设计、开发、生产和维护过程,提高软件产品的质量,提升软件企业的软件工程能力,进而促进软件产业快速有序地发展。软件工程标准包括软件标准和软件过程标准,而软件过程标准的建立是软件工程成熟的重要标志。

20 世纪 70 年代末 80 年代初,国际上陆续开始制定一些软件工程标准。目前,国际流行两大软件工程标准框架。一个是 DOD 提出的软件工程标准指南,另一个是 ISO 的软件工程和系统工程标准分技术委员会(JTC 1/SC7)提出的软件工程标准框架。这两个框架在覆盖范围和详细程度上有所不同,共同之处是以软件生存周期过程 ISO/IEC12207 为主线标准,并针对支持软件工程中的离散活动和连续活动,考虑了其他一些必要的标准。国际标准 ISO/IEC12207 归纳了整个软件生存周期中普遍被认为行之有效的各个过程,以及它们之间和它们与供、需方之间的关系。

我国从 20 世纪 80 年代初就开始了软件工程标准的制定工作。到 2001 年 5 月底,我国软件标准总数已达到 362 个,其中采用国际标准的共 302 个,自主制定的标准有 60 个。软件标准数量的增长,初步形成了由软件工程标准、操作系统、嵌入式系统、应用程序接口标准、数据库标准、信息安全标准、网络通信与家用电子系统平台标准、办公自动化标准、字符集编码标准、数据元素标准等构成的软件标准体系。这些标准体系的建立,促进了软件产业的发展。

软件工程标准化的重点是软件过程标准化,主要表现在两个方面:其一是基于软件生存周期的整个软件开发流程的标准化,其二是具体系统的标准化。软件工程标准化包括针对各种用途的软件开发流程、开发环境和专用工具系统的标准化。

6. 分布式计算技术

分布式计算由两个或多个软件互相共享信息,这些软件既可以在同一台计算机上运行,也可以在通过网络连接起来的多台计算机上运行。分布式计算技术是指把网络上分散于各处的资源汇聚起来，利用空闲的计算容量完成各种大规模、复杂的计算和数据处理任务。分布式计算技术是计算机网络的产物，也是计算机网络应用的发展方向。

分布式计算的最早形态出现在 20 世纪 80 年代末的 Intel 公司。Intel 公司利用工作站的空闲时间为芯片设计计算数据集，利用局域网调整研究。随着 Internet 的迅速发展和普及，Internet 网上分布式计算在 20 世纪 90 年代后期已经非常流行。经过二十多年的发展，出现了大量的分布式计算技术，如网格技术、中间件技术、移动 Agent 技术、P2P 技术等。但是每种技术只是在特定的范围内得到了应用。现在的分布式计算还存在一些没有解决的问题。有机地综合已有的技术，吸取各种技术的优点以满足分布式计算的需求，是分布式计算技术研究的方向。

近年来推出了一些分布式计算技术的应用工具，大多数都是基于对象构件模型的开放式系统，但设计目标和实现方式大不相同。如 Sun 公司推出了基于 Java 技术的应用于 B/S 架构的 J2EE 开发应用平台；微软推出了基于 DCOM 技术的面向 B/S 应用的.NET 开发应用平台。

7. 智能化技术

人工智能(Artificial Intelligence，AI)在软件工程中的应用研究是近年来兴起的热门话题之一，它是在计算机科学、控制论、信息论、神经心理学、哲学、语言学等多种学科研究的基础上发展起来的综合性边缘学科。人工智能的主要研究领域包括专家系统、机器学习、模式识别、自然语言理解、自动定理证明、自动程序设计、机器人学、智能决策支持系统及人工神经网络等。目前已涉及数据挖掘、智能决策系统、知识工程、分布式人工智能等研究领域。

欧洲信息技术研究计划提出把 AI 技术与软件工程技术结合起来构成一个支持软件系统分析和设计的工具。目前，软件工程智能化的成果主要有：基于专家系统和人工神经网络系统设计软件工程项目；为了使软件适应快速改变的需求，把智能化模块组装到大型软件系统中；将智能技术应用到图形用户接口、面向对象的程序设计、基于约束或基于规则的程序设计中；应用推理技术提高用户界面的友好性等。

8. 物联网

物联网(Internet of Things)是新一代信息技术的重要组成部分，也是"信息化"时代的重要发展阶段。物联网是通过射频识别(RFID)、红外感应器、全球定位系统、激光扫描器等信息传感设备，按约定的协议，把任何物品与互联网相连接，进行信息交换和通信，以实现智能化识别、定位、跟踪、监控和管理的一种网络。"物联网概念"是在"互联网概念"的基础上，将其用户端延伸和扩展到任何物品与物品之间，进行信息交换和通信。在物联网应用中有传感器技术、RFID 标签和嵌入式系统技术三项关键技术。物联网用途广泛，遍及智能交通、环境保护、政府工作、公共安全、平安家居、智能消防、工业监测、老人护理和个人健康等多个领域。

物联网希望把 IT 技术充分运用于各行各业，为每一个贴上电子标签的物品提供信息交换平台，对现有因特网的应用范围进行拓展，最终形成一个无所不包的广义互联网，使人们生活的环境也具备"智慧"，实现人类社会与物理环境的有效融合，建立起更加紧密的、信息畅通的逻辑联系,从而实现对物联网内的人员、机器、设备和基础设施等进行实时管理和控制的目标。在此基础上,人类可以以更加精细和动态的方式管理生产和生活,从而提高资源利用率和生产力水平。

9. 大数据

随着互联网的发展,企业收集到的数据越来越多、数据结构越来越复杂,一般的数据挖掘技术已经不能满足大型企业的需要,这就使得企业在收集数据之余,也开始有意识地寻求新的方法来解决大量数据无法存储和处理分析的问题。由此,IT界诞生了一个新的名词"大数据"。大数据又称为巨量资料,是指需要新处理模式才能具有更强的决策力、洞察力和流程优化能力的海量、高增长率和多样化的信息资产。大数据一般具有 4V 特点:Volume(大量)、Velocity(高速)、Variety(多样)、Value(价值)。

10. 云计算

云计算是一种可以调用的虚拟化的资源池,这些资源池可以根据负载动态重新配置,以达到最优化使用的目的。用户和服务提供商事先约定服务等级协议,用户以用时付费模式使用服务。云计算是分布式计算、效用计算、虚拟化技术、Web 服务、网格计算等技术的融合和发展,其目标是用户通过网络能够在任何时间、任何地点最大限度地使用虚拟资源池,处理大规模计算问题。目前,在学术界和工业界共同推动之下,云计算及其应用呈现迅速增长的趋势,各大云计算厂商(如 Amazon、IBM、Microsoft、Sun 等公司)都推出自己研发的云计算服务平台。

云计算是基于多种技术的新兴计算模式,随着现代软件应用和商务处理的全球化、信息化和自动化,必将为云计算的研究发展提供广泛的市场和应用背景。云计算不仅是虚拟化资源的集合,也不仅是在此之上的平台和应用实体的集合,而且是一种集虚拟化技术、网络技术、信息安全、效用计算、逻辑推理、软件工程、商务智能等技术为一体的新兴计算应用模式。云计算具有超大规模、虚拟化、高可靠性、通用性、可扩展性、按需服务、服务廉价和存在潜在危险性的特点。

1.4 数据库技术发展过程

1.4.1 数据库的产生与发展

数据库技术是应数据管理任务的需要而产生和发展的。数据管理技术经历了人工管理、文件系统、数据库系统 3 个阶段。

1. 人工管理阶段

从 20 世纪 50 年代中期以前,当时的硬件状况是没有磁盘等存储设备,没有操作系统,更没有管理数据的软件,数据需要由应用程序自己管理。应用程序中不仅要规定数据的逻辑结构,而且要设计物理模型,包括存储结构、存取方法、输入方式等,因此在程序开发过程中,需要花费大量的人力、物力和财力去编写数据处理程序。而且数据是面向应用的,一组数据只能对应一个程序。当多个应用程序涉及某些相同的数据时,无法互相利用、互相参照,程序存在大量的冗余数据,而且数据也不共享,独立性差。

2. 文件系统阶段

从 20 世纪 50 年代后期到 60 年代中期,这时硬件方面已有了磁盘等直接存取的存储设备,操作系统中已经有了专门的数据管理软件,称为文件系统。在文件系统中,数据保存在磁盘等外存设备上,并可以对数据反复进行查询、修改、插入和删除等操作。程序和数据之间由文件系统提供存取方法,使应用程序与数据之间有了一定的独立性,程序员可以不必过多地考虑物理细节,将程序员从复杂的数据组织和维护中解放出来,减轻了程序员开发负担。但是文件仍是面向应用的,当不同的应用程序具有部分相同的数据时,必须建立各自的文件,而不能共享相同的数据,因此,数据冗余度大,共享性差。由于数据不能共享,相同的数据重复存储、独立管理,极易造成数据的不一致,给数据修改和维护带来麻烦。

3. 数据库系统阶段

从 20 世纪 60 年代后期开始,计算机硬件条件不断改善,有了大容量的磁盘,而且硬件价格不断下降。另外,计算机的应用范围也越来越广泛,待处理的数据量也随之急剧增长,原有的文件系统已经不能满足实际应用对数据管理的要求,数据库技术应运而生,出现了统一管理数据的专门软件系统——数据库管理系统(DataBase Management System,DBMS)。

数据库技术的发展是沿着数据模型的发展主线展开的。数据库领域中最常见的数据模型有 4 种,分别是网状模型(Network Model)、层次模型(Hierarchical Model)、关系模型(Relational Model)和面向对象模型(Object Oriented Model)。其中层次模型和网状模型统称为非关系模型。非关系模型的数据库系统在 20 世纪 70 年代至 80 年代初非常流行,在数据库产品中占主导地位,现在已逐渐被关系模型的数据库系统所取代。20 世纪 80 年代以来,面向对象的方法和技术在计算机各个领域,包括程序设计语言、人工智能、软件工程、信息系统设计、计算机硬件设计等方面都产生了深远的影响,也促进了数据库面向对象数据模型的研究和发展。数据库按照模型的发展可划分为三代。

第一代是网状、层次数据库系统。1964 年由美国通用电气公司巴赫曼(Bachman)等人成功开发的 IDS(Integrated Data Store)奠定了网状数据库的基础。1969 年 IBM 推出的第一个数据库系统——基于层次模型数据库管理系统(Information Management System,IMS)标志着数据库的诞生,数据管理技术进入了数据库系统阶段。E. J. Codd 于 1970 年发表并于 1981 年获得了 ACM 图灵奖的基于关系模型的数据库技术论文"大型共享数据库数据的关系模型",标志着关系型数据库模型的诞生。

第二代是关系数据库系统。该系统以其非过程化的数据操纵语言和高度的数据独立性取代了第一代数据库系统。关系数据库系统在 20 世纪 70 年代处于实验阶段,20 世纪 80 年代进入广泛流行阶段,并于 20 世纪 70 年代初,提出关系数据模型(关系操作、数据结构、数据完整性)的概念,提出了关系代数和关系演算。整个 70 年代,关系数据库在理论上确立了完整的关系理论以及关系数据库的设计理论等,在实践上开发了许多著名的关系数据库系统,如 System R、INGRES、Oracle 等,在理论研究和应用研究两方面都取得了辉煌成果。关系数据库数据结构简单清晰,数据库语言易懂易学,用户只需要指明"做什么",并不需要说明"怎么做"就能操作数据库,也就是说用户不需要了解复杂的存取过程,存取路径的选择由数据库管理系统自动完成。所以,关系数据库模型诞生以后发展迅速,涌现出许多性能良好的商品化关系数据库管理系统,深受用户的喜爱。随着计算机的广泛应用,逐渐发现关系数据库的局限性和不足,推动了数据库技术新一轮的研究和新产品的研制。

第三代是以面向对象模型为主要特征的数据库系统,它产生于 20 世纪 80 年代。进入 20 世纪 90 年代,数据库技术受到其他新兴技术发展的影响,开始与其他学科的技术内容互相结合,使数据库领域中新的技术内容层出不穷,产生了一系列的新兴数据库。人们发现,把面向对象程序设计方法和数据库技术相互结合能够有效地支持新一代数据库应用,于是,面向对象数据库系统研究领域应运而生,吸引了相当多的数据库工作者,获得了大量的研究成果,开发了很多面向对象数据库管理系统,包括实验系统和产品。目前,Informix、DB2、Oracle、Sybase、SQL server 等关系数据库厂商,都在不同程度上扩展了关系模型,推出了对象关系数据库产品。

由于应用需求的不断提高,数据库技术也不断接受新的挑战,特别是和计算机网络技术的结合,形成新的领域——分布式数据库系统。20 世纪 70 年代中期,由于企业规模不断扩大,企业向跨地域方向发展,企业数据也随之急剧增长,要求改变原有集中存放的处理方式,使数据的存放和流通趋于合理,同时,计算机网络技术日趋成熟,分布式系统也不断发展完善,在应用和技术的双重驱动下,促使集中式数据库系统开始向分布式数据库系统发展。经过近二十年的努力,分布式数据库管理系统的大部分基本问题已得到解决,但却不像集中式数据库那样很快达到实用化、商品化,迄今为止尚没有一个在市场上被人们完全接受的分布式数据库管理系统(Distributed DataBase Management System,DDBMS)产品。

随着互联网 Web2.0 网站的兴起,传统的关系数据库在应付 Web2.0 网站,特别是超大规模和高并发的 SNS 类型的 Web2.0 纯动态网站已经显得力不从心,暴露了很多难以克服的问题,而非关系型的数据库则由于其本身的特点得到了非常迅速的发展。NoSQL 数据库的产生就是为了解决大规模数据集合多重数据种类带来的挑战,尤其是大数据应用难题。

我国于 20 世纪 80 年代初开始了分布式数据库系统方面的研究,虽然起步晚,但起点高,已经建立和实现的几个各具特色的分布式数据库原型,都有较高的水平,在功能和性能方面已达到当今世界水准。在 1984 年第三届全国数据库学术会议上,分布式数据库系统被列为专题研讨,也是此届会议最热门的话题,对推动我国分布式数据库系统的成长起到了积极的作用。

目前,数据库已经成为现代信息系统不可或缺的重要组成部分,数据库技术已经普遍存在于科学技术、工业、农业、服务业和政府部门的信息系统中。随着信息时代的进一步发展,数据库技术将会得到更加广泛的应用和普及。

1.4.2　数据库系统的特点

与人工管理和文件系统相比,数据库系统的特点主要有以下 4 个方面。

1. 数据结构化

数据结构化是数据库系统与文件系统的本质区别,也是数据库系统的主要特征之一。

在文件系统中,尽管每个文件内部是有结构的,即一个文件由若干记录组成,每一个记录由若干属性组成,但是记录之间没有联系。由于文件系统是面向具体应用的,因此它只考虑某个具体应用的数据结构。

而数据库系统从整体上实现了数据的结构化,不仅要考虑具体应用的数据结构,还要考虑整个组织的数据结构。在数据库系统中,数据是结构化的,而且存取数据的方式是灵活的,不仅可以存取数据库中的一组记录或一个记录,还可以存取记录中的一组数据项或某个数据项。

2．数据共享性高

由于数据库系统数据是从全局的角度组织和描述的,数据不再是面向某个具体应用,而是面向整个系统的,因此数据是为多个用户、多个应用程序所共享的。数据共享极大地减少了数据的冗余,从而有效地避免了数据的不一致性。

3．数据独立性高

数据的独立性包括数据的物理独立性和数据的逻辑独立性。物理独立性是指用户的应用程序与存储在磁盘上的数据库数据是相互独立的,也就是说用户程序不需要了解数据在磁盘上是怎样存储的。逻辑独立性是指用户的应用程序与数据库的逻辑结构是相互独立的,数据的逻辑结构发生改变,用户程序可以不变。数据与应用程序之间相互独立,把数据的定义和数据的存储从应用程序中分离出来,从而简化了应用程序的编写,减轻了程序开发人员的负担。

4．数据管理统一化

数据库中的数据是共享的,它由数据库管理系统统一管理。数据库管理系统保证了科学地组织和存储数据,高效地存取和维护数据。数据库管理系统主要负责数据定义、数据操作、数据组织、存储管理等功能。数据库系统中,应用程序、数据库管理系统以及数据库的关系如图1.6所示。

应用程序 1	应用程序 2	…	应用程序 n
数据库管理系统			
数据库			

图 1.6　数据库系统结构

1.4.3　相关概念

下面按由小到大的顺序依次介绍数据库系统的相关概念。
(1) 记录是若干数据的集合。
(2) 数据库表是某一特定关系的记录的集合。
(3) 数据库是存储在计算机内的、有组织的、可共享的记录的集合。
(4) 数据库管理系统是位于用户和操作系统之间的一层数据库管理软件。从用户的角度看,它属于应用软件,从程序开发人员的角度看,它属于系统软件。因此,数据库管理系统属于支撑软件。数据库管理系统的主要功能有:数据定义功能;数据操纵功能;数据库运行管理功能；数据库的建立和维护功能。

（5）数据库系统是指在计算机系统中引入数据库后的系统，一般由数据库、数据库管理系统、应用系统、数据库管理员和用户构成。

☞ 本 章 小 结

软件是计算机程序、相关数据和文档的总称。软件的特点有智能性、抽象性、系统性、复制性、非损性、依附性、泛域性和演化性。从不同的角度可以对软件产生不同的分类，分类方式有功能、规模、工作方式、服务对象的范围、使用频度和可靠性。

由软件危机产生了软件工程学。软件工程自 1968 年第一次提出以来经历了软件工程准备期、软件工程形成期和软件工程发展期 3 个阶段。在软件工程的发展过程中形成的软件工程方法有结构化方法、面向对象方法、形式化方法、基于构件的方法、基于 Agent 的方法、基于净室技术的方法和基于敏捷技术的方法。

现阶段软件工程的发展主要热点有软件度量、软件重用技术、软件构件技术、中间件技术、标准化技术、分布式计算技术、智能化技术、物联网、大数据、云计算。

数据作为软件不可分割的部分，随着软件的发展其管理和应用技术也得到了发展，产生了数据库系统。数据管理技术经历了人工管理、文件系统、数据库系统 3 个阶段。在数据库系统中按照模型的发展可划分为三代：第一代是网状、层次数据库系统；第二代是关系数据库系统；第三代是以面向对象模型为主要特征的数据库系统。与人工管理和文件系统相比，数据库系统主要的特点：数据结构化、数据共享性高、数据独立性高和数据管理统一化。在数据库系统中，较常用的概念依次是：数据、记录、表、数据库、数据库管理系统和数据库系统。

☑ 思 考 题

1. 简述软件的概念和特点。

2. 什么是软件危机？其主要表现有哪些？导致软件危机的原因是什么？解决软件危机的途径有哪些？

3. 简述软件工程发展过程。

4. 试比较瀑布模型和原型模型的优缺点。

5. 在软件工程的发展过程中，出现了哪些典型的软件工程方法，各自有什么优缺点？当前有哪些流行的软件工程方法？

6. 分别从软件产品、软件开发管理和软件开发过程 3 个方面来叙述软件度量的主要内容。

7. 什么是软件重用？软件重用技术的发展现状如何？

8. 简述数据、记录、数据库表、数据库、数据库管理系统、数据库系统的概念。

9. 数据管理技术经历了哪些发展阶段？

10. 数据库系统的特点是什么？

第 2 章

开发环境简介

Microsoft Visual C++(简称 Visual C++、MSVC、VC++或 VC)是微软公司推出的面向对象的 Win32 程序可视化集成开发环境,可提供编辑 C 语言、C++语言及 C++/CLI 等编程语言。通过 AppWizard 工具可以自动生成程序框架,并且通过简单设置可使程序框架支持数据库接口、ActiveX 控件、WinSock 及 3D 控件等。通过 ClassWizard 工具可以实现消息映射、类管理和成员变量管理等。VC++提供了几种接口(ODBC、DAO、OLE/DB、ADO)来支持数据库编程,从而可以在程序中直接操作各种数据库。目前最新的版本是 Microsoft Visual C++2013。本书以 Microsoft Visual C++ 6.0 环境为基础介绍案例的具体实现过程。

SQL(Structured Query Language)语言是一种关系型数据库标准操作语言,它是数据库领域中一个主流语言,集数据查询、数据操纵、数据定义和数据控制功能为一体,已成为国际标准。SQL 语言包括数据定义语言(Data Definition Language,DDL)、数据操纵语言(Data Manipulation Language,DML)、数据查询语言(Data Query Language,DQL)和数据控制语言(Data Control Language,DCL)4 个部分。不同的数据库管理系统在标准语言的基础上有所扩展,但主体部分是一致的。主要特点如下。

- 综合统一;
- 高度非过程化;
- 面向集合的操作方式;
- 以同一种语法结构提供两种使用方式;
- 语言简洁。

教学要求

(1) 了解 C++语言基础知识;

(2) 掌握 SQL 语句;

(3) 熟悉 Microsoft Visual C++ 6.0 集成开发环境;

(4) 熟悉 Pro ∗ C/C++程序开发方法;

(5) 掌握 MFC 编程基本方法;

(6) 了解 ADO 数据访问技术。

重点和难点

(1) C++语法;

(2) Pro ∗ C/C++环境配置;

(3) 嵌入式 SQL 语法;

(4) MFC 编程基本方法。

2.1 C++语言基础

2.1.1 C++数据类型

在程序中使用变量必须先对变量进行声明,对变量的声明通常包括数据类型、存储类别及作用域。数据类型规定了一类数据的取值范围以及对该类数据所能进行的相关操作。为变量确定合适的数据类型是正确表达实际问题中各种数据的前提。

1. 基本数据类型

C99 标准中 C++语言提供的基本数据类型有布尔型(bool)、字符型(char)、整型(short、int、long)、浮点型(float、double)、空类型(void)。

类型修饰符 signed 和 unsigned 可用于修饰字符型和整型,当它们修饰整型时可省略 int。void 类型不能用来定义变量,通常用于对函数返回值和函数参数的限定,也可以定义无类型通用指针 void *,用来指向任何类型的数据。

各基本数据类型对应字节数和数值范围由操作系统和编译平台决定。例如,32 位机上,sizeof(int)=4,sizeof(long)=4,而 64 位机上,sizeof(long)=8。对于指针类型,在 32 位机上的字节数为 4,而在 64 位机上的字节数为 8。

2. 枚举类型

枚举类型是一种用户自定义数据类型。当某个变量的取值是几种可能存在的值时,可以将其取值一一列举出来,以此定义为枚举类型。枚举类型的定义形式为:

```
enum <枚举类型名> {<枚举元素表列>};
```

系统对枚举元素是按照常量来处理的,枚举元素也称为枚举常量,系统默认从 0 开始递增赋值。用户可以在定义枚举类型时对枚举元素进行赋值。

当定义了枚举类型后,就可以定义该枚举类型的变量,系统允许对枚举变量进行赋值操作。例如:

```cpp
# include < iostream >
using namespace std;
void main()
{
    enum workday{Sun = 1, Mon, Tue, Wen, Thu, Fri, Sat };
    workday day;
    day = Wen;
    cout << day << endl;
}
```

3. 结构体

当需要把若干个相关的基本数据类型的数据作为一个整体来考虑时,用户就可以自定义结构体数据类型。结构体类型的定义形式为：

```
struct <结构体名>
{
    <成员表列>
};
```

当结构体定义好后，可以直接使用该结构体名定义变量，而不用在其前加标识符struct。对结构体的访问，可以整体处理，也可对成员进行访问。例如：

```
# include < iostream >
using namespace std;
void main()
{
    struct Student{
        long number;
        char name[10];
        char sex;
    };
    Student stu = {10001, "李三妹", 'F'};
    cout << stu.name << endl;
}
```

2.1.2 基本语句

语句是实现操作的基本成分，C++语言的基本语句包括赋值语句、自加减表达式语句、分支语句、循环语句和流程控制语句。简单语句以分号作为结束。可将简单语句放在花括号{}中构成复合语句，复合语句是以右花括号结束的。

1．赋值语句

赋值语句用来给变量赋值。赋值语句的一般格式为：

```
<变量> <赋值运算符> <表达式>;
```

赋值运算符包括＝、＋＝、－＝、＊＝、/＝等运算符，表达式可为算术表达式、关系表达式和逻辑表达式。例如：

```
int   x = 1, y = 0;
y += x + 10;        //等价于 y = y + x + 10;
```

2．自增减表达式语句

由自增运算符＋＋和自减运算符－－可构成自增减表达式语句，可使变量的值加 1 或减 1。包括两种形式：

（1）前缀形式：＋＋i，－－i。
先改变 i 的值，再使用 i 的值。
（2）后缀形式：i＋＋，i－－。
先使用 i 的值，再改变 i 的值。
例如：

```
int i = 3, j, k;
j = i++;
k = ++i;
cout << i <<", "<< j <<", "<< k << end;
```

该程序段执行结果为：

```
5, 3, 5
```

3. 分支语句

分支语句用于实现选择结构程序设计，包括 if-else 语句和 switch 语句。常用的 5 种语法形式如下。
第一种语法形式：

```
if(<条件>) <语句>
```

第二种语法形式：

```
if (<条件>)  <语句 1 >
else  <语句 2 >
```

第三种语法形式：

```
if(<条件 1>)  <语句 1>
else if(<条件 2>)  <语句 2 >
 ⋮
else if(<条件 m >)  <语句 m >
else   <语句>
```

第四种语法形式：

```
if(<条件 1 > )
{
    if(<条件 2>)  <语句 1 >
    else <语句 2 >
}
else
```

```
{
  if(<条件 3> )  <语句 3>
  else  <语句 4>
}
```

第五种语法形式：

```
switch(表达式)
{
  case <常量表达式 1>: <语句 1>
  case <常量表达式 2>: <语句 2>
   ⋮
  case <常量表达式 n>: <语句 n>
  default: <语句 n + 1>
}
```

表示条件的表达式一般为关系表达式或逻辑表达式。当表达式的值为非零数值时，按"真"处理。当处理语句多于一条时，通常需要用花括号{}将其括起来构成复合语句。

当程序存在多个分支时，使用 switch 语句可使程序显得简洁直观。switch 后面的"表达式"可为任何类型，case 后面的"常量表达式"只是起语句标号作用，并不在该处进行条件判断。当找到匹配的标号后按顺序执行其后的所有语句，因此，为了实现只对某一个分支进行处理，需要在其 case 语句末尾使用 break 语句。

4．循环语句

循环语句用于实现循环结构程序设计，包括 while 语句、do-while 语句和 for 语句 3 种。常用的语句形式如下。

while 语句：

```
while(<条件>)
    <循环体>
```

do-while 语句：

```
do
    <循环体>
while(<条件>);
```

for 语句：

```
for(<表达式 1>; <表达式 2>; <表达式 3>)
    <循环体>
```

这 3 种循环语句都是当条件成立时才执行循环体，它们之间可以相互转换，也可以相互嵌套。当循环体包括多条语句时，需要用花括号{}将其括起来构成复合语句。for 语句的执行过程如下。

（1）求解表达式 1。

（2）求解表达式 2，若值为真则执行循环体，然后执行第（3）步。若值为假则结束循环，转到第（5）步。

（3）求解表达式 3。

（4）转到第（2）步。

（5）循环结束，执行 for 语句下面的一个语句。

例如：

```
int i, sum = 0;
for(i = 1; i <= 10; i++) sum = sum + i;
```

相当于

```
int i = 1, sum = 0;
while(i <= 10)
{
    sum = sum + i;
    i = i + 1;
}
```

5. 流程控制语句

流程控制语句主要包括 break 语句和 continue 语句。

（1）break 语句的一般形式为：

```
break;
```

在 switch 语句中 break 语句可以使流程跳出 switch 结构，继续执行 switch 语句下面的一个语句。在循环结构中 break 语句可以使流程从循环体内跳出本层循环体，即提前结束循环，接着执行本层循环下面的语句。

（2）continue 语句的一般形式为：

```
continue;
```

在循环结构中 continue 语句用来结束本次循环。即跳过 continue 下面的尚未执行的语句，接着进行条件判断而决定是否执行下一次循环。

2.1.3 注释

当在程序中加入注释语句时，需要使用注释符。系统在程序预处理阶段，会对注释语句进行处理，因而编译器会忽略所有注释。

C++语言中有两种注释符：//和/＊…＊/。//通常用于对单行进行注释，因此也称为单行注释符，而/＊…＊/称为块注释符或多行注释符，可以对任意行进行注释。

在进行多行注释时，也可以逐行使用//。特别要注意的是，使用/＊…＊/时不要进行嵌套。

2.1.4　引用

引用是 C++语言新增的一个类型,用标识符 & 表示。引用是给变量或对象起一个别名。引用变量的定义形式为:

```
<数据类型>& <引用变量名>  =  <已定义过的变量名>;
```

例如:

```
int x = 10, &y = x;
```

表示 y 是 x 的别名,二者指向同一内存单元,x 和 y 同步更新。

2.1.5　函数

在高级语言中,模块化的实现通过子程序来完成。在 C++/C 语言中,子程序称为函数。函数的一般形式为:

```
类型名 函数名(形参表)
{
    函数体
}
```

函数的返回值通常由 return 语句获得。return 语句将被调用函数中的一个确定值带回到主调函数中。一个函数中可以有一个以上的 return 语句,但只能有一个 return 语句被执行。return 语句返回的函数值类型应与定义函数时说明的函数类型一致。

1. 输出型参数

当函数有多个处理结果同时要传给上层调用者时,return 语句就不能满足需求,此时可设计函数的参数为输出型参数。

函数实现输出型参数是通过传地址方式进行的。具体包括以下两种方法:

(1) 将形参设计为指针类型。

(2) 将形参设计为引用类型。

例如,设计一个函数求球体的表面积和体积。

```
void Sphere_1(float r, float *s, float *v)
{
    *s = 3.14 * r * r;
    *v = 4 * 3.14 * r * r * r/3;
}
void Sphere_2(float r, float &s, float &v)
{
```

```
    s = 3.14 * r * r;
    v = 4 * 3.14 * r * r * r/3;
}
```

调用形式为：

```
float radius = 10, area1, volume1, area2, volume2;
Sphere_1(radius, &area1, &volume1);
Sphere_2(radius, area2, volume2);
```

当大型对象被传递给函数时，使用引用参数可使参数传递效率得到提高，因为引用并不产生对象的副本，也就是参数传递时，对象无须复制。

2. 带默认参数的函数

在进行函数定义时，C++语言允许参数可以带默认值。例如：

```
void Sphere_3(float &s, float &v, float r = 10, char * color = "red");
```

这样，当进行函数调用时，编译器按从左向右顺序将实参与形参结合，若调用语句未给出该形参对应的实参，则按该形参的默认值调用该函数。例如：

```
Sphere_3(area2, volume2, 100);
相当于：Sphere_2(area2, volume2, 100, "red");
```

注意：

（1）设计函数带默认参数时，所有取默认值的参数都必须出现在不取默认值的参数的右边。

（2）在调用带默认参数的函数时，若某个参数省略，则其后的参数皆应省略而采用默认值。例如：

```
Sphere_3(area2, volume2);            //正确
Sphere_3(area2, volume2,"blue");     //错误
```

3. 函数重载

函数重载指在同一个作用域内，多个函数可以使用相同的函数名，而参数个数或参数类型不同。被重载的函数称为重载函数，通常一组重载函数应实现相似的功能。

在设计重载函数时必须在参数列表部分相区别，而与返回值类型无关。当存在多个重载函数时，系统对重载函数的调用会自动进行匹配。

例如：定义如下三个重载函数。

```
int mul(int x, int y)                //①
{
  return x * y;
}
```

```
int mul(int x, int y, int z)                    //②
{
    return x * y * z;
}
float mul(int x, float y)                        //③
{
    return x * y;
}
```

测试代码如下：

```
void main()
{
    int a = 3, b = 4, c = 5;
    float d = 2.5;
    cout << mul(a,b) << endl;                    //调用①
    cout << mul(a,b,c) << endl;                  //调用②
    cout << mul(a, d) << endl;                   //调用③
}
```

注意：在函数重载时最好不要使用默认参数，否则可引起二义性。

例如，在上例中若：

```
int mul(int x, int y, int z = 10);
```

则"mul(a,b);"语句的调用匹配会出现二义性。

4．内联函数

C++中的内联函数是用来消除函数调用时的时间开销。它通常用于函数中语句很少，又要频繁地被调用的函数。内联函数的定义有以下两种情况。

1）常规函数

定义常规函数时，在函数名前加上关键字 inline，该函数则为内联函数。例如：

```
inline float circle(float r)
{
    return 3.1416 * r * r;
}
void main()
{
    for(int i = 1; i <= 100; i++) cout << "r = " << i << " area = " << circle(i) << endl;
}
```

2）成员函数

在 C++中，在类的内部定义了函数体的成员函数，默认为内联函数。

当在类中只对成员函数进行声明，而在类外进行定义时，如果在函数名前加上关键字"inline"，则该成员函数也为内联函数。例如：

```
class Test {
private:
    int x;
public:
    void set(int xx){ x = xx; }              //内联函数
    int get();
};
inline int Test ::get()                      //内联函数
{
    return x;
}
```

在使用内联函数时,应注意如下几点。

(1) 在内联函数内不允许用循环语句和 switch 语句。

(2) 递归函数不能定义为内联函数。

(3) 内联函数只适合于只有 1~5 行的小函数。

(4) 内联函数的定义必须出现在内联函数第一次被调用之前。

(5) 对内联函数不能进行异常的接口声明。

2.1.6 输入和输出

C++语言的 I/O 流类库是采用继承方法建立的一个输入/输出类库,用来实现内存和输入/输出设备之间的数据传送。数据从源对象到目的对象的传送被抽象地看做一个“流”。流具有方向性,从而可分为输入流、输出流和输入/输出流。

通常把实现设备之间信息交换的类称为流类。根据一个流类定义的对象也时常被称为流。若干流类的集合称为流类库。C++中预定义流包括标准输入流 cin、标准输出流 out、非缓冲型的标准出错流 cerr 和缓冲型的标准出错流 clog。使用预定义流时需要在程序中添加如下代码:

```
# include < iostream >
using namespace std;
```

1. 输入运算符

cin 对象是系统定义的 istream 类的默认对象。在 istream 类中对各种基本数据类型重载了输入运算符>>,因此对于基本数据类型的数据,可以直接使用该运算符进行输入。例如:

```
int i, j;
float f;
cin >> i >> j >> f;
```

2. 输出运算符

cout 对象是系统定义的 ostream 类的默认对象。在 ostream 类中对各种基本数据类型

重载了输出运算符≪。因此对于基本数据类型的数据,可以直接使用该运算符进行输出。例如:

```
int x = 10;
cout ≪ "x = " ≪ x ≪ endl;
```

其中 endl 操作符用于换行控制并且清空缓冲区。

3. 文件操作

C++中文件输入输出操作的基本过程如下。

(1) 在程序中包含头文件 fstream,并使用 using namespace std 语句。

(2) 创建一个流。

(3) 将这个流与文件相关联,即打开文件。

(4) 进行文件的读/写操作。

(5) 关闭文件。

在 fstream.h 文件中包含了输入文件流类 ifstream、输出文件流类 ofstream 和输入/输出文件流类 fstream 的定义。当创建相应流类的对象后,使用输入输出运算符或者流类中定义的读写成员函数,就可进行文件的读/写操作。例如:

```
#include < fstream >
using namespace std;
void main()
{
    ofstream ofs("data.txt");        //默认打开方式为文本格式
    if(!ofs)
    {
        cerr ≪ "can't open file!" ≪ endl;
        return;
    }
    char str1[ ] = "How are you\n";
    char str2[ ] = "Thank you";
    ofs ≪ str1;
    ofs ≪ str2;

    ofs.close();
}
```

程序运行后,将在当前工作目录中创建文件 data.txt,该文件中的数据为:

```
How are you
Thank you
```

创建文件流类的对象时,用逻辑或操作加上操作模式 ios::binary,即表示采用二进制格式进行文件流的读/写。二进制文件支持随机访问,使用 read()和 write()成员函数读/写文件。

例如,下面程序将 3 个对象数据保存在文件中,然后定位文件指针到第 2 条记录,读取第 2 个对象数据并输出。

```cpp
#include<fstream>
using namespace std;
class Test{
int x;
public:
    int get(){return x;}
    void set(int a = 0){x = a;}
};

int main()
{
    fstream file("test.dat", ios::in|ios::out|ios::binary);
    if(!file)
    {
        cerr<<"can't open file!"<<endl;
        return 1;
    }

    Test t[3], tt;
    for(int i = 0; i < 3; i++)
    {
        t[i].set(i+1);
        file.write((char * )&t[i], sizeof(class Test));
    }

    file.seekp(1 * sizeof(class Test), ios::beg);
    file.read((char * )&tt, sizeof(class Test));
    file.close();

    cout<<"x = "<<tt.get()<<endl;
    return 0;
}
```

程序运行后,文件 test.dat 中保存了 3 个数据,并且屏幕输出如下:

```
x = 2
```

2.1.7 类与对象

类是对客观世界中具有相同属性和行为的对象的抽象描述。类是面向对象程序设计的核心,它是一种新的数据类型。在 C++语言中,将类的属性称为成员变量,将类的行为称为成员函数。通常把类的成员变量和成员函数简称类的成员。

1. 类的定义

类的定义形式为:

```
class <类名>
{
private:
    <私有成员变量和成员函数>
protected:
    <保护成员变量和成员函数>
public:
    <公有成员变量和成员函数>
};
```

private、protected 和 public 称为访问权限声明,这 3 个关键字表示类中的成员变量和成员函数具有不同的信息隐藏程度。通常将类的定义之外的程序称为外部程序,访问权限关键字决定了外部程序能否直接访问类中的成员变量和成员函数。

(1) private 后声明的成员对外部程序是不可见的,称为私有成员。

(2) protected 后声明的成员对外部程序是不可见的,而对派生类是可见的,称为保护成员。

(3) public 后声明的成员对外部程序是可见的,称为公有成员。

2. 成员变量

设计类时,在一般情况下,应该将成员变量设计为私有访问权限,将外部程序需要访问的成员函数设计为公有访问权限。类成员的默认访问权限为 private。

成员变量的设计限制:

(1) 成员变量不能在定义时初始化;

(2) 成员变量不能递归定义,即不能用自身的类类型定义成员变量。但可定义当前类的对象指针。

例如:

```
class Test{
    int x;
    Test t;                 //错误
    Test * tp;              //正确
    public:
    void print();
};
```

3. 成员函数

当在类定义中只对成员函数进行声明,而在类外定义时,必须在函数名前添加"类名::"。例如:

```
void Test::print()
{
    cout <<"x = "<< x << endl;
}
```

1) 构造函数

构造函数是一种特殊的成员函数。当创建类的实例时,系统会自动调用构造函数完成对象的初始化操作。构造函数的设计方法如下。

(1) 构造函数名必须和类名完全相同。

(2) 构造函数的参数通常用来设置对象的初始值。

(3) 构造函数不需要返回值类型,也不能使用 void 类型。

(4) 构造函数的访问权限一定是公有的(public)。

(5) 在构造函数中,对于 const 类型成员变量、引用类型成员变量以及对象成员变量,C++语法不允许使用赋值语句直接赋值,此时必须使用初始化表对成员变量进行初始化赋值。

初始化表位于构造函数头部后面,格式为:

:成员变量(初始值),…,成员变量(初始值)

注意:如果类中没有定义构造函数,系统会提供一个默认的无参构造函数。

构造函数可以重载,例如:

```
class Test{
    int x;
    float y;
public:
    Test(int i) : x(i){}
    Test(int i, float j) : x(i), y(j){}
};
```

2) 析构函数

析构函数是一个特殊的成员函数。当程序中创建的对象脱离其作用域,或用 delete 运算符释放动态对象占用的内存空间时,系统会自动调用析构函数,完成一些扫尾工作。对象的析构顺序与构造顺序相反。例如:

```
# include < iostream >
# include < string.h >
using namespace std;
class Test{
    int num;
    char * name;
public:
    Test(int i = 0, char * n = "abc") : num(i)
    {
        name = new char[20];
        strcpy(name, n);
```

```
    }
    void show()
    {
        cout << "num: " << num << endl;
        cout << "name: " << name << endl;
    }
    ~Test()
    {
        cout << "bye : " << num << endl;
        delete name;
    }
};
```

4. 对象

类的实例称为对象。类的定义描述了属于该类的对象的属性和行为,而对象则是符合这种定义的一个具体实例。在外部程序中,可以直接访问对象的公有成员函数。

创建对象有以下两种方式。

1)创建自动对象

类名   对象名(参数);

类的构造函数可以重载,这使得在创建对象时可以匹配多种不同形式的参数。但是当类中存在无参构造函数时,在创建无参对象时一定不能带括号。

例如:类 Test 的定义如上,若有下面程序:

```
void main ()
{
    Test t1, t2(1, "Tom"),t3(2);
    t1.show();
    t2.show();
    t3.show();
}
```

程序运行结果为:

```
num: 0
name: abc
num: 1
name: Tom
num: 2
name: abc
bye: 2
bye: 1
bye: 0
```

2）创建动态对象

> **类名　* 对象指针名 = new 类名(参数);**

new 运算符用来向系统动态申请一块内存空间。new 运算符的语法格式为：

> **new 类型名(初始值)**

或

> **new 类型名[数组个数]**

当动态空间申请失败,new 运算符返回空指针 NULL；当动态空间申请成功,new 运算符返回指向该内存单元的起始地址。例如：

```
int * p1 = new int(10);        //动态申请一个内存空间,并初始化为10
int * p2 = new int[10];        //动态申请一组内存空间,包括 10 元素
```

对于使用 new 申请的动态空间,必须使用 delete 运算符进行释放。delete 运算符的语法格式为：

> **delete　指针;**

或者

> **delete　[]指针;**

例如：

```
delete p1;
delete []p2;
```

对于动态对象,在程序结束前必须使用 delete 运算符进行动态空间的释放。例如：

```
void main ()
{
    Test * tp1 = new Test(1, "Mary");
    Test * tp2 = new Test;
    tp1 -> show();
    tp2 -> show();

    delete tp1;
    delete tp2;
}
```

程序运行结果为：

```
num: 1
name: Mary
num: 0
name: abc
bye: 1
bye: 0
```

2.2   MFC 编程

MFC(Microsoft Foundation Class Library)即微软基础类库,它是一个以类 CObject 为基类,通过继承产生的类层次体系。MFC 对 Win32 API 进行了封装,目前已包括有 200 多个类,涵盖了通用 Windows 类、文档/视图结构、OLE、数据库、Internet 以及分布式功能等多方面的基本内容,其实质是一组标准功能子模块。MFC 简化了 Windows 程序的开发过程,它是开发人员使用 Visual C++ 环境开发 Windows 程序的有力工具。

2.2.1   MFC 应用程序框架

应用程序框架通常是指一个完整的程序模型,具备标准应用软件所需的一切基本功能,它负责提供程序的结构框架,开发人员在此基础上为其添加相应的实现代码,从而可以非常方便地完成一个完整的应用程序。在 Visual C++ 集成开发环境中,使用 MFC AppWizard(应用程序向导)工具可以生成两类 MFC 应用程序框架:基于文档/视图结构的应用程序框架和基于对话框的应用程序框架。

1. 基于文档/视图结构的应用程序框架

文档/视图结构是 MFC 程序框架的核心。文档用于保存数据并对数据进行处理,每当 MFC SDI/MDI 响应"File→Open"或"File→New"菜单命令的时候,都会打开一份文档。视图是一个从 CView 类派生出来的窗口,也是一个可视化的矩形区域,文档的内容通过视图窗口显示给用户,这种文档和视图的结合,称为"文档/视图结构"。

文档/视图结构的应用程序包括单文档界面(Single Document Interface,SDI)应用程序和多文档界面(Multiple Document Interface,MDI)应用程序两种。在 SDI 程序中,用户在同一时刻只能操作一个文档,当打开新文档时会自动关闭打开的活动文档,例如 Windows 的记事本和写字板。在 MDI 程序中,用户可以同时对多个文档进行操作,例如 Microsoft Word 和 Developer Studio 都采用的是多文档界面。文档/视图结构大大简化了应用程序的设计开发过程,在该框架中提供了许多标准的操作界面,包括新建文档、打开文件、保存文件、文档打印等,程序员可以将更多的精力用于完成应用程序的特定功能。使用 MFC AppWizard 生成的基于单文档/视图结构应用程序的用户界面如图 2.1 所示。

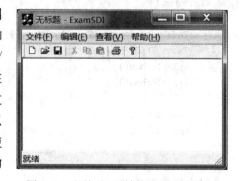

图 2.1   文档/视图结构应用程序界面

启动 Visual C++ 6.0,按照以下步骤创建一个单文档界面工程 ExamSDI。不添加任何代码,仅仅是一个单文档界面应用程序框架。

(1) 选择 File→New 菜单项,弹出 New 对话框,选择 Projects 选项卡,选中 MFC AppWizard[exe]类型,在 Location 编辑框中输入要创建工程的目录,或者单击编辑框右边的省略号按钮选择一个已有的目录,在 Project name 编辑框中输入要建立的工程名称。这里选定目录为 D:\SOFTCASE,工程名为 ExamSDI,如图 2.2 所示。

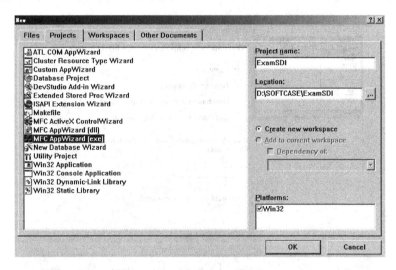

图 2.2 New 对话框

注意工程名自动附加在了路径后面,Create new workspace 一项默认选中,系统平台默认为 Win32,单击 OK 按钮继续。

(2) 弹出 MFC AppWizard-Step1 向导对话框,如图 2.3 所示,可创建的工程有 3 种类型:
① 单文档(Single document)界面应用程序(简称 SDI)。
② 多文档(Multiple documents)界面应用程序(简称 MDI)。
③ 基于对话框(Dialog based)的应用程序。

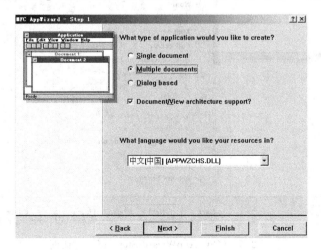

图 2.3 MFC AppWizard-Step1 对话框

默认选项是 Multiple documents，左边的示意图表示所选类型的界面风格，将其改选为 Single document。

"Document/View architecture support?"一项默认选中，表示应用程序采用文档/视图结构，将会在自动生成的程序中支持 CDocument 派生类的 Serialize 成员函数的操作。

该对话框中选择资源语种一项，使用默认的中文。单击 Next 按钮，进入下一步。

(3) 弹出 MFC AppWizard-Step2 of 6 对话框，如图 2.4 所示。

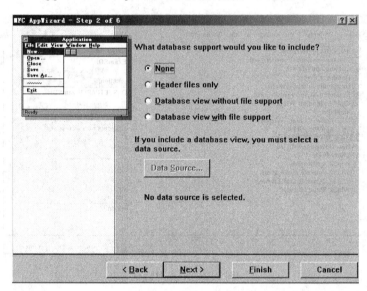

图 2.4　MFC AppWizard-Step2 of 6 对话框

取默认选项，即不支持数据库。单击 Next 按钮，进入下一步。

(4) 弹出 MFC AppWizard-Step3 of 6 对话框，如图 2.5 所示。

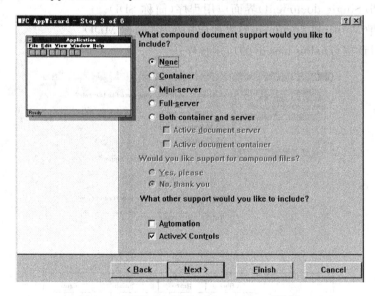

图 2.5　MFC AppWizard-Step3 of 6 对话框

这一步骤是选择程序在 OLE 方面的支持,取默认选项。单击 Next 按钮,进入下一步。

（5）弹出 MFC AppWizard-Step4 of 6 对话框,如图 2.6 所示。

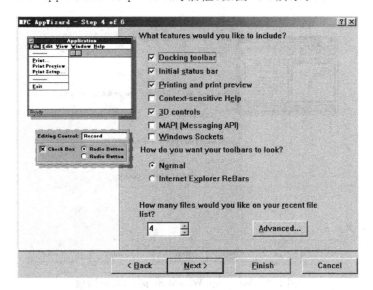

图 2.6　MFC AppWizard-Step4 of 6 对话框

在这一步骤中可以选择程序在用户界面方面的功能,如工具栏、状态栏、打印和打印预览、上下文相关帮助、工具栏的类型以及程序中"文件"菜单下可以列出的最近使用的文件个数。

如果单击 Advanced 按钮,则弹出 Advanced Options 对话框,它有两个选项卡。在 Document Template Strings 选项卡下可以输入程序能处理的文件的扩展名以及更改程序窗口的标题等,如图 2.7 所示。在 Windows Styles 选项卡下可以设置程序窗口的风格,如有无系统菜单、有无最大化、最小化按钮等,如图 2.8 所示。

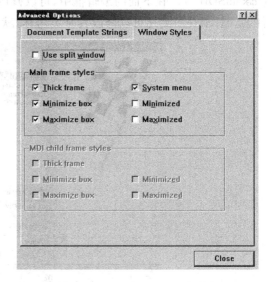

图 2.7　Document Template Strings 选项卡　　　　图 2.8　Windows Styles 选项卡

不改变默认选项，单击 Next 按钮，进入下一步。

（6）弹出 MFC AppWizard-Step5 of 6 对话框，如图 2.9 所示。

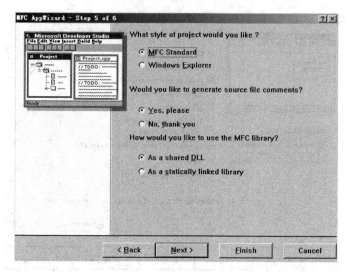

图 2.9　MFC AppWizard-Step5 of 6 对话框

在这个对话框中可以设置工程风格是 MFC 标准式或是 Windows 浏览器式，可以设置是否在源程序代码中加入注释，以及如何使用 MFC 库（是将其作为共享动态链接库还是静态链接库使用）。

不改变默认选项，单击 Next 按钮，进入下一步。

（7）弹出 MFC AppWizard-Step6 of 6 对话框，如图 2.10 所示。

在该对话框的列表框中，可以看到 MFC AppWizard 将要创建 4 个类：视图类 CExamSDIView、应用程序类 CExamSDIApp、主边框窗口类 CMainFrame 和文档类 CExamSDIDoc。在下面的编辑框中，可以修改各个类默认的类名、类的头文件名和实现文件名。对于视图类还可以修改其基类名称，默认的基类是类 CView。

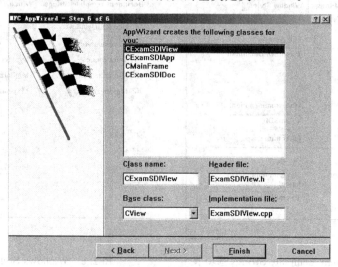

图 2.10　MFC AppWizard-Step6 of 6 对话框

不改变默认设置,单击 Finish 按钮。

(8) 弹出 New Project Information 对话框,如图 2.11 所示。

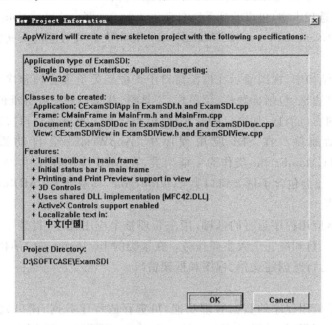

图 2.11 New Project Information 对话框

在该对话框中列出了所建工程的一些信息,如应用程序的类型、将要创建类的名称及其头文件和实现文件、应用程序的界面功能、工程的目录等。

(9) 单击 OK 按钮,则 Visual C++ 6.0 就会创建一个工程,生成一个基于 SDI 的应用程序框架,此时左侧的 Workspace 窗口中有 3 个选项卡:ClassView、ResourceView 和 FileView,展开它们即可看到系统所生成工程的类的组成、资源组成和文件组成,如图 2.12 所示。

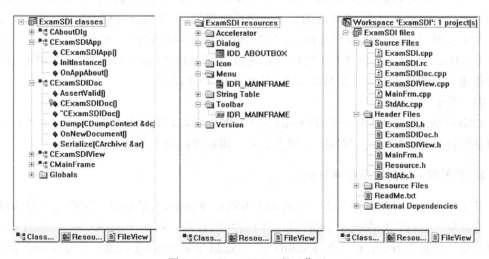

图 2.12 ExamSDI 工程工作区

（10）选择 Build→Execute ExamSDI. exe 菜单项，或者按 Ctrl＋F5 键，或者单击工具栏中的 ! 按钮，运行程序，可得到如图 2.1 所示的运行界面。

在 ClassView 选项卡中，可以看到系统自动生成的 5 个类：CAboutDlg、CExamSDIApp、CExamSDIDoc、CExamSDIView 和 CMainFrame，每个类有其对应的头文件和实现文件。

1）框架类

在文档/视图结构中，视图显示在框架窗口中。框架类负责管理程序的主窗口，它为视图提供可视的窗口边框，包括标题栏、菜单栏、工具栏、状态栏和一些标准的窗口组件。框架类还可响应标准的窗口消息，如窗口的最大化、最小化等。当框架窗口关闭时，其中的视图类对象也被自动删除。在 SDI 应用程序中，AppWizard 会自动添加一个继承自 CFrameWnd 类的 CMainFrame 类作为主框架类，在 MDI 应用程序中，主框架类的基类为 CMDIFrameWnd，还会包含子框架窗口类 CchildFrame，其基类为 CMDIChildWnd 类。

2）应用程序类

应用程序类是应用程序运行的基础，用来管理整个应用程序，封装了 Windows 应用程序要做的初始化、运行和终止三大主要任务。在该类的 InitInstance()函数中会创建一个文档模板，它负责在运行时创建文档、视图和框架窗口。

3）文档类

文档类封装了应用程序的数据管理功能，负责存放程序数据、读出数据并进行 I/O 操作。当用户启动应用程序，或进行 File→New 操作时，都需要对文档类的数据成员进行初始化。通常数据成员的初始化工作都是在构造函数中完成，但文档类的数据成员初始化是在 OnNewDocument()成员函数中完成的。在关闭应用程序并删除文档对象时，或进行 File→Open 操作时，需要清理文档中的数据，该工作由 DeleteContents()成员函数完成。文档类的析构函数只用于清除那些在对象生存期都将存在的数据项（如使用 new 运算符生成的数据）。

4）视图类

视图类负责管理视图窗口，每个视图必须依附于一个框架。视图类一方面接受用户对文档中数据的编辑和修改，将修改的结果反馈给文档类，由文档类将修改后的内容保存到磁盘文件中。另一方面视图类将文档中的数据取出后显示给用户。在视图类中，通常通过 CView::Draw(CDC * pDC)方法实现屏幕显示、打印和打印预览功能，对于不同的输出功能会传递不同的设备上下文指针给 pDC，从而进行 GDI 调用。

5）"关于"对话框类

CAboutDlg 类与对话框资源 IDD_ABOUTBOX 相关联，当在"帮助"菜单中单击"关于…"菜单项时就会弹出"关于…"对话框，用于显示应用程序的版本号和版权信息等。

2．基于对话框的应用程序框架

基于对话框的应用程序是由一个或多个对话框组成的，对话框是一种特殊类型的窗口，是作为其他一些行为标准化了的窗口（也即控件）的容器。启动 Visual C++ 6.0，按照以下步骤创建一个基于对话框的工程 ExamDlg。不添加任何代码，仅仅是一个基于对话框的应用程序框架。

（1）选择 File→New 菜单项，弹出 New 对话框，选择 Projects 选项卡，选中 MFC

AppWizard(exe)类型,在 Location 编辑框中输入要创建工程的目录,或者单击编辑框右边的省略号按钮选择一个已有的目录,在 Project name 编辑框中输入要建立的工程名称。这里选定目录为"D:\SOFTCASE\ExamDlg",工程名为 ExamDlg,如图 2.13 所示。Create new workspace 一项默认选中,系统平台默认为 Win32,单击 OK 按钮继续。

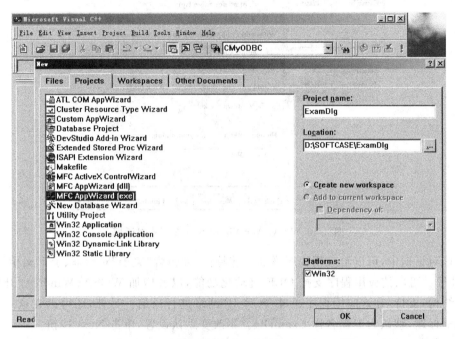

图 2.13 New 对话框

(2) 弹出 MFC AppWizard-Step1 向导对话框,如图 2.14 所示,选中 Dialog based 单选按钮,资源语种选项使用默认的中文,单击 Next 按钮,进入下一步。

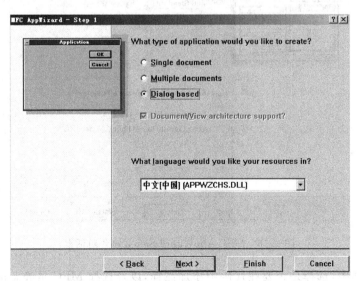

图 2.14 MFC AppWizard-Step1 对话框

（3）弹出 MFC AppWizard-Step 2 of 4 对话框，如图 2.15 所示。

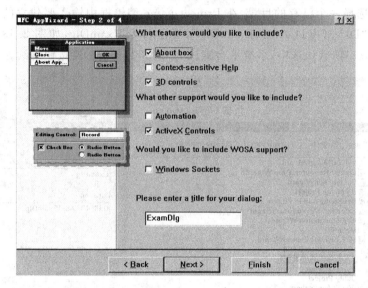

图 2.15　MFC AppWizard-Step 2 of 4 对话框

在该对话框中，可以给应用程序增加一些特性，如包含"关于"对话框、上下文相关帮助、3D 控件等。可以使应用程序支持 OLE 自动化功能，以及增加 WOSA（Windows 开放式系统体系结构）支持，允许应用程序通过 TCP/IP 网络进行通信。另外，还可以在这一步中输入对话框标题，默认为工程名称 ExamDlg。不改变默认设置，单击 Next 按钮。

（4）弹出 MFC AppWizard-Step 3 of 4 对话框，如图 2.16 所示。

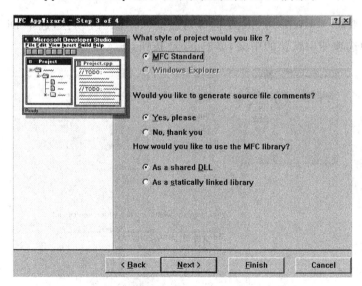

图 2.16　MFC AppWizard-Step 3 of 4 对话框

在该对话框中，选择是否要在代码中添加注释，以及选择 MFC 是静态链接还是动态链接到应用程序中。把 MFC 静态链接到应用程序中可以减少发布应用程序时必须分发的文件的数量，但其缺点是应用程序比较庞大，而且在加载时占用较多的内存。默认设置为以共享动态链接库的方式使用 MFC。不改变默认设置，单击 Next 按钮。

（5）弹出 MFC AppWizard-Step 4 of 4 对话框，如图 2.17 所示。

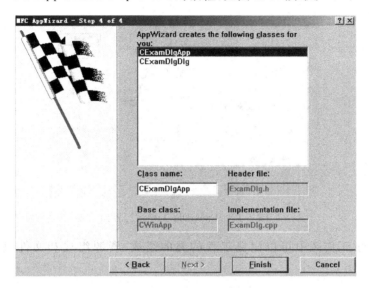

图 2.17　MFC AppWizard-Step 4 of 4 对话框

在该对话框的列表框中，可以看到 MFC AppWizard 将要创建两个类：应用类 CExamDlgApp 和对话框类 CexamDlgDlg。在下面的几个编辑框内，可以修改这两个类的类名，还可以修改对话框类的头文件名和实现文件名。不改变默认设置，单击 Finish 按钮。

（6）弹出 New Project Information 对话框，如图 2.18 所示。

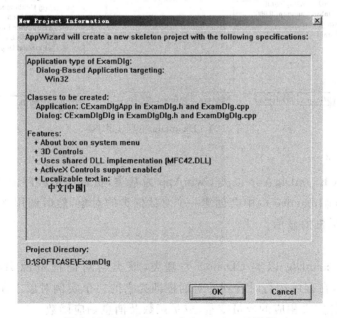

图 2.18　New Project Information 对话框

在该对话框中列出了工程的说明信息，如应用程序的类型、将要创建的类的名称及其头文件和实现文件、应用程序的界面功能、工程的目录等。单击 OK 按钮，将生成一个基于对话框的应用程序框架。

(7)运行程序,即可得到如图 2.19 所示的界面。

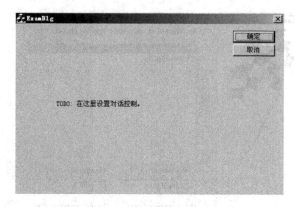

图 2.19   ExamDlg 工程运行界面

在 ExamDlg 工作区中可以浏览工程的类的组成、资源组成和文件组成,如图 2.20 所示。

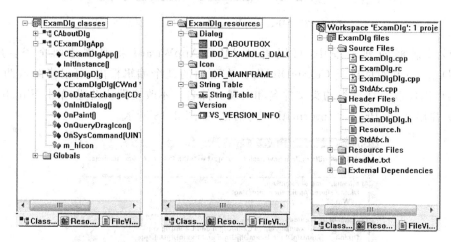

图 2.20   ExamDlg 工程工作区

1)应用程序类

应用程序类 CExamDlgApp 以类 CwinApp 为基类,负责应用程序的初始化、运行和终止,在成员函数 InitInstance()中会创建一个对话框类的对象,然后调用该对象的 DoModal()函数实现主对话框的显示。

2)对话框类

对话框类 CExamDlg 以类 CDialog 为基类,该类与对话框资源 IDD_EXAMDLG_DIALOG 相关联,在程序运行时看到的对话框即为它的一个实例对象。在对话框类中可以为对话框中的控件定义相应的成员变量、成员函数及消息响应函数。

3)"关于"对话框类

"关于"对话框类 CAboutDlg 用于生成一个消息框,在"Resource View"中相应的对话框资源为"IDD_ABOUTBOX"。在对话框标题栏中单击鼠标右键或在单击对话框图标时,会弹出系统菜单,单击菜单项"关于…"将会打开"关于…"对话框,用来显示应用程序的版本号和版权信息等。

每个 MFC 程序都有一个应用程序类的全局对象 theApp,全局变量和全局对象是在程序中最先被创建的。MFC 的主函数会先调用 theApp 对象的 InitApplication() 和 InitInstance()成员函数,来进行程序的初始化,在程序中一般只重写 InitInstance()函数。当收到 WM_QUIT 消息后,执行 theApp 的 ExitInstance()成员函数,从而结束整个应用程序。

2.2.2 MFC 对话框编程

对话框是一种特殊类型的窗口,是用户与 Windows 应用程序进行交互的重要界面元素之一,任何对窗口进行的操作都适用于对话框操作。通过在对话框中设计不同的控件,例如,编辑框、列表框、组合框、按钮等可以满足用户不同的输入和输出需求。MFC 对这些控件进行了封装,同时提供对话框数据交换和校验机制,用来实现控件数据的初始化,以及从控件中获取用户的输入数据。

在 MFC 类层次中,类 CDialog 是所有对话框的基类。在基于对话框的应用程序中,如上例 ExamDlg 工程中,系统就是通过继承基类 CDialog 生成对话框类 CExamDlgDlg,默认的对话框资源 ID 为"IDD_EXAMDLG_DIALOG",并包含两个按钮控件:"确定"(IDOK)和"取消"(IDCANCEL),以及一个用于提示的静态文本框控件。

1. 对话框的创建和使用

通常创建和使用一个对话框一般包括下面 7 个步骤。

1) 创建对话框资源

以 ExamSDI 工程为例,在 Workspace 窗口选择 ResourceViewer 选项卡,用鼠标右键单击 Dialog 资源项,在弹出的快捷菜单中选择 Insert Dialog 菜单项,此时系统在右侧工作区打开对话框编辑器,如图 2.21 所示。默认的对话框资源 ID 为 IDD_DIALOG1,同时打开 Controls 工具栏和 Dialog 工具栏。

用户根据系统业务需求分析和功能模块抽象结果,可以向对话框资源中添加相应的控件用以实现数据的输入和输出。除了 Controls 工具栏提供的 Windows 标准控件,还可以添加 ActiveX 控件。在菜单栏选择 Project→Add to Project→Components and Controls 菜单项,在打开的 Components and Controls Gallery 窗口中选择需要的控件,并单击 Insert 按钮,然后关闭窗口,此时在 Controls 工具栏中就会增加所选择的 ActiveX 控件。添加控件只需用鼠标将控件直接从控件栏拖到对话框上即可。不需要时,选中控件后直接按 Delete 键删除。

2) 设置对话框及控件属性

当向对话框添加多个控件后,可以使用 Dialog 工具栏对控件进行排版,如设置控件大小、间距,设置对齐方式、居中方式,并可以单击 按钮预览对话框资源的外观效果。鼠标右键单击对话框或控件时,在弹出的快捷菜单中选择 Properties 菜单项,打开相应的属性对话框,从而可以设置资源 ID 和显示风格等属性。图 2.22 为一个登录对话框,对话框 ID 为 IDD_LOGINDIALOG。

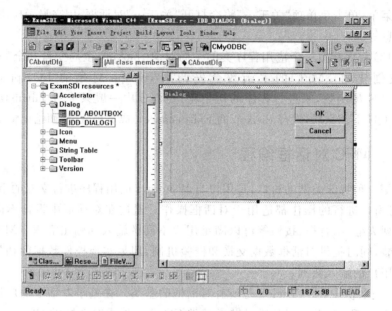

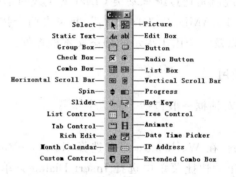

图 2.21　对话框设计

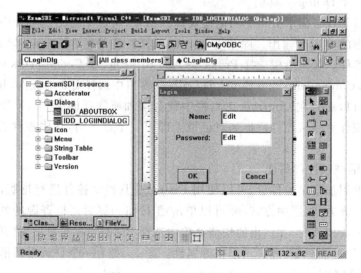

图 2.22　Login 对话框设计

3) 创建对话框派生类

在对话框资源上双击,会弹出 MFC ClassWizard 对话框,并紧接着弹出 Adding a Class 对话框,如图 2.23 所示。

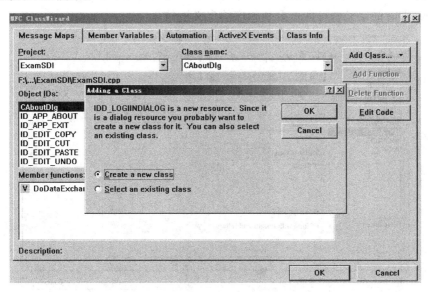

图 2.23 Adding a Class 对话框

采用默认选项,单击 OK 按钮,系统将创建一个新类对该对话框资源进行封装。在弹出的 New Class 对话框中输入派生类名 CLoginDlg,并选择基类,默认为类 CDialog,如图 2.24 所示,单击 OK 按钮关闭该对话框,同时生成派生类源文件 LoginDlg.cpp 和头文件 LoginDlg.h。

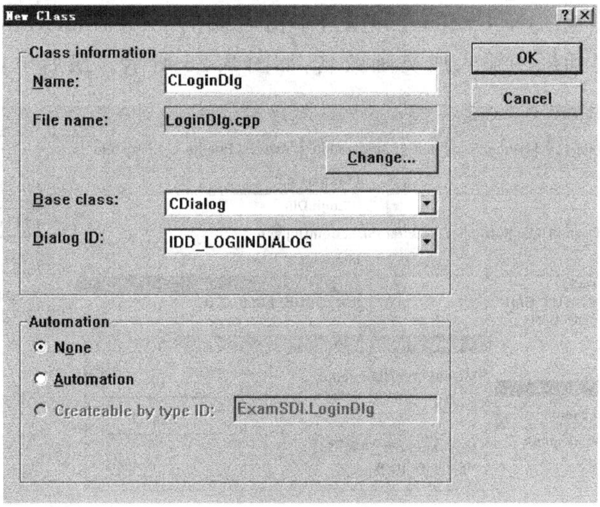

图 2.24 New Class 对话框

4) 为控件添加成员变量

选择 View→ClassWizard 菜单项,打开 MFC ClassWizard 对话框,首先选择 Member Variables 选项卡,然后在 Project 组合框选择当前工程 ExamSDI,在 Class name 组合框选

择类 CDialogDlg,在 Controls IDs 列表框中选择控件 IDC_USER 后,单击对话框右侧的
Add Variable 按钮,在弹出的 Add Member Variable 对话框中输出成员变量名,如图 2.25
所示。单击 OK 按钮关闭该对话框。同样可为 IDC_PWD 编辑框添加成员变量 m_sPwd,
在类 CLoginDlg 的定义中可即可看到相应的定义语句。

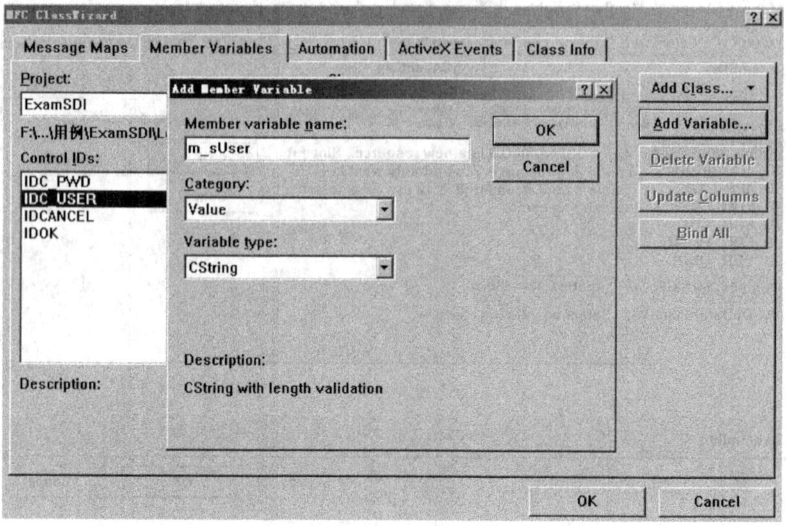

图 2.25　为控件添加成员变量

5）为控件添加消息处理函数

选择 View→ClassWizard 菜单项,打开 MFC ClassWizard 对话框。首先选择 Message
Maps 选项卡,然后在 Project 组合框中选择当前工程 ExamSDI,在 Class name 组合框中选
择类 CDialogDlg,在 Object IDs 列表框中选择 OK 按钮控件的 ID 即 IDOK,在 Messages 列
表框中选择消息类型为"BN_CLICKED"后,单击右侧的 Add Function 按钮,在弹出的 Add
Member Function 对话框中输入成员函数名,如图 2.26 所示。最后单击 OK 按钮关闭对话

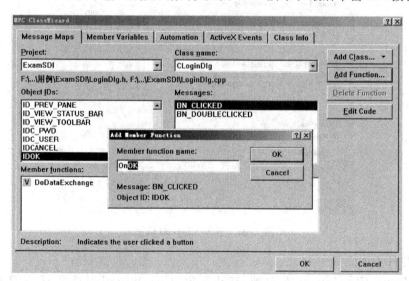

图 2.26　为控件添加消息处理函数

框,此时系统在类 CDialogDlg 中自动添加一个空的 OnOK 函数定义。因此当通过 MFC ClassWizard 工具为控件添加消息处理函数后,用户需要根据功能需求为该消息处理函数添加处理语句。

6) 对话框的显示和销毁

在每个 MFC 工程的 Workspace 窗口的 ClassView 选项卡的 Globals 文件夹中,都可以看到一个应用程序类的全局对象 theApp。当应用程序启动时,系统首先创建该全局对象,用来表示当前应用程序的实例。当执行相应的构造函数后,流程进到 InitInstance 函数。在基于对话框的应用程序中,如 ExamDlg 工程,系统会在 InitInstance 函数中执行下面的语句:

```
CExamDlgDlg dlg;
m_pMainWnd = &dlg;
int nResponse = dlg.DoModal();
if (nResponse == IDOK)
{
    // TODO: Place code here to handle when the dialog is
    // dismissed with OK
}
else if (nResponse == IDCANCEL)
{
    // TODO: Place code here to handle when the dialog is
    // dismissed with Cancel
}
```

即首先创建对话框类 CexamDlgDlg 的对象 dlg,并将该对象的指针赋值给从基类 CwinThread 继承来的成员变量 m_pMainWnd,以使类 CexamDlgApp 和类 CexamDlgDlg 产生关联。再调用对话框类的 DoModal 函数显示该对话框。当该主对话框关闭后,DoModal 函数返回,流程继续执行下面的语句。当 InitInstance 函数执行结束,整个应用程序就结束了。

DoModal 函数是 CDialog 类的一个虚函数,该函数原型为:

```
virtual int DoModal( );
```

返回值:

- IDOK:当用户鼠标单击对话框的 OK 按钮;
- IDCANCEL:当用户鼠标单击对话框的 Cancel 按钮或者标题栏中的"关闭"按钮。

因此,通常可以根据该返回值判断用户操作以及对话框数据的有效性并做进一步处理。

对于由用户手工添加的对话框资源,如果显示为模式对话框,该对话框将建立自己的消息循环,使得用户只能与该对话框进行交互,其他的用户界面对象接收不到输入信息,也不会做出任何响应。模式对话框的显示方法即首先创建对话框对象,然后调用 DoModal 函数。以 ExamSDI 工程为例,若要实现当用户登录成功后再打开主界面,需要在 ExamSDI .cpp 文件头部添加 ♯include "logindlg.h",并修改 InitInstance 函数如下:

```
BOOL CeeeeApp::InitInstance()
{
    CcommandLineInfo cmdInfo;
    ParseCommandLine(cmdInfo);

    CloginDlg login;
    if(login.DoModal() ==  IDOK)
    {
        if(login.m_sUser != "stud"||login.m_sPwd != "111")   //合法用户 stud,密码 111
            AfxMessageBox("wrong!", MB_OK|MB_ICONERROR);
        else
        {   // Dispatch commands specified on the command line
            if (!ProcessShellCommand(cmdInfo))return FALSE;
            // The one and only window has been initialized, so show and update it.
            M_pMainWnd->ShowWindow(SW_SHOW);
            m_pMainWnd->UpdateWindow();
            return TRUE;
        }
    }
    else return false;
}
```

对于由用户手工添加的对话框资源,如果显示为无模式对话框,当对话框打开时,将和应用程序共用一个消息循环,此时用户既可以和该对话框进行交互,也可以选择其他用户界面后和其他对象进行交互。无模式对话框的显示方法即首先创建对话框指针对象,然后调用对话框类的 Create 函数创建对话框对象,并调用 ShowWindow 函数显示对话框。

当用户关闭模式对话框后,对话框资源就被销毁。但只要对话框对象还存在,还可以使用 DoModal 来创建一个新的模式对话框。

无模式对话框通常由父视图或框架窗口(应用程序的主框架窗口或文档框架窗口)创建和拥有。当无模式对话框指针作为父窗口类成员变量时,必须在父窗口类的析构函数中使用 delete 运算符释放无模式对话框指针。当在主窗口命令消息处理函数中动态创建局部无模式对话框指针时,需要在无模式对话框关闭时销毁自己,实现方法为:首先,在无模式对话框类中,对 OnCancel 函数进行重载,调用 DestroyWindow 函数强制销毁窗口。然后,使用 ClassWizard 工具,在无模式对话框类中映射 WM_DESTROY 消息,在消息处理函数中使用语句 delete this 删除自身对象。

2. 对话框数据交换和验证机制

对话框作为人机交流的一种方式,用户可以很方便地通过不同的控件输入各种数据。当控件接收用户输入后,由预先定义的对话框成员变量获取并存储外部输入。同样,将输出数据在对话框中进行更新显示时,必须传递给相应的对话框成员变量。数据在控件和对话框成员变量之间的传递交换就是对话框数据交换机制。MFC 提供了类 CDataExchange 来实现对话框类与控件之间的数据交换(Dialog Data Exchange,DDX),该类还提供了数据有效机制(Dialog Data Validity,DDV),即验证输入到对话框中的数据的有效性。在给每个控件定义相应成员变量时,ClassWizard 同时自动完成了有关 DDX 和 DDV 的代码。例如,在上面的 ExamSDI 工程中,系统自动生成如下代码:

```
void CloginDlg::DoDataExchange(CdataExchange* pDX)
{
    Cdialog::DoDataExchange(pDX);
    //{{AFX_DATA_MAP(CloginDlg)
    DDX_Text(pDX, IDC_USER, m_sUser);
    DDX_Text(pDX, IDC_PWD, m_sPwd);
    //}}AFX_DATA_MAP
}
```

在程序中创建对话框对象后,当调用 DoModal 函数或 ShowWindow 函数显示对话框之前,系统会首先执行对话框派生类的 OnInitDialog 成员函数,该函数是对基类 Cdialog 的虚成员函数 OnInitDialog 的扩充继承,用来对对话框进行初始化,用户可以加入一些自己的初始化设置。在 Cdialog::OnInitDialog 函数中会执行 CWnd::UpdateData(FALSE)函数,用对话框成员变量的值去初始化对话框。

UpdateData 函数是 CWnd 类的成员函数,函数原型为:

```
BOOL UpdateData(BOOL bSaveAndValidate = TRUE);
```

参数 bSaveAndValidate 默认值为 TRUE,表示从对话框控件获取数据并传递给成员变量;当 bSaveAndValidate 值为 FALSE 时,表示将成员变量中的数据传递给对话框控件。如果函数执行成功,则返回非 0 值;否则返回 0。

2.3　SQL 基础

2.3.1　SQL 语句

1. 基本表操作

基本表操作包括表的创建、修改和删除,相应的 SQL 语句主要为 CREATE TABLE、ALTER TABLE、DROP TABLE。

1) CREATE TABLE
使用 CREATE TABLE 语句可建立数据库表,其语法格式如下:

```
CREATE TABLE {< database >.{< owner >.}}< table_name >
(
    < col_name > < datatype > {NULL|NOT NULL|IDENTITY{(seed,increment)}}
    {constraint {constraint { … constraint}}}|{{,}constraint}
    {{,} < next_col_name >|next_constraint … }
);
```

说明：

- <database>指定所建表的存放位置，默认为当前数据库。
- <owner>指定表的所有者，默认为当前用户。
- <table_name>是新建表的名称。
- <col_name>定义表的列名，在一个表中列名必须唯一，但在同一个数据库中，不同表中的列名可以相同。
- <datatype>指定列的数据类型。
- IDENTITY 指定该列为 IDENTITY 列，列值由系统自动插入，该列不能由用户更新，也不允许空值。IDENTITY 列的数据类型只能为 int、smallint、tinyint、numeric、decimal 等系统数据类型，IDENTITY 列的数据类型为 numeric 和 decimal 时，不允许出现小数位。对于 IDENTITY 列，seed 为 IDENTITY 列的基值，increment 为 IDENTITY 列的列值增量。默认时，seed 和 increment 的值均为 1。
- Constraint 是一个可选的关键字，其值可以为 PRIMARY KEY、NOT NULL、UNIQUE、FOREIGN KEY 或 CHECK，表示一种约束关系，它是维护数据完整性的一种特殊属性，可以为数据库及其列创建索引。

下面是创建表的一个示例。

```
CREATE TABLE student
(
  Student_id INT IDENTITY(1,1),
  Student_name CHAR(80) NOT NULL
);
```

2) ALTER TABLE

使用 ALTER TABLE 语句可以修改表结构，为其添加列，打开或关闭已有约束，增加或删除约束等操作。其语法格式如下：

```
ALTER TABLE {< database >.{ < owner >.}}< table_name >
{WITH CHECK|NOCHECK}
CHECK|NOCHECK CONSTRAINT < constraint_name >|ALL
|
{ADD
< column_definition >{< column_constraints >}|{{,}< table_constraint >}
{, < column_definition >{< column_constraints >}|{{,}< table_constraint >} … }
|
{DROP CONSTRAINT}
< constraint_name1 >{,< constraint_name2 >} … };
```

说明：

- ADD 项参数说明向表中增加列或表约束，其中列定义与 CREATE TABLE 语句中的列定义方法相同。
- DROP 项说明删除表中现有的约束。

下面是 ALTER TABLE 语句的一个示例。

```
ALTER TABLE student
ADD Country char(2) NULL;
```

3) DROP TABLE

DROP TABLE 语句用于删除某个表,语法格式如下:

```
DROP TABLE {{< database >. }< owner >. }< table_name >
     {,{{< database >. }< owner >. }< table_name >…};
```

其中,<table_name>表示需要删除的表名。

2. 索引操作

索引操作包括索引的创建和删除,相应的 SQL 语句为 CREATE INDEX、DROP INDEX。

1) CREATE INDEX

用 CREATE INDEX 语句创建索引,语法格式如下:

```
CREATE {UNIQUE}{CLUSTERED|NONCLUSTERED} INDEX < index_name >
ON {{< database >. }< owner >} < table_name > (< column_name >{,< column_name >} … )
{WITH
{PAD_INDEX, }
{{,} FILLFACTOR = fillfactor}
{{,} IGNORE_DUP_KEY}
{{,} SORTED_DATA|SORTED_DATA_REORG}
{{,} IGNORE_DUP_ROW|ALLOW_DUP_ROW}}
{ON < segment_name >};
```

说明:

- 唯一索引:在调用 CREATE INDEX 语句时,适用 UNIQUE 选项创建唯一索引。
- 复合索引:是对一个表中的两列或多列的组合值进行索引,复合索引的最多列数为 16,这些列必须在同一个表中。
- 簇索引(排序):在调用 CREATE INDEX 语句时,使用 CLUSTERED 选项创建簇索引。
- 非簇索引:在调用 CREATE INDEX 语句时,使用 NONCLUSTERED 选项创建非簇索引。

下面是创建索引的一个示例。

```
CREATE INDEX index_book ON book(student_id,book_id);
```

2) DROP INDEX

使用 DROP INDEX 语句删除索引,语法格式如下:

```
DROP INDEX < index_name >;
```

其中<index_name>表示需要删除的索引名。

3. 视图操作

视图操作包括视图的创建和删除,相应的 SQL 语句为 CREATE VIEW、DROP VIEW。

1) CREATE VIEW

用 CREATE VIEW 语句建立视图,语法格式如下:

```
CREATE VIEW{< owner >.}< view_name >
{(< column_name >{,< column_name >} ··· )}
{WITH ENCRYPTION}
AS < select_statement > {WITH CHECK OPTION};
```

说明:

- <view_name>:需要创建的视图名。
- <column_name>:视图所包含的列名。
- <select_statement>:创建视图所使用的 SQL 语句。

2) DROP VIEW

用 DROP VIEW 语句删除视图,语法格式如下:

```
DROP VIEW < view_name >;
```

其中<view_name>为需要删除的视图名。

4. WHERE 子句

在 WHERE 子句中可以使用字段、运算符、函数和 SQL 语句等。不同数据库中的 SQL 语句存在一定的差别。在 WHERE 子句中可以使用的比较运算符如表 2.1 所示。

表 2.1   运算符

运 算 符	含 义
=	相等
! =或者<>	不等于
>	大于
>=	大于等于
<	小于
<=	小于等于
IN(列表)	等于列表中的任意值
BETWEEN 值 1 AND 值 2	大于等于值 1 并且小于等于值 2
LIKE%或_	模式匹配,%匹配 0 个或任意多个字符,"_"匹配一个字符
IS NULL	空值
IS NOT NULL	非空

1）IN

有时需要选择某个字段等于某些取值中的任意一个,这时可以使用 or 进行联结。例如,选择 job 字段的值等于 clerk 或者 analyst 的数据:

```
SELECT * FROM emp WHERE job = 'clerk' OR job = 'analyst';
```

但是,当 job 字段还可以取更多的值时,使用 or 就有些烦琐,使用 in 比较简单,例如:

```
SELECT * FROM emp WHERE job IN ('clerk', 'analyst');
```

其中 in 的作用就是查找数据库中字段 job 的值等于列表中的任意一个。使用 NOT 可以修饰 in,即选择所有取值不在值列表中的数据。

2）BETWEEN … AND …

当查找某列的取值在某个区间内时可以使用 BETWEEN … AND …。例如,下面语句是查找 salary 的值在 1000 到 3000 范围内的数据:

```
SELECT * FROM emp WHERE salary >= 1000 AND salary <= 3000;
```

上面的语句使用 BETWEEN 可以替换为:

```
SELECT * FROM emp WHERE salary BETWEEN 1000 AND 3000;
```

在 WHERE 子句中数值型、字符型和日期型数据都可以使用 BETWEEN 进行查找。使用 NOT 也可以修饰 BETWEEN,表示选取不在指定范围内的数据。

3）LIKE

在查找中,有时需要对字符串进行比较。在比较中,有的要求两个字符完全相同,有的要求部分字符相同,其余的字符可以任意。LIKE 可以用来搜索所有的数据,来查找与描述的模式相匹配的数据。

LIKE 提供两种字符串的匹配方式,一种是用下划线“_”表示,称为定位标志;另一种是用百分号％表示,称为通配符。在检查一个字符串时,如果有一个字符可以任意,则在该字符位置上用下划线表示。例如,下面是选择以 E 开头的,后面仅有两个字母的数据,因此使用两个下划线:

```
SELECT * FROM emp WHERE name LIKE 'E_ _';
```

如果查找以 E 开头,后面有任意个(包括 0 个)字符串的数据,可以使用下面的语句:

```
SELECT * FROM emp WHERE name LIKE 'E%';
```

另外,可以使用 NOT LIKE 来查找数据,意义与 LIKE 相反。

4）IS NULL 和 IS NOT NULL

空值实际是指一种未知的、不存在的或不可应用的数据,用 NULL 表示。NULL 仅仅是一个符号,所以它不等于 0,因此不能像 0 那样进行算术运算。NULL 不能与等号之类的运算符连用,应该使用关键字 IS。

例如,下面的语句查找没有奖金的雇员信息:

```
SELECT name, job FROM emp WHERE omm. IS NULL;
```

下面的语句是查找有奖金的雇员信息:

```
SELECT name, job FROM emp WHERE omm. IS NOT NULL;
```

5）逻辑运算符 NOT、AND、OR

在 WHERE 子句中,可以通过逻辑运算符联结多个条件,构成一个复杂的条件进行查询。在 WHERE 子句中可以使用 3 种逻辑运算符,如表 2.2 所示。

表 2.2　逻辑运算符

运　算　符	含　义
NOT	逻辑非,选择不同条件的行
AND	逻辑与,选择列值同时满足多个条件的行
OR	逻辑或,选择列值满足任意条件的行

在 WHERE 子句中,关系比较符的优先级高于逻辑运算符。在逻辑运算符中,逻辑非的优先级最高,逻辑与的优先级次之,逻辑或的优先级最低。括号可以改变运算的执行顺序。

综上所述,在 WHERE 子句中,可以使用关系运算符、逻辑运算符以及特殊的运算符 LIKE 等构成条件,当条件满足时则提取出有关数据。

5. ORDER BY 子句

通常使用 SELECT 命令查找数据时,查询结果按各行在表中的顺序显示。当需要按照某种特定的顺序显示时,可以通过 ORDER BY 子句来改变查询结果的显示顺序。

ORDER BY 子句的格式是:

```
SELECT …
FROM …
{WHERE … }
ORDER BY <列名> {ASC|DESC}{,<列名> {ASC|DESC}} …;
```

在 ORDER BY 子句中,<列名>指出查询结果按该列排序,选项{ASC|DESC}表示按升序还是降序排列,选择 ASC(默认)为升序,选择 DESC 为降序。如果按多列进行排序,应该分别指出各列是升序还是降序排列。选择多列排序,首先按第一个列名确定顺序,若相同再按第二个列名排序,以此类推。

例如,下面语句查找工资高于 2000 元的雇员数据,并按照部门降序和雇员升序排列:

```
SELECT name, salary, depno FROM emp WHERE salary > 2000 ORDER BY deptno DESC, name ASC;
```

2.3.2 高级查询

1. 表的连接

在数据库应用中,经常要同时涉及两个或两个以上的表,才能构造出所需要的结果,这就要使用连接操作。若被处理的表列之间没有关系,则使用"笛卡儿积"将各表中的各行组合起来。"笛卡儿积"实际上是一种无条件连接,这种操作会生成大量的行,结果却没有多大意义。因此在相关的各表之间进行操作时往往要加上限制条件,再进行连接运算。表的连接包括表引用方式和使用 JOIN 连接词方式,下面均是以表引用方式进行的连接。

1)等值连接

等值连接要求参与连接运算的两个表在公共列上具有相同的值。SELECT 语句可以将两个表进行连接操作。连接时,将两个表中的所有记录在有关列上进行比较,检查它们是否满足条件。命令如下:

```
SELECT … FROM <表名 1>,<表名 2> WHERE <表名 1>.<列名 1> = <表名 2>.<列名 2>;
```

其中,给列名加表名前缀,是为了避免被连接表中各个被连接列同名时产生二义性。

两个基表进行等值连接的过程是:首先从第一个表中取出第一条记录,然后从头至尾扫描另一个表的全部记录,分别检查每条记录在连接属性上是否与第一个表的第一条记录相等,如果相等,则将这两个记录连接,生成新表的一条记录。当处理完第一个表的第一条记录后,再取出第二条记录,扫描另一个表的全部记录。以此类推,直至处理完第一个表的全部记录。如果连接时还有其他限制条件,则对满足条件的记录进行上述操作。

例如,下面的语句选择工资高于 1000 元的职工所在部门的情况。

```
SELECT name, salary, emp.deptno, deptname FROM emp, dept
WHERE emp.deptno = dept.deptno AND salary > 1000;
```

其中,SELECT 子句中的 deptno 列加了前缀 emp,是为了防止不同基表的同名列产生二义性,因为 dept 表中也有 deptno 列。

在连接条件中使用的列是几个被连接表的公共列,它们不要求具有相同的名字。但因为要进行比较操作,所以两个列必须具有相同的定义域,即数据类型和宽度相同,这是作为连接运算所必须具备的条件。

还可以对两个以上的表进行连接操作。连接时应该遵循以下规律。

(1)连接条件恰好比连接的表数少 1。

(2)一个被连接表的主关键字由多列组成时,则对该关键字的每一列均要有一个连接条件。

2)非等值连接

非等值连接是指连接条件中不使用等号进行连接运算。非等值连接能够使用的比较运算符包括=、!、<、<=、>、>=、BETWEEN … AND …和 LIKE 等。

例如,下面的语句查询工资级别属于第 3 级并且工资数在 1000 元到 1500 元之间的雇员:

```
SELECT name,salary FROM emp,salgrade WHERE grade = 3 AND
salary BETWEEN 1000 AND 1500;
```

2. 子查询

子查询也称为嵌套查询,它是指允许一条 SELECT 查询语句作为另一条 SQL 语句中的一部分。通常称嵌套的 SELECT 语句为子查询,外层的 SELECT 语句为主查询。子查询的作用是,首先检索出一个或多个表的值,其结果并不显示,而是传递给其外层语句,作为该语句的查询条件来使用。

由于子查询还可以在它的语句中再嵌入子查询,因此子查询可以多层嵌套。子查询适用于以下命令:

```
INSERT INTO <表名>( <列名>,<列名>,… ) SELECT( <列名>,<列名>,… ) FROM <表名> WHERE <列名或
列表达式> <比较运算符>( SELECT <列名> FROM <表名> WHERE <条件> );
CREATE TABLE <新表名> as SELECT <列名>,<列名>,… FROM <表名> WHERE <列名或列表达式> <比较运
算符>( SELECT <列名> FROM <表名> WHERE <条件> );
```

2.3.3 事务控制

在数据库术语中,事务是一个不可分割的工作逻辑单元,是用户定义的一组操作序列,由一条或者多条 SQL 语句组成。数据操作的逻辑单位是事务,通过事务可以将逻辑相关的一组操作绑定在一起,以便保持数据库的数据完整性。

事物的 ACID 特性如下。

- 原子性(Atomicity):是指一个事务中的操作命令作为一个整体向系统提交或撤销,要么都执行,要么都不执行。
- 一致性(Consistency):是指在事务操作前和事务处理后,数据必须满足业务的规则约束。
- 隔离性(Isolation):是指数据库允许多个并发的事务同时对其中的数据进行读或修改的能力。
- 持久性(Durability):是指在事务处理结束后,它对数据的修改是永久的。

在 Oracle 数据库中,所有的事务都是隐式开始,当用户要终止一个事务处理时,必须使用下面的 SQL 语句。

1. 提交事务

```
COMMIT;
```

对数据库的操作进行持久保存。当事务被提交后,一个新的事务自动开始。

2. 回滚事务

```
ROLLBACK;
```

取消对数据库所作的任何操作,即数据库恢复到该事务执行前的状态。

3．部分事务回滚

当事务处理发生异常需要执行 ROLLBACK 命令时,通过指定保存点可以取消部分事务。保存点是事务中的一点,使用 SAVEPOINT 语句进行设置。当结束事务时,会自动删除该事务所定义的所有保存点。

例如,在表 employee 中插入第一条记录后设置保存点 s,然后再插入第二条记录。当在操作过程中根据需要回滚到保存点 s 时,表 employee 中只保存第一条记录。示例代码如下:

```
INSERT INTO employee VALUES('one', 'one');
SAVEPOINT s;
INSERT INTO employee VALUES('two', 'two');
ROLLBACK to s;
COMMIT;
```

2.3.4 存储过程

存储过程是在大型数据库系统中以命名的方式预先定义的一组 SQL 语句序列,用以完成某一特定功能。存储过程只在创建时进行编译并存储在数据库中,用户可以在任何客户机上登录到数据库,通过指定存储过程的名字和参数(若已定义参数)进行调用时不需再重新编译,其执行速度比相同的 SQL 语句序列要快。当对数据库进行复杂操作时或对需要经常调用的操作,可以通过存储过程对操作序列进行封装,从而提高数据库执行速度。

像其他高级语言的过程和函数一样,可以传递参数给存储过程。存储过程可以有返回值,也可以没有返回值。存储过程的返回值必须通过参数带回。

1．创建存储过程

创建存储过程需要有 create procedure 或者 create any procedure 的系统权限。该权限可以由系统管理员授予。

创建存储过程的基本语法如下:

```
CREATE [OR REPLACE] PROCEDURE 存储过程名[(参数[IN][OUT] 数据类型…)]
AS│IS
变量 1 数据类型(值范围);
变量 2 数据类型(值范围);
BEGIN
可执行部分
[EXCEPTION 错误处理部分]
END[存储过程名];
```

说明:

■ 可选关键字 OR REPLACE 表示如果存储过程已存在,则对其进行覆盖。

- 参数有 3 种形式：IN、OUT 和 IN OUT。IN 表示定义一个输入参数，用于传递参数给存储过程；OUT 表示定义一个输出参数，用于从存储过程获取数据；IN OUT 表示兼有以上两者功能。如果没有指明参数的形式，默认为 IN。参数也可以带默认值。
- 数据类型可以使用 Oracle 中任意的合法类型。
- 关键字 AS 也可写成 IS，后跟存储过程的说明部分，通常在此定义局部变量。定义变量时可设置取值范围，后面接分号"；"。
- 存储过程通过编译后被存入数据库中，可供其他用户或程序进行调用。

例如，在 PL/SQL 中创建一个显示雇员总人数的无参存储过程。

```
CREATE OR REPLACE PROCEDURE emp_count
AS
v_total number(10);
BEGIN
SELECT count( * ) INTO v_total FROM employee;
DBMS_OUTPUT.PUT_LINE('雇员总人数为：'||v_total);
COMMIT;
END;
```

例如，在 PL/SQL 中创建带参的存储过程用于检索用户的密码。

```
CREATE OR REPLACE PROCEDURE emp_getpwd(name varchar2, pwd out varchar2)
AS
BEGIN
SELECT password INTO pwd FROM employee WHERE username = name;
COMMIT;
END;
```

2．调用存储过程

只有存储过程的创建者或拥有 execute any procedure 系统权限的用户或是被授予 execute 权限的用户才能调用（或执行）存储过程。在 PL/SQL 中存储过程是作为一个独立执行的语句调用的。

调用存储过程的基本语法有两种：

```
EXECUTE [用户名.]存储过程[(参数…)];
```

或者：

```
BEGIN
[用户名.]存储过程[(参数…)];
END;
```

说明：
- 若调用其他用户的存储过程，必须加上用户名。

■ 调用存储过程时传递的参数必须与定义的参数类型、个数和顺序一致。参数可以是变量、常量或表达式。

例如，在 PL/SQL 中调用无参存储过程 emp_count。

方法 1：在对象列表中选择存储过程 emp_count，单击鼠标右键后在弹出的快捷菜单中选择 test 选项，可看到如下代码。

```
BEGIN
  emp_count;
END;
```

然后在工具栏中单击 Execute 按钮或按 F8 键。执行成功后在 DBMS Output 选项卡中即可看到执行结果。

方法 2：打开 Command Window 窗口，输入如下代码。

```
SET SERVEROUTPUT ON;
EXECUTE emp_count;
```

即可看到执行结果。

例如，在 PL/SQL 中调用带参存储过程 emp_getpwd。

打开 Test Window 窗口，输入如下代码：

```
DECLARE
  name varchar2(15);
  pwd varchar2(15);
BEGIN
  name: = 'song';
  emp_getpwd(name, pwd);
  dbms_output.put_line(pwd);
END;
```

然后在工具栏中单击 Execute 按钮或按 F8 键。执行成功后在 DBMS Output 选项卡中即可看到执行结果。

3. 删除存储过程

只有存储过程的创建者或者拥有 drop any procedure 系统权限的用户才能删除存储过程。

删除存储过程的基本语法如下：

```
DROP PROCEDURE 存储过程名;
```

例如，删除存储过程 myinsert。

打开 SQL Window 窗口，输入如下代码：

```
DROP PROCEDURE myinsert;
```

或者在对象列表中选择要删除的存储过程,单击鼠标右键后在弹出的快捷菜单中选择"Drop"命令即可。

2.3.5　动态 SQL 语句

SQL 语句从编译和运行的角度可以分为静态 SQL 和动态 SQL。在程序运行前,静态 SQL 中涉及的表名和列名必须是确定的,在程序运行前被编译,编译的结果会存储在数据库内部,一次编译,多次运行。在很多情况下,SQL 语句所带的参数在编译时并不确定,必须在运行时根据用户的输入才能生成 SQL 语句。例如,根据不同的业务需求,如果输入不同的查询条件,则生成不同的 SQL 查询语句。这种在运行时才能生成的 SQL 语句称为动态 SQL 语句,每次执行需要重新编译。动态 SQL 语句允许应用程序向数据库发送任何查询,不仅能增加应用程序的功能还能提高其灵活性。

在 Oracle 的存储过程中,不能直接使用 DDL 语句,要通过动态 SQL 语句实现。Oracle 提供了 EXECUTE IMMEDIATE 语句来执行动态 SQL。如果使用 EXECUTE IMMEDIATE 处理一个 DML 命令,在完成以前需要进行显式提交。动态 SQL 常用基本语法如下:

```
EXECUTE IMMEDIATE dynamic_SQL_string [INTO var1[, var2, ...] | record] [USING [IN | OUT | IN OUT] bind_arg1[,[IN | OUT | IN OUT] bind_arg2, ...] [{RETURNING | RETURN} field1[, field2, ...] INTO bind_arg1[, bind_arg2, ...]];
```

其中:

- dynamic_SQL_string:存放指定的 SQL 语句的字符串变量。
- var:该变量用于存放单行查询结果,使用时必须使用 INTO 关键字。
- record:是用户定义或%ROWTYPE 类型的记录,用来存放被选出的行记录。
- bind_arg:用于给动态 SQL 语句传入或传出参数,使用时必须使用 USING 关键字。
- RETURNING | RETURN 子句:通常结合 DML 语句使用,对于 INSERT 语句是返回添加后的值,对于 UPDATE 是返回更新后的值,对于 DELETE 是返回删除前的值。

1. 使用 EXECUTE IMMEDIATE 处理 DDL 操作

使用 EXECUTE IMMEDIATE 执行 DDL 操作(CREATE、ALTER、DROP)时会自动提交其执行的事务,这种类型的动态 SQL 语句不需要 USING 和 INTO 子名,语法格式为:

```
EXECUTE IMMEDIATE dynamic_SQL_string;
```

其中"SQL 语句字符串"是可以确定的字符串常量,也可以是运行时生成的前置冒号的字符串变量,生成的 SQL 语句必须是不产生结果集且不需要输入参数的语句,如建立表、视图和存储过程。

例如,创建表 student。

在 PL/SQL 中打开 Test Window 窗口,输入如下代码:

```
DECLARE
str varchar(100);
BEGIN
str := 'CREATE TABLE student(id varchar2(10), name varchar2(10),score number )';
EXECUTE IMMEDIATE str;
END;
```

然后,在工具栏中单击 Execute 按钮或按 F8 键。执行成功后在左侧列表框中可看到表名 student。

2. 使用 EXECUTE IMMEDIATE 处理无输出的 DML 操作

运行之前已知参数个数并且没有返回值时使用这种类型的动态 SQL 语句。这种类型的动态 SQL 语句也能够处理需要在运行时定义参数的数据操作语句。EXECUTE IMMEDIATE 将不会提交一个 DML 事务执行,应该显式提交。常用语法格式为:

```
EXECUTE IMMEDIATE dynamic_SQL_string USING bind_arg1[, bind_arg2, ...];
```

其中"dynamic_SQL_string"是可以确定的字符串常量,也可以是运行时生成的前置冒号的字符串变量。此时在"dynamic_SQL_string"中的参数相当于函数的形参,用占位符表示,格式为":n",n 为以 1 为基数的参数序号。在"绑定参数列表"中的参数相当于实参,可以是变量或常量,各参数对应 SQL 语句中的占位符。

例如,创建存储过程 insertstd 向表 student 中插入三条记录。

在 PL/SQL 中打开 Program Window 窗口,输入如下代码:

```
CREATE OR REPLACE PROCEDURE insertstd(id varchar2, name varchar2, score number)
AS
str varchar2(50);
BEGIN
  str := 'insert into student values (:1, :2, :3)';
  EXECUTE IMMEDIATE str USING id, name, score;
  COMMIT;
END;
```

然后打开 Test Window 窗口,输入如下代码:

```
BEGIN
  insertstd('1001',  '张三', 83);
  insertstd('1002',  '李四', 87);
  insertstd('1003',  '王五', 90);
END;
```

然后,在工具栏中单击 Execute 按钮或按 F8 键执行存储过程进行测试。

3. 使用 EXECUTE IMMEDIATE 处理有输出的 DML 操作

EXECUTE IMMEDIATE 执行 DML 时,不会提交该 DML 事务,需要使用显式提交

(COMMIT)或作为 EXECUTE IMMEDIATE 自身的一部分。该类型的动态 SQL 语句通常用于查询语句,但不支持返回多行的查询,这种交互将用 INSERT 语句填充临时表来存储记录并进行进一步的处理,或者用 REF CURSOR 语句。

1) 处理单行查询

单行 SELECT 查询不能使用 RETURNING INTO 返回,直接使用 INTO 子句来传递值。常用语法格式为:

```
EXECUTE IMMEDIATE dynamic_SQL_string INTO var1[, var2, … ] [USING bind_arg1[, bind_arg2, … ]];
```

例如,在表 student 中检索学号为“1002”的学生成绩。在 PL/SQL 中打开 Program Window 窗口,创建存储过程 selstd 进行成绩检索,并进行测试,如下代码:

```
CREATE OR REPLACE PROCEDURE selstd(stdid varchar2, stdname out varchar2, stdscore out number)
AS
  strsql varchar2(50);
BEGIN
  -- 方式 1
  -- strsql := 'select name, score from student where id = :1';
  -- EXECUTE IMMEDIATE strsql INTO stdname, stdscore USING stdid;
  -- 方式 2
  strsql := 'select name, score from student where id = '||stdid;
  EXECUTE IMMEDIATE strsql INTO stdname, stdscore;
    COMMIT;
END;
```

然后打开 Test Window 窗口,输入如下代码:

```
DECLARE
  id varchar2(10);
  name varchar(10);
  score number(3);
BEGIN
  id := '1002';
  selstd(id, name, score);
  dbms_output.put_line(name||'  '||to_char(score));
END;
```

然后,在工具栏中单击 Execute 按钮或按 F8 键执行存储过程进行测试。

2) 处理多行查询

使用动态 SQL 进行多行查询操作时,通常需要使用动态游标,即在程序运行阶段动态生成一个查询语句作为游标。动态游标的使用包括如下 4 个步骤。

(1) 定义游标变量。基本语法格式为:

```
TYPE 游标名称 IS REF CURSOR;
游标变量 游标名称;
```

（2）打开游标变量。基本语法格式为：

```
OPEN 游标变量 FOR 动态 select 语句[USING 绑定参数列表];
```

（3）循环提取数据。基本语法格式为：

```
loop
  FETCH 游标变量 INTO 输出参数列表;
  EXIT WHEN 游标变量 % NOTFOUND;
  … …
end loop;
```

（4）关闭游标变量。基本语法格式为：

```
CLOSE 游标变量;
```

例如，检索表 student 中的数据。

在 PL/SQL 中打开 Program Window 窗口，创建无参存储过程 selstd1 进行成绩检索，并进行测试，如下代码：

```
create or replace procedure selstd1 is
  TYPE   stud_cur_type IS REF CURSOR;
  stud_cur   stud_cur_type;
  stud_record student % rowtype;
  sqlstr varchar2(200);
BEGIN
  sqlstr := 'select * from student';
  OPEN stud_cur FOR sqlstr;
  loop
FETCH stud_cur INTO stud_record;
EXIT WHEN stud_cur % NOTFOUND;
dbms_output.put_line('学号:'||stud_record.id||',姓名:'||stud_record.name||',成绩:'||stud_record.score);
  end loop;
CLOSE stud_cur;
commit;
END;
```

然后打开 Test Window 窗口，输入如下代码：

```
BEGIN
selstd1;
END;
```

然后，在工具栏中单击 Execute 按钮或按 F8 键执行存储过程进行测试。

若需要返回多行查询结果，可以使用 out 型游标参数。例如，创建带参存储过程 selstd2 检索表 student 中成绩大于 80 分的学生学号和姓名，并进行测试。示例代码如下：

```
create or replace procedure selstd2(score number, p_cursor out sys_refcursor) is
  sqlstr varchar2(200);
BEGIN
  sqlstr : = 'select id, name from student where score >'||to_char(score);
  OPEN p_cursor FOR sqlstr;
END selstd2;
```

最后打开 Test Window 窗口,输入如下代码:

```
DECLARE
  score number;
  p_cur sys_refcursor;
  strid student. id % type;
  strname student. name % type;
BEGIN
  score: = 80;
  selstd2(score, p_cur);
  loop
    fetch p_cur into strid, strname;
    exit when p_cur % NOTFound;
    dbms_output.put_line('学号:'||strid||'  姓名:'||strname);
  end loop;
END;
```

2.4　Pro * C/C++ 程序开发

SQL 语言提供了 3 种不同的使用方式:第一种是在终端交互式方式下使用;第二种是将 SQL 语言嵌入到某种高级语言如 COBOL、FORTRAN 和 C 中使用,利用高级语言的过程性结构来弥补 SQL 语言在实现复杂应用方面的不足,这种方式下使用的 SQL 语言称为嵌入式 SQL(embedded SQL);第三种是应用程序编程接口,如 ODBC、OLE DB 和 ADO 等。

Oracle 支持在 C/C++ 语言内嵌入 SQL 语句,或 Oracle 库函数调用来访问数据库,C/C++语言即称为宿主语言或主语言。在 C/C++中嵌入 SQL 语句而开发出的应用程序称为 Pro * C/C++,标准文件扩展名为. pc。

Pro * C/C++预编译器将源程序中嵌入的 SQL 语句转换为标准的 Oracle 库函数调用,从而生成 C/C++源程序,再经 C/C++编译器编译、链接后生成可执行文件。预编译器 PROC 在 Oracle 的客户端软件中就有,安装 Oracle 时选上即可。

2.4.1　嵌入式 SQL 语句

在嵌入式 SQL 中,为了能够区分 SQL 语句与 C/C++语句,所有 SQL 语句都必须加前缀 EXEC SQL,并以分号(;)结束。如果一条嵌入式 SQL 语句占用多行,在 C/C++程序中可以用续行符"\"。

宿主变量是 SQL 语句中能够引用的 C/C++语言变量,它用来实现将程序中的数据通过 SQL 语句传给数据库管理器,或从数据库管理器接收查询的结果。

Oracle 可以使用的 C 数据类型包括 char、char[n]、int、short、long、float、double,以及 VARCHAR[n],Pro∗C 预编译器会将它转换为一个结构体,包括一个两字节长的域和一个 n 字节长的字符数组。

宿主变量的定义语句应位于"EXEC SQL BEGIN DECLARE SECTION;"语句和"EXEC SQL END DECLARE SECTION;"语句之间。在 SQL 中引用宿主变量时,在宿主变量前需加上一个冒号":"作为标识,以区别于数据库中的变量(如属性名)。宿主变量可被 SQL 语句引用,也可以被 C 语言语句引用。

1. 建立连接

在 Pro∗C/C++ 中要进行数据库访问,首先应进行数据库连接。数据库可位于本机或为一个远程数据库。连接远程 Oracle 数据库可以使用已配置的本地网络服务名 db_server、用户名 db_username 和密码 db_password。

(1) 本地连接(即默认数据库)。

```
EXEC SQL CONNECT :db_username IDENTIFIED BY :db_password;
```

(2) 远程连接。

```
EXEC SQL CONNECT :db_username IDENTIFIED BY :db_password USING:db_server;
```

(3) 特权连接。特权连接指连接身份为 SYSDBA 或 SYSOPER,需要用 IN 子句。

```
EXEC SQL CONNECT :db_username IDENTIFIED BY :db_password USING:db_server IN SYSDBA MODE;
```

2. 错误处理

SQLCA(SQL Communications Area,SQL 通信区)结构。如果要使用 SQLCA,需要用添加预处理命令:♯include <sqlca.h>。

"EXEC SQL INCLUDE SQLCA;"语句用于定义并描述 SQLCA,用于应用程序和数据库之间的通信,其中的 SQLCODE 返回 SQL 语句执行后的结果状态。例如:

```
if(sqlca.sqlcode != 0)
    printf("无法连接数据库!\n");
else
    printf("数据库连接成功!\n");
```

若在每条嵌入式 SQL 语句之后立即编写程序检查 SQLCODE/SQLSTATE 值,是一件很烦琐的事情。因此为了简化错误处理,可以使用 WHENEVER 语句。

WHENEVER 语句是 SQL 预编译程序的指示语句,而不是可执行语句。它通知预编译程序在每条可执行嵌入式 SQL 语句之后自动生成错误处理程序,并指定了错误处理操作。

其完整语法如下：

```
WHENEVER {SQLWARNING | SQLERROR | NOT FOUND} {CONTINUE | GOTO label | CALL function()}
```

说明：

- WHENEVER SQLERROR action：表示一旦 SQL 语句执行时遇到错误信息，则执行 action，action 中包含了处理错误的代码（SQLCODE<0）。
- WHENEVER SQLWARNING action：表示一旦 SQL 语句执行时遇到警告信息，则执行 aciton，即 action 中包含了处理警报的代码（SQLCODE=1）。
- WHENEVER NOT FOUND action：表示一旦 SQL 语句执行时没有找到相应的元组，则执行 action，即 action 包含了处理没有查到内容的代码（SQLCODE=100）。

针对上述 3 种异常处理，用户可以指定预编译程序采取以下 3 种行为（action）：

(1) GOTO：产生一条转移语句。

(2) CONTINUE：使程序的控制流转入到下一个主语言语句。

(3) CALL：调用函数。

3．断开连接

当退出应用程序时，要结束事务并断开连接。在 Pro * C/C++ 中，有以下两种方式断开连接。

第一种方式：

```
EXEC SQL COMMIT WORK;
```

该语句会提交事务并释放所有的锁定及其资源。

第二种方式：

```
EXEC SQL COMMIT WORK RELEASE;
```

该语句会提交事务并释放所有的锁定及其资源，然后断开与数据库的连接，以后所有与数据库操作的命令都会报 ORA-01012 错误。

4．数据检索

1）单行检索

SELECT 语句用于从连接的数据库中检索出一行数据，检索出的数据需要保存到宿主变量中。SELECT 语句的语法格式如下：

```
EXEC SQL SELECT <结果列表> INTO <变量列表> FROM <表序列> {WHERE <条件>}{USING <事务变量>};
```

其中，<结果列表>使用逗号分割的检索结果序列。检索结果可以是列或计算列，当检索对象多于一个时，列名前应加表或视图名前缀；<变量列表>中的变量应与结果列表中的列或计算列一一对应且类型相同，变量名前应该加冒号；<表序列>是用逗号分隔的检索表名和视图名序列；WHERE 子句为可选项，条件为关系表达式或逻辑表达式，可出现列

名、变量名、函数和常数,该子句指定检索条件,返回满足条件的结果行；USING 为可选项,
用于指定语句使用的事务对象,省略时使用 SQLCA。

当检索出的行数多于一行时,将会发生错误。可以使用事务对象 sqlcode 属性来检测
SELECT 语句是否已经成功执行。

例如,对表 medicine_test 进行检索,获取药名为"保和丸"的单价,将其赋值给宿主变量
price。示例代码如下:

```
EXEC SQL SELECT medicine_retailprice into :price from medicine_test where medicine_name = '保
和丸';
```

2) 多行检索

检索多行数据必须使用游标来完成。SQL 语言是面向集合的,一条 SQL 语句原则上
可以产生或处理多条记录,而一组宿主变量一次只能存放一条记录。游标提供了一种能从
包括多条数据记录的结果集中每次提取一条记录的机制。在 Pro * C/C++ 中使用游标,应
该包含以下 4 个步骤。

(1) 定义游标。使用 DECLARE 语句为一条 SELECT 语句定义游标。DECLARE 语
句的一般形式为:

```
EXEC SQL DECLARE <游标名> CURSOR FOR < SELECT 语句>;
```

其中,SELECT 语句可以是简单查询,也可以是复杂的连接查询和嵌套查询。定义游
标仅仅是一条说明性语句,这时 DBMS 并不执行查询语句。

例如,若定义"char type[10] = "西药";",在表 medicine_test 中检索类型为"西药"的
所有药名。示例代码如下:

```
EXEC SQL DECLARE name_cursor CURSOR FOR SELECT medicine_name FROM medicine_test WHERE medicine_
name = :type;
```

注意:不能在同一个文件中定义两个相同名字的游标。游标的作用范围是全局的。

(2) 打开游标。使用 OPEN 语句将定义的游标打开。OPEN 语句的一般形式为:

```
EXEC SQL OPEN <游标名>;
```

打开游标实际上是执行相应的 SELECT 语句,把查询结果取到缓冲区中。这时游标处
于活动状态,指针指向查询结果集中第一条记录。例如:

```
EXEC  SQL  OPEN  name_cursor;
```

(3) 推进游标指针并取当前记录。使用 FETCH 语句把游标指针向前推进一条记录,
同时将缓冲区中的当前记录取出来送至主变量供主语言进一步处理。FETCH 语句的一般
形式为:

```
EXEC SQL FETCH <游标名> INTO <主变量>[指示变量][,<主变量>[<指示变量>]]…;
```

其中,主变量必须与 SELECT 语句中的目标列表达式具有一一对应关系。

例如,若定义"char name[20];",获取满足条件的记录结果并赋值给宿主变量 name。示例代码如下:

```
EXEC SQL WHENEVER NOT FOUND DO break;
while(1)
{
    EXEC SQL FETCH name_cursor INTO :name;
    printf(" % s\n", name);
}
```

(4) 关闭游标。使用 CLOSE 语句关闭游标,释放结果集占用的缓冲区及其他资源。CLOSE 语句一般形式为:

EXEC SQL CLOSE <游标名>;

游标关闭后,就不再和原来的查询结果集相联系,但被关闭的游标可再次打开,与新的查询结果相联系。例如:

```
EXEC  SQL  CLOSE  name_cursor;
```

(5) 删除游标。使用 FREE 语句删除游标,此后便不能再对该游标执行 OPEN 语句。例如:

```
EXEC  SQL  FREE  name_cursor;
```

5. 数据更新

(1) 插入数据。INSERT 语句用于向数据库表中添加数据,语法格式如下:

INSERT INTO <表名> <列名列表> VALUES <值列表> 〔 USING <事务对象> 〕;

其中,<表名>是连接数据库中的数据库表名;<列名列表>为指定数据库的列名序列,如果表中有主键,则包含于主键中的列必须列在列名表中,否则将无法插入数据;<值列表>为一表达式序列,其中表达式个数、类型和顺序都必须与列名表中的列一一对应;<事务对象>为可选项,省略时引用 SQLCA。在执行完插入操作后,事务对象的 sqlcode 属性将返回操作状态信息,可依此判断插入操作是否成功。

例如,向表 medicine_test 中插入一条记录。示例代码如下:

```
void sqlInsert()
{
    EXEC SQL begin declare section;
    char id[10] = "200001";
    char name[20] = "三黄片";
```

```
        char tname[5] = "西药";
    EXEC SQL end declare section;
    EXEC SQL INSERT INTOmedicine_test (medicine_id, medicine_name, medicinet_name) values
(:id,:name,:tname);
}
```

（2）修改数据。UPDATE 用于修改指定的数据，其语法如下：

UPDATE <表名> SET <列名> = <表达式> {, <列名> = <表达式>{, …}} { WHERE <条件> } { USING <事务对象> };

例如，修改表 medicine_test 中药品编号为"200001"的记录的药品名称为"列夫康乐"。示例代码如下：

```
void sqlUpdate()
{
    EXEC SQL begin declare section;
    char id[10] = "200001";
    char name[20] = "列夫康乐";
    EXEC SQL end declare section;
    EXEC SQL UPDATEmedicine_test SET medicine_name = :name where medicine_id = :id;
}
```

UPDATE 语句将把指定表的给定列修改为相应表达式的值。表达式的类型应与对应列的类型相同。如果修改主键且该主键是其他表的外键，而在从表中有该键值的记录（行），则修改操作不能进行（破坏参照完整性）。在执行完修改操作后，事务对象的 SQLCode 属性将返回操作状态信息（如果返回 0，则 SQLNRows 属性返回修改的行数），可依此判断更新操作是否成功。

（3）删除数据。DELETE 语句用于从数据库表中删除行，其语法格式为：

```
DELETE FROM <表名> { WHERE <条件> }{ USING <事务对象> };
```

例如：

```
void sqlDelete()
{
    EXEC SQL begin declare section;
    char id[10] = "200001";
    EXEC SQL end declare section;

    EXEC SQL DELETE FROMmedicine_test where medicine_id = :id;
}
```

执行 DELETE 语句将从指定的数据库表中删除满足给定条件的记录。如果删除行的主键是其他表的外键且在从表中有该键值记录（行），则删除操作不能进行（破坏参照完整性）。在执行完删除操作后，事务对象的 SQLCode 属性将返回操作状态信息（如果返回 0，则 SQLNRows 属性返回删除的行数），可依此判断删除操作是否成功。

（4）使用游标修改数据或删除数据。具体步骤如下。

① 用 DECLARE 语句说明游标。每个游标都将引用单个 SELECT 或 CALL 语句。SELECT 语句要用"FOR UPDATE OF<列名>"，用来指明检索出的数据在指定列是可修改或可删除的。

② 用 OPEN 语句打开游标。

③ 用 FETCH 语句推进游标指针。

④ 用 UPDATE 语句进行修改，或用 CURRENT 形式的 DELETE 语句进行删除。

检查该记录是否是要修改的记录。如果是，则用 UPDATE 语句修改该记录。这时UPDATE 语句和 DELETE 语句中要用子句"WHERE CURRENT OF<游标名>"来表示修改或删除的是最近一次取出的记录，即游标指针指向的记录。

⑤ 关闭游标和删除游标。

例如，修改表 medicine_test 中药品类型为"西药"的记录的药品类型为"中药"。示例代码如下：

```
void sqlUpdate_Cursor()
{
    EXEC SQL begin declare section;
    char name[20];
    char type[10] = "中药";
    EXEC SQL end declare section;

    EXEC SQL DECLARE update_cursor CURSOR FOR SELECT medicine_name FROM medicine_test WHERE
    medicine_name = '西药' FOR UPDATE OF medicine_name;
    EXEC SQL OPEN update_cursor;
    EXEC SQL WHENEVER NOT FOUND DO break;
    while(1)
    {
        EXEC SQL FETCH update_cursor INTO :name;
        EXEC SQL UPDATE medicine_test SET medicine_name = :type where CURRENT OF update_
        cursor;
    }
    EXEC SQL CLOSE update_cursor;
    EXEC SQL FREE update_cursor;
}
```

例如，删除表 medicine_test 中药品类型为"中成药"的记录。示例代码如下：

```
void sqlDelete_Cursor ()
{
    EXEC SQL begin declare section;
    char name[20];
    char type[10] = "中成药";
```

```
    EXEC SQL end declare section;

    EXEC SQL DECLARE delete_cursor CURSOR FOR SELECT medicine_name FROM medicine_test WHERE
    medicine_name = :type for UPDATE of medicine_name;
    EXEC SQL OPEN delete_cursor;
    EXEC SQL WHENEVER NOT FOUND DO break;
    while(1)
    {
        EXEC SQL FETCH delete_cursor INTO :name;
        EXEC SQL DELETE FROM medicine_test WHERE current of delete_cursor;
    }
    EXEC SQL CLOSE delete_cursor;
    EXEC SQL FREE delete_cursor;
}
```

注意：在使用 CURRENT OF 子句来完成修改数据时，在 OPEN 时会对数据加上排他锁。这个锁直到执行 COMMIT 或 ROLLBACK 语句时才释放。

2.4.2 嵌入式事务处理

Oracle Pro * C 支持标准 SQL 定义的事务。一个事务是一组 SQL 语句集合，Oracle 把它当作单独的单元运行。事务处理语句包括 EXEC SQL COMMIT、EXEC SQL ROLLBACK、EXEC SQL SAVEPOINT、EXEC SQL SET TRANSACTION。

一个事务从第一个 SQL 语句开始，遇到"EXEC SQL COMMIT"（执行当前事务对数据库的永久修改）或"EXEC SQL ROLLBACK"（取消从事务开始到当前位置对数据库的任何修改）时结束事务。当前事务由 COMMIT 或 ROLLBACK 语句结束后，下一条可执行 SQL 语句将自动开始一个新事务。如果程序结束时没有执行 EXEC SQL COMMIT 语句，则对数据库所作的修改都将被忽略。

2.4.3 Pro * C/C++ 开发环境配置

1. 基本要求

（1）Microsoft Visual C++6.0 集成开发工具。

（2）Oracle 10g 或其客户端。

Oracle10g 客户端的安装路径为 C:\oracle\product\10.2.0\client_1。为测试数据库配置本地网络服务名为 lemonson_110，用户名为 softcase，密码为 softcase。

安装后，应有如下几个文件。

PROC 的可执行文件：$ ORACLE_HOME\bin\proc.exe。

Oracle 支持 SQL 在 VC 环境的库文件：OraSQL10.lib。

Oracle 支持 SQL 在 VC 环境的头文件：位于 $ ORACLE_HOME\precomp\ public \ *.h 文件。

（3）预编译源程序(.pc)。

PROC 文件：test.pc。

代码示例如下:

```
# include < stdio. h >
# include < sqlca. h >
# include < string. h >
# include < stdlib. h >

exec sql include sqlca;

void connect();
void sql();
void sql_error();

void main()
{
    EXEC SQL WHENEVER SQLERROR DO sql_error();
    connect();
    sql();
    EXEC SQL commit work release;
}
void connect()
{
    EXEC SQL begin declare section;
    char username[10] = "softcase";
    char password[10] = "softcase";
    char server[10] = "lemonson_110";
    EXEC SQL end declare section;
    EXEC SQL connect :username identified by :password using :server;
}
void sql_error()
{
    printf(" % . * s\n",sqlca. sqlerrm. sqlerrml,sqlca. sqlerrm. sqlerrmc);
}
void sql()
{
    EXEC SQL begin declare section;
    float price;
    char id[10] = "200001";
    char name[20] = "三黄片";
    char tname[5] = "西药";
    char name2[20] = "列夫康乐";
    EXEC SQL end declare section;

    EXEC SQL select medicine_retailprice into :price from medicine_test where medicine_name =
'保和丸';

    if (sqlca. sqlcode == 0)  printf("price: % f\n", price);
    else  printf("no exist");

    EXEC SQL INSERT INTO medicine_test (medicine_id, medicine_name,  edicine_name) values
(:id, :name, :tname);
```

```
        EXEC SQL DELETE FROM medicine_test where medicine_id = '100094';
        EXEC SQL UPDATE medicine_test SET medicine_name = :name2 where edicine_id = '200002';
}
```

2. 将 PROC 集成到 VC 环境中

(1) 增加 PROC 命令到 Tools 菜单列表。操作步骤如下。

① 运行 Microsoft Visual C++6.0。

② 选择 Tools→Customize 菜单项，打开 Customize 对话框。

③ 选择 Tools 选项卡，用鼠标移动 Menu contents 列表框的滚动条到底部区域，双击点画线矩形区域，在空白区域上输入"PROC"，然后按 Enter 键。

④ 在"Command"编辑框中输入 PROC 的可执行文件名，如"C:\oracle\product\10.2.0\db_1\bin\ proc.exe"。或者单击其后的 ... 按钮，打开"浏览"对话框选择"proc.exe"文件。

⑤ 单击 Arguments 编辑框后的 ▸ 按钮，在打开的列表中选择"File Name"选项。其作用是当从菜单 Tools 中选择"PROC"项时，VC 会打开 Tools Arguments 对话框，此时需要用户输入要进行预编译的文件名。默认位置为当前工程文件夹，否则必须给出文件路径。

⑥ 单击 Initial directory 编辑框后的 ▸ 按钮，在打开的列表中选择"Workspace Directory"选项。

⑦ 选中 Use Output Window 项和 Prompt for arguments 项。

⑧ 单击 Close 按钮。

(2) 指定头文件、库文件和可执行文件路径。为了确保 VC 顺利完成编译链接，需要将 Oracle 提供的头文件增加到 VC 环境中。指定头文件路径的具体操作步骤如下。

① 选择 Tools→Options 菜单项，打开 Options 对话框，选择 Directories 选项卡。

② 在 Show directories for 组合框中选择"Include files"选项。

③ 在 Directories 列表框中双击点画线矩形区域，在空白区域上输入包含 Oracle 支持 SQL 在 VC 环境头文件的子目录，对缺省安装即输入"C:\oracle\product\10.2.0\client_1\precomp\public"。或者单击其后的 ... 按钮进行选择。

④ 在 Show directories for 组合框中选择"Library files"选项。

⑤ 同上方法，在 Directories 列表框添加包含 Oracle 支持 SQL 在 VC 环境头文件的子目录，默认安装位置即"C:\oracle\product\10.2.0\client_1\precomp\LIB\msvc"。

⑥ 在 Show directories for 组合框中选择"Executable files"选项。

⑦ 查看 Directories 列表框是否包括"C:\oracle\product\10.2.0\client_1\bin"路径。一般先安装 Oracle 再安装 VC，这个路径会包括在内的。如果没有包括，同上方法，添加该路径。

3. 程序创建过程

(1) 创建新工程。

当运行 Visual C++6.0 后，操作步骤如下。

① 选择 File→New 菜单项，在打开的 New 对话框中选择 Project 选项卡。

② 选择 Win32 console Application 项。

③ 在默认路径中,输入工程名如 testProc,单击 OK 按钮。

④ 按照默认值创建一个空的工程,单击 Finish 按钮,再单击 OK 按钮,完成创建控制台应用工程框架。

(2) 将 PROC 文件加入工程。为方便操作,可先将 test.pc 文件置于当前工程文件夹中。选择 Project→Add To Project→Files 菜单项,打开 Insert Files into Project 对话框,选择"test.pc"文件,将其添加至工程中。

(3) 预编译。选择 Tools→PROC 菜单项,在打开的 Tools Arguments 对话框中输入预编译文件名"test",单击 OK 按钮。此时在输出窗口中的 PROC 选项卡中显示预编译结果。

如果没有错误显示,则在当前工程文件夹中生成 C 源程序文件 test.c。预编译失败,应当修改源程序,再进行预编译,直到通过预编译。

(4) 编译。为了使工程能通过编译,首先需要将预编译输出的源文件 test.c 和 Oracle 支持 SQL 在 VC 环境下的运行库文件加入到工程中。具体操作步骤如下。

① 选择 Project→Add To Project→Files 菜单项,在当前工程文件夹中选择"test.c"文件,单击 OK 按钮,添加至工程中。

② 选择 Project / Add To Project / Files 菜单项,选择"C:\oracle\product\10.2.0\client_1\precomp\LIB\orasql10.lib"文件,单击 OK 按钮,添加至工程中。

③ 在 Workspace 窗口中选择"test.c"文件,单击鼠标右键,在弹出的快捷菜单中选择"Settings"选项。

④ 在打开的对话框中选择 C/C++ 选项卡,在 Category 组合框中选择"Precompiled Headers",并选择 Not using precompied header 项。单击 OK 按钮。

⑤ 按 F7 键或单击编译图标,对工程进行编译链接。如果没有出现错误,则通过编译链接,生成可执行文件(如 testProc.exe)。

2.5 ADO 数据库访问

2.5.1 ADO 简介

ADO(ActiveX Data Objects,ActiveX 数据对象)是 Microsoft 提出的基于组件的面向对象的应用程序接口,用以实现访问关系或非关系数据库中的数据,它是一种功能强大的数据访问编程模式。ADO 库包含 3 个基本接口:_ConnectionPtr 接口、_CommandPtr 接口和 _RecordsetPtr 接口,分别表示连接对象指针、命令对象指针和记录集对象指针。

(1) _ConnectionPtr:可以创建一个数据连接或执行一条不返回任何结果的 SQL 语句,如一个存储过程。它的连接字符串可以是自己直接写,也可以指向一个 ODBC DSN。

(2) _CommandPtr:提供了一种简单的方法来执行返回记录集的存储过程和 SQL 语句。

(3) _RecordsetPtr:提供对记录集的控制功能,如记录锁定、游标控制等。

ADO 模型中定义了 7 个常用的对象:Connection、Command、Recordset、Error、Field、Fields 和 Parameter 对象,通过这些对象的属性和方法,可以很方便地建立数据库连接,执

行动态 SQL 语句,实现查询以及存取操作。SQL 语句通过构造字符串动态创建,例如编辑框的值可被直接加入到字符串中:

```
CString sql = "select User_Password, User_Name from UserDoc where User_Identifier = '" + m_
Userid + "'";
```

2.5.2 在 Visual C++ 中使用 ADO 访问数据库

1. 引入 ADO 库文件

使用 ADO 前必须在工程的 stdafx.h 头文件里用直接引入符号 #import 引入 ADO 库文件,以使编译器能正确编译。代码如下:

```
# import "c:\program files\common files\system\ado\msado15.dll" no_namespaces rename("EOF"
adoEOF")
```

这行语句声明在工程中使用 ADO,但不使用 ADO 的名字空间,并且为了避免常数冲突,将常数 EOF 改名为 adoEOF。编译的时候系统会生成 msado15.tlh、ado15.tli 两个 C++头文件来定义 ADO 库。

2. 初始化 OLE/COM 库环境

ADO 库是一组 COM 动态库,应用程序在调用 ADO 前,必须初始化 OLE/COM 库环境。在 MFC 应用程序里,通常在应用程序主类的 InitInstance 成员函数里初始化 OLE/COM 库环境。代码如下:

```
BOOL CMyAdoTestApp::InitInstance()
{
  if(!AfxOleInit())              //初始化 COM 库
  {
    AfxMessageBox("OLE 初始化出错! ");
    return FALSE;
  }
  … …
}
```

3. 基本操作流程

(1) 分别定义指向 Connection 对象、Command 对象和 Recordset 对象的指针,并创建相应对象的实例。例如:

```
_ConnectionPtr  m_pConnection;
_CommandPtr   m_pCommand;
_RecordsetPtr  m_pRecordset;
```

```
m_pConnection.CreateInstance("ADODB.Connection");
m_pCommand.CreateInstance("ADODB.Command");
m_pRecordset.CreateInstance("ADODB.Recordset");
```

（2）使用 Connection 对象的 open 函数打开数据库连接。Open 函数原型为：

```
HRESULT Connection15::Open (_bstr_t ConnectionString,
                            _bstr_t UserID,
                            _bstr_t Password,
                            long Options );
```

其中参数 ConnectionString 为连接字符串；UserID 为用户名；Password 为密码；Options 为连接选项，用于指定 Connection 对象对数据的更新许可权，可以是如下几个常量：

- adModeUnknown：默认，当前的许可权未设置。
- adModeRead：只读。
- adModeWrite：只写。
- adModeReadWrite：可以读写。
- adModeShareDenyRead：阻止其他 Connection 对象以读权限打开连接。
- adModeShareDenyWrite：阻止其他 Connection 对象以写权限打开连接。
- adModeShareExclusive：阻止其他 Connection 对象打开连接。
- adModeShareDenyNone：允许其他程序或对象以任何权限建立连接。

Connection 对象中两个有用的属性 ConnectionTimeOut 与 State。ConnectionTimeOut 属性用来设置连接的超时时间，需要在 Open 之前调用。State 属性指明当前 Connection 对象的状态，0 表示关闭，1 表示已经打开，可以通过读取这个属性来作相应的处理。

例如，在 Windows 7 系统中通过本地网络服务名"lemonson_110"连接 Oracle10g 数据库的代码如下。

```
m_pConnection -> ConnectionTimeout = 5;  //设置超时时间为 5 秒
_bstr_t strConnect = "Provider = OraOLEDB.Oracle.1;Persist Security Info = True;User ID =
softcase;Password = softcase;Data Source = lemonson_110";
m_pConnection -> Open(strConnect, " ", " ", adModeUnknown);
```

（3）执行 SQL 命令并取得结果记录集。SQL 命令的执行可以采用多种形式。

① 利用 Connection 对象的 Execute 函数执行 SQL 命令。Execute 函数原型为：

```
_RecordsetPtr Connection15::Execute (_bstr_t CommandText,
                                     VARIANT * RecordsAffected,
                                     long Options );
```

其中参数 CommandText 为命令字符串，通常是 SQL 命令；RecordsAffected 为操作完成后所影响的行数；Options 表示 CommandText 中内容的类型，可以取如下值之一：

- adCmdText：表明 CommandText 是文本命令。
- adCmdTable：表明 CommandText 是一个表名。

- adCmdProc：表明 CommandText 是一个存储过程。
- adCmdUnknown：未知。

返回值：返回一个指向记录集的指针。

代码举例如下：

```
CString selSQL = "select count( * ) from medicine";
CString message;
m_pRecordset = m_pConnection->Execute(_bstr_t(selSQL), NULL, adCmdText);
_variant_t vCount = m_pRecordset->GetCollect((_variant_t)(long)(0));
message.Format("共有 % d 条记录", vCount.lVal);
AfxMessageBox(message);
```

② 利用 Command 对象的 Execute 函数执行 SQL 命令。对于一个返回记录集的命令，使用 Command 对象的 Execute 函数时，必须使用 ActiveConnection 属性获得数据连接，并使用 CommandText 属性获得命令文本。Execute 函数原型为：

```
_RecordsetPtr Command15::Execute ( VARIANT * RecordsAffected, VARIANT * Parameters, long
Options );
```

其中：

- RecordsAffected：操作完成后所影响的行数。
- Parameters：执行参数。
- Options：表示 CommandText 中内容的类型，Options 可取值为 adCmdText、adCmdTable、adCmdStoredProc、adCmdUnknown。

代码举例如下：

```
m_pCommand->ActiveConnection = m_pConnection;        //获得已建立的连接
m_pCommand->CommandText = _bstr_t(selSQL);           //SQL 语句字符串
m_pRecordset = m_pCommand->Execute(NULL, NULL, adCmdText);
```

③ 用 Recordset 对象的 open 方法进行查询取得记录集。Open 方法原型为：

```
HRESULT Recordset15::Open (const _variant_t & Source,
                           const _variant_t & ActiveConnection,
                           enum CursorTypeEnum  CursorType,
                           enum LockTypeEnum  LockType,
                           long Options );
```

其中：

- Source：数据查询字符串。
- ActiveConnection：已经建立好的连接；
- CursorType：光标类型，它可以是以下值之一。

```
enum CursorTypeEnum
{
    adOpenUnspecified = -1,
```

```
    adOpenForwardOnly = 0,
    adOpenKeyset = 1,
    adOpenDynamic = 2,
    adOpenStatic = 3
};
```

其中：

- adOpenUnspecified 表示不作特别指定。
- adOpenForwardOnly 表示向前滚动静态光标。这种光标只能向前浏览记录集，比如用 MoveNext 向前滚动，这种方式可以提高浏览速度。但诸如 BookMark、RecordCount、AbsolutePosition 和 AbsolutePage 都不能使用。
- adOpenKeyset 表示采用这种光标的记录集看不到其他用户的新增、删除操作，但对于更新原有记录的操作对用户是可见的。
- adOpenDynamic 表示动态光标。所有数据库的操作都会立即在各用户记录集上反映出来。
- adOpenStatic 表示静态光标。它为记录集产生一个静态备份，但其他用户的新增、删除、更新操作对用户的记录集来说是不可见的。
- LockType：锁定类型，它可以是以下值之一。

```
enum LockTypeEnum
{
    adLockUnspecified =-1,
    adLockReadOnly = 1,
    adLockPessimistic = 2,
    adLockOptimistic = 3,
    adLockBatchOptimistic = 4
};
```

其中：

- adLockUnspecified：未指定。
- adLockReadOnly：只读记录集。
- adLockPessimistic：悲观锁定方式，这是最安全的锁定机制。
- adLockOptimistic：乐观锁定方式。只有在调用 Update 方法时才锁定记录。在此之前仍然可以做数据的更新、插入、删除等动作。
- adLockBatchOptimistic：乐观分批更新。编辑时记录不会锁定，更改、插入及删除是在批处理模式下完成。
- Options：请参考对 Connection 对象的 Execute 方法的介绍。

例如：

```
m_pRecordset - > Open(_bstr_t(selSQL), m_pConnection.GetInterfacePtr(), adOpenDynamic,
adLockOptimistic, adCmdText);
_variant_t  vCount = m_pRecordset->GetCollect((_variant_t)(long)0);
//取得第一个字段的值
```

```
//_variant_t  vname = m_pRecordset -> GetCollect("姓名"); //取得姓名字段的值
message.Format("共有 % d", vCount.lVal);
AfxMessageBox(message);
```

（4）关闭记录集与连接。

记录集或连接都可以用 Close 方法来关闭。例如：

```
m_pConnection -> Close();
m_pRecordset -> Close();
m_pCommand -> Close();
```

2.5.3 自定义类 CADOConn 访问数据库

为了便于用户通过 ADO 接口访问数据库，可定义类 CADOConn 实现相关操作，头文件 ADOConn.h 和源文件 ADOConn.cpp 代码如下：

```
//ADOConn.h
# import "c:/program files/common files/system/ado/msado15.dll" no_namespace rename("EOF",
"adoEOF")

class CADOConn : public CObject
{
public:
    _ConnectionPtr m_pConnection;
    _RecordsetPtr m_pRecordset;
    _CommandPtr   m_pCommand;

    CADOConn();
    virtual ~CADOConn();
    BOOL OnInitADOConn(CString ConnStr);                //连接数据库
    BOOL ExecuteSQL(CString strSQL);                    //执行 SQL 语句
    BOOL ExecuteProc(CString ProcName);                 //执行存储过程
    BOOL GetCollect(CString FieldName, CString& strDest); //获得某个字段的值
    BOOL GetRecordSet(CString strSQL);                  //获得记录集
    int GetRecordCount();                               //获得记录数
    //判断表 TableName 中是否存在字段 KeyName 值为 KeyValue 的记录
    BOOL RecordExist(CString TableName, CString KeyName, CString KeyValue);
    BOOL MoveFirst();                                   //移动到第一条记录
    BOOL MoveNext();                                    //移动到下一条记录
    BOOL Close();                                       //关闭记录集
    BOOL CloseADOConnection();                          //关闭连接
};
//ADOConn.cpp
CADOConn::CADOConn(){}
CADOConn::~CADOConn(){}
BOOL CADOConn::OnInitADOConn(CString ConnStr)
```

```
{
    try{
    m_pRecordset.CreateInstance("ADODB.Recordset");
m_pCommand.CreateInstance("ADODB.Command");
        m_pConnection.CreateInstance("ADODB.Connection");

        _bstr_t strConnect = (_bstr_t) ConnStr;
        m_pConnection->Open(strConnect, "", "", adModeUnknown);
        return TRUE;
    }catch(_com_error e){
        AfxMessageBox("连接失败");
        return FALSE;
    }
}
BOOL CADOConn::ExecuteSQL(CString strSQL)
{
    try{
        m_pConnection->BeginTrans();
        m_pConnection->Execute(_bstr_t(strSQL), NULL, adCmdText);
        m_pConnection->CommitTrans();
        return TRUE;
    }catch(_com_error e){
        m_pConnection->RollbackTrans();
        AfxMessageBox("执行 SQL 语句失败");
        return FALSE;
    }

}
//执行无返回值的存储过程
BOOL CADOConn::ExecuteProc(CString ProcName)
{
    try{
        m_pCommand->ActiveConnection = m_pConnection;
        m_pCommand->CommandText = _bstr_t(ProcName);
        m_pCommand->Execute(NULL, NULL, adCmdStoredProc);
        return true;
    }catch(_com_error e){
        AfxMessageBox("执行存储过程失败");
        return false;
    }
}
//方法一：直接用 Recordset 对象进行查询取得记录集
//方法二：使用 Command 对象执行查询,将结果记录集赋值给 Recordset 对象
BOOL CADOConn::GetRecordSet(CString strSQL)
{
    try{
        //m_pRecordset->Open(_bstr_t(strSQL), m_pConnection.GetInterfacePtr(),
        //adOpenDynamic, adLockOptimistic, adCmdText);
    m_pCommand->CommandText = strSQL;
        m_pCommand->ActiveConnection = m_pConnection;
```

```
            m_pCommand->CommandType = adCmdText;
            m_pRecordset = m_pCommand->Execute(NULL, NULL, adCmdText);
            return TRUE;
    }catch(_com_error e){
            AfxMessageBox("执行select语句失败");
            return FALSE;
    }
}
BOOL CADOConn::GetCollect(CStringFieldName, CString& strDest)
{
    VARIANT vt;
    try{
            vt = m_pRecordset->GetCollect(_variant_t(FieldName));
            switch(vt.vt)
            {
            case VT_BSTR:
                strDest = (LPCSTR)_bstr_t(vt);
                break;
            case VT_DECIMAL:
                strDest.Format("%d", vt.intVal);
                break;
            case VT_DATE:
            {
                DATE dt = vt.date;
                COleDateTime da = COleDateTime(dt);
                strDest.Format("%d-%d-%d %d:%d:%d", da.GetYear(), da.GetMonth(),
                    da.GetDay(), da.GetHour(), da.GetMinute(), da.GetSecond());
                break;
            }
            case VT_NULL:
                strDest = " ";
                break;
            }
            return TRUE;
    }catch(_com_error e){
            return FALSE;
    }
}
//返回值为-1：执行语句错误,其他：记录数
int CADOConn::GetRecordCount()
{
    DWORD nRows = 0;
    nRows = m_pRecordset->GetRecordCount();

    if(nRows == -1)
    {
        nRows = 0;
        if(m_pRecordset->adoEOF != VARIANT_TRUE)  m_pRecordset->MoveFirst();
        while(m_pRecordset->adoEOF != VARIANT_TRUE)
```

```
        {
            nRows++;
            m_pRecordset->MoveNext();
        }
        if(nRows > 0)  m_pRecordset->MoveFirst();
    }
    return nRows;
}
//返回值为 TRUE: 存在,FALSE: 不存在
BOOL CADOConn::RecordExist(CString TableName, CString KeyName, CString KeyValue)
{
    CString countstr;
    countstr = "select * from " + TableName + " where " + KeyName + " = \'" + KeyValue +
"\'";
    BOOL ret = GetRecordSet(countstr);
    if(ret)
    {
        int ret2 = GetRecordCount();
        if(ret2)  return TRUE;
        else   return FALSE;
    }
    else   return FALSE;
}
BOOL CADOConn::MoveFirst()
{
    try{
        m_pRecordset->MoveFirst();
        return TRUE;
    }catch(_com_error e){
        AfxMessageBox("结果集移向第一个失败!");
        return FALSE;
    }
}
BOOL CADOConn::MoveNext()
{
    try{
        m_pRecordset->MoveNext();
        return TRUE;
    }catch(_com_error e){
        AfxMessageBox("结果集移向下一个失败!");
        return FALSE;
    }
}
BOOL CADOConn::Close()
{
    try{
        m_pRecordset->Close();
        return TRUE;
    }catch(_com_error e){
        AfxMessageBox("失败");
```

```
            return FALSE;
        }
    }
}

BOOL CADOConn::CloseADOConnection()
{
    try{
        if(m_pConnection->State)
        {
            m_pConnection->Close();
            m_pConnection = NULL;
            return TRUE;
        }
    }catch(_com_error e){
        AfxMessageBox("关闭数据库失败");
        return FALSE;
    }
}
```

2.6 编程规范

1. 书写格式

（1）用分层缩进的写法显示嵌套结构的层次。

（2）在注释段与程序段之间或不同逻辑的程序段之间插入空行。

（3）每行只写一条语句。

（4）每个 SQL 语句之后必须判断 SQL 语句执行成功与否,成功则继续,不成功则作相应处理并给出提示信息。

（5）所有操作符（包括等号）前后应留一空格,使程序更清晰。

（6）按钮控件不要使用 cb_1 这类没有意义的名称。

2. 注释

注释加在程序中需要概括说明或不易理解或容易理解错的地方。注释原则如下。

（1）常量或变量的注释。在常量和变量名后面或上面作适当的注释,说明被保存值的含义。

（2）语句的注释。对不易理解的分支条件表达式加注释;对不易理解的循环语句应说明出口条件。

（3）函数或过程的注释。在函数头部必须说明函数的功能和参数;函数主体部分中算法结构复杂的应用注释做出说明。

3. 编程原则

（1）注释语句应占程序的 1/3 以上。

（2）一段程序不要太长,过长的程序要按实现的功能分段。

（3）对于要使用同一段程序的地方采用调用的方式,不要对程序复制使用。

（4）尽量使用原系统提供的功能,不要总是自己编写程序来实现所需的功能。

（5）程序块之间要尽量做到高内聚、低耦合。

☞ 本 章 小 结

Visual C++是一个可视化集成编程环境,使用 AppWizard 工具和 ClassWizard 工具可以快速创建程序框架并进行功能实现,同时它还支持 Pro * C/C++程序开发。MFC 是一个面向对象的应用程序架构,结合了 Windows 消息驱动的编程技术,对 Win32API 进行了封装,简化了 Windows 程序的开发过程。在 VC++中使用 ADO 技术可更加方便地实现数据库操作。

✓ 思 考 题

1. C++语言中的引用类型与指针的不同之处是什么?

2. 设计函数的输出型参数的方法是什么?

3. 类的构造函数的作用是什么?

4. 类的析构函数的作用是什么?

5. 在进行数据库操作时,什么情况下应该使用存储过程?

6. ADO 访问数据库的 3 个基本接口是什么?

7. 说明 UpdateData 函数在参数分别为 TRUE 和 FALSE 时的功能是什么?

第3章

应用实例技巧

本章讲述一些应用实例技巧,包括一对多表单设计、数据加锁方法、常用游标模板、通知发布和常用外部函数。表单设计是将数据关系转化成数据库中的表的过程。表单设计时,应该考虑到表间的操作约束、数据库的性能、数据的冗余控制等因素。数据加锁是一种保证事务正确执行的常用方法;游标模板可为编程人员在软件开发过程中提供借鉴和参考。通知发布有两重含义:一是在系统运行过程中,尤其在测试阶段,常常需要软件升级或数据整理,要求所有用户暂时停止使用系统,通知发布功能可以提示用户暂停使用系统或强行关闭系统运行,从而实现对系统的维护操作;二是通知发布还可以将企业的政策、新闻和会议通知等信息通过系统告知所有用户,这样发布信息,不仅节约信息传递成本,更重要的是提高信息传递的有效性和实时性。

教学要求

(1)了解表的关联关系;

(2)掌握一对多表单设计方法;

(3)了解数据加锁方法;

(4)掌握回滚与提示的语句顺序;

(5)理解游标模板含义并能应用游标模板;

(6)了解通知发布的作用和实现过程;

(7)了解常用外部函数。

重点和难点

(1)一对多表单设计;

(2)数据加锁方法;

(3)回滚与提示语句顺序;

(4)游标使用;

(5)通知发布的实现过程;

(6)常用外部函数。

3.1 一对多表单设计

3.1.1 关联关系

现实世界中相互可以区分的事物称为实体。实体之间存在着直接或间接的联系,这些联系在数据库中反映为实体之间的联系。两个实体之间的联系分为三类。

1. 一对一联系(1：1)

对于实体集 A 和实体集 B,如果 A 中的每一个实体,在 B 中最多只有一个实体与之联系,反之亦然,则称实体集 A 与实体集 B 之间具有一对一联系,记作 1：1。例如,在大多数单位中,一个科室只有一个科长,而科长不允许兼职,则科长集与科室集之间具有一对一联系。

2. 一对多联系(1：n)

对于实体集 A 和实体集 B,如果 A 中的每一个实体,在 B 中有 $n(n \geqslant 0)$ 个实体与之联系,反之,B 中的每一个实体,A 中有且只有一个实体与之联系,则称实体集 A 与实体集 B 之间具有一对多联系,记作 1：n。例如,一个科室有多个科员,而每个科员必须而且只能属于一个科室,则科室集与科员集之间具有一对多联系。

3. 多对多联系(m：n)

对于实体集 A 和实体集 B,如果 A 中的每一个实体,在 B 中有 $n(n \geqslant 0)$ 个实体与之联系,反之,B 中的每一个实体,在 A 中也有 $m(m \geqslant 0)$ 个实体与之联系,则称实体集 A 与实体集 B 之间具有多对多联系,记作 m：n。例如,一个学生可以选修多门课程,而任何一门课程也可以被多个学生选修,则学生集与课程集之间具有多对多联系。

3.1.2　数据设计模型

数据模型是现实世界中数据特征的抽象。数据模型应该满足 3 个方面的要求:一是能够比较真实地模拟现实世界;二是容易为人所理解;三是便于计算机实现。

1. 关联符号

在关系型数据库中,现实世界中的实体与实体间的对应关系被抽象为表单之间的关联关系。因此,表单之间存在一对一(1：1)、一对多(1：n)和多对多(m：n)的关联关系。

在关系型数据库概念模型中,常用的关联关系符号如图 3.1 所示。

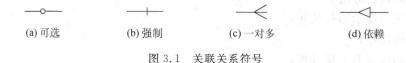

　　(a) 可选　　　　　　(b) 强制　　　　　　(c) 一对多　　　　　　(d) 依赖

图 3.1　关联关系符号

图 3.1(d)中,依赖是一对多关系的一种,要求左侧表的关键字必须作为右侧表的主键属性。

2. 概念数据模型

概念数据模型(Conceptual Data Model,CDM)以实体-联系(Entity-Relationship,E-R)理论为基础,并对这一理论进行了扩充。它从用户的角度出发对信息进行建模,主要用于数据库的概念级设计。

CDM 是一组严格定义的模型元素的集合,这些模型元素精确地描述了系统的静态特性、动态特性和完整性约束条件,它包括数据结构、数据操作和完整性约束三部分。数据结构表达为实体和属性;数据操作表达为实体中记录的插入、删除、修改、查询等操作;完整性约束表达为数据的自身完整性约束(如数据类型、检查、规则等)和数据间的参照完整性约束(如联系、继承联系等)。

3. 物理数据模型

物理数据模型(Physical Data Model,PDM)是在概念数据模型的基础上,考虑各种具体现实因素,进行数据库体系结构设计,真正实现数据在数据库中的存放。建立物理数据模型的主要目的是将 CDM 转化成特定数据库管理系统下的 SQL 程序,PDM 是 SQL 程序的图形化表示。PDM 能够在特定的数据库管理系统中建立用于存放信息的数据结构(如表、约束等)。

部门与员工之间的关联是一个典型的一对多关联关系实例。"部门档案"表为父表,其主键为"科室名称"(带下划线的属性为主键,下同),"员工档案"表为子表,其主键为"科室名称"+"员工姓名",其概念模型如图 3.2(a)所示。由于定义了由子表到父表的强制依赖关系,因此"科室名称"会自动被定义为子表主键的一部分。当向"部门档案"表中添加新科室时,"员工档案"表中一定还不存在该科室的员工;但向"员工档案"表中添加新员工时,"部门档案"表中一定已经存在该员工所在的科室。图 3.2(b)是其对应的数据库物理模型。

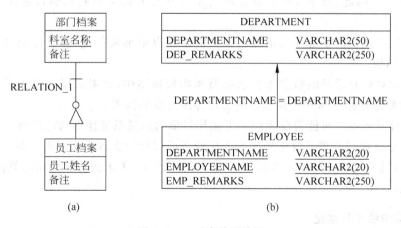

图 3.2　一对多关联关系

4. 面向对象模型

面向对象模型(Object Oriented Model,OOM)是运用面向对象环境将模型信息用标准化的图形元素进行显示并建立软件模型的过程。它在不同的层次上显示系统的工作状况,是表达软件系统含义的强有力的工具。它便于分析人员、用户、开发人员、测试人员和管理人员之间交流信息。

面向对象建模的一个重要问题是采用哪种图形标注方法来表示系统的各个方面。目前常用的图形标注方法有 Booch 方法、对象建模技术(OMT)和统一建模语言(UML),其中 UML 是大多数公司采用的标准。UML 中包含用例图、时序图、类图、协作图、对象图、状态图、活动图、组建图、部署图 9 种。

进行数据库设计主要用到前两种模型。概念数据模型是数据建模的第一个阶段,它把现实世界中的信息抽象成实体和联系米产生实体联系图,这一阶段为高质量的应用提供坚实的数据模型基础。概念数据模型与具体的数据库系统、操作系统平台等无关。物理数据模型主要解决现实世界中信息在数据库管理系统中的存储结构问题,同一个概念数据模型结合不同的数据库管理系统将产生不同的物理数据模型。物理数据模型是后台数据库应用的蓝本,直接针对具体的数据库管理系统。

3.1.3　一对多表单数据库设计

数据库设计是信息系统建设过程的一个重要环节,是根据企业的业务需求、信息需求和处理需求来确定信息系统的数据库结构、数据操作和数据一致性、完整性约束的过程。

对于大多数信息系统开发人员来说,能够从用户那里得到的需求信息往往是零乱并且错综复杂的,这些信息大多以用户企业往来业务中的单据或手工报表和记录单来体现。用户以规范化数据库结构来描述这些信息是不大可能的,开发人员更是不能奢望用户根据这些零乱并且错综复杂的单据或手工报表和记录单提出未来信息系统的实现过程和操作模式。因此,以下 3 个问题是所有系统开发人员必须面对而且必须妥善解决的问题。

(1)从用户提供的零乱并且错综复杂的需求信息中抽象并优化,设计出符合规范化要求的数据库结构。

(2)在设计信息系统的数据库概念模型和物理模型中,要考虑用户过去手工处理与信息系统新的数据存储结构的差异和系统实现等多方面的因素。

(3)设计并实现尽可能符合用户手工操作习惯的信息系统操作功能界面。

下面以医院信息管理系统中药库出入库业务的设计与实现为例说明一对多表单设计与优化的过程,其原始单据如图 3.3 所示。图 3.3 中用"＊"表示的数据为实际数据,但此处未给出实际值。

1. 关系的抽象和优化

关系的抽象是指把用户提供的单据、手工报表和记录单等能够反映企业实际往来业务的数据转化为数据库表的过程;而关系的优化是指对抽象以后的数据库表进行规范化处理的过程,以使其能够满足最小数据冗余度、数据相对独立性、数据完整性和数据一致性等数据库设计的规范化要求。

关系型数据库对数据结构有第一范式(1NF)、第二范式(2NF)和第三范式(3NF)等规范化定义。为了表示其规范化的程度,可以将其称为一级规范、二级规范和三级规范,其规范化程度依次增强。关系的优化过程通常是通过对表的拆分和合并依次实现从一级规范到二级规范、从二级规范再到三级规范的转化。

药 库 入 库 单

入库单编号：__2682__　　　　入库日期：__2007.11.30__　　　入库人员：__李 平__

供应商名称：__神州制药公司__　　地　　址：__北京__　　　　邮　编：__100***__

供应商开户行：__工商银行__　　　供应商银行账号：__0**-8*******__

供应商电话：__010-8*******__　　联 系 人：__李 东__　　　联系电话：__133****0981__

序号	药品编码	药品名称	单位	包装	进价	数量	金额	有效日期
1	05043	10%葡萄糖注射液(250ml)	瓶	箱	6.00	1000	6000.00	2008.02.30
2	01041	阿莫西林胶囊(250mg×24 粒)	盒	盒	12.00	1000	12000.00	2008.02.30
3	01076	阿昔洛韦片(0.1g×30#)	盒	盒	22.00	100	2200.00	2008.04.30
4	01054	阿奇霉素片(250mg×6 粒)	盒	盒	30.00	50	1500.00	2008.04.30
5	03014	安宫黄体酮片(2mg×100#)	盒	盒	15.00	200	3000.00	2009.06.30
6	09020	爱活胆通胶囊(100 粒)	盒	盒	20.00	260	5200.00	2009.06.30
7	05044	5%葡萄糖注射液(250ml)	瓶	箱	5.00	1000	5000.00	2009.08.30
8	02023	安体舒通片(20mg×100#)	盒	盒	120.00	50	6000.00	2010.08.30
9	13034	84 消毒液(500ml)	瓶	箱	8.00	100	800.00	2010.10.30
10	07010	安定片(2.5mg×100#)	瓶	瓶	150.00	20	3000.00	2010.10.30

总金额：__44700.00__

审核人：__王 中__　　　　审核日期：__2007.12.01__

图 3.3　药库入库单

一级规范要求在二维表中不能存在组项(可分割的非原子项)、空白项和重复项。因此，对于系统开发人员来说，第一项工作就是将图 3.3 所示的反映药品入库业务的药库入库单抽象为二维表结构，如表 3.1 所示。表 3.1 的所有列都是不可再进行拆分的原子项，且不含空白项和重复项，所以可以将其抽象为数据库表，如图 3.4 所示，它是符合一级规范要求的，但是它存在着非常严重的数据冗余。

二级规范要求在一级规范化后的表中不能存在部分依赖关系的属性(非主键属性依赖于主键的一部分)。在图 3.4"入库单"表中，主键由"入库单编号"和"序号"两个属性组成，而从"药品编码"到"有效日期"8 个属性都只依赖于"序号"属性(主键的一部分)，因此需要将这些属性从"入库单"表中拆分出来，形成"入库单单头"和"入库单单目"两个表，如图 3.5 所示。"入库单单头"表和"入库单单目"表之间是依赖关系，在一个"入库单单头"中可以有多个"入库单单目"(每个单目表示一种药品，药品编码可以重复，药品名称可以重名)，两者之间是一对多($1:n$)的关联关系。经过这一步的优化后，表 3.1 中的数据存储可以转化为两个二维表的数据存储，分别如表 3.2 和表 3.3 所示。两个表格之间通过"入库单编号"实现一对多($1:n$)的关联关系。针对图 3.3 这张药库入库单，比较表 3.1 和表 3.2、表 3.3 的数据存储结构和规模，可以看出，表 3.2 和表 3.3 的数据存储量要比表 3.1 小很多，主要是减少了对入库单单头信息和单脚信息的冗余存储。

从以上对数据结构的二级规范化处理过程可以看出：二级规范化的主要目的是在最大程度上降低数据的冗余度和数据一致性维护的代价。

表 3.1　一级规范的药库入库单表

入库单编号	入库日期	入库审核人员	审核人	审核日期	供应商名称	地址	邮编	开户行	银行账号	电话	联系人	联系电话	序号	药品编码	药品名称	单位包装	有效日期	进价	数量	金额
2682	2007.11.30	李平	王中	2007.12.01	神州制药公司	北京	100***	工商银行	0***8******	010-8*******	李东	133****0981	1	05043	10%葡萄糖注射液(250ml)	瓶	2008.02.30	6.00	1000	6000.00
2682	2007.11.30	李平	王中	2007.12.01	神州制药公司	北京	100***	工商银行	0***8******	010-8*******	李东	133****0981	2	01041	阿莫西林胶囊(250mg×24粒)	盒	2008.02.30	12.00	1000	12000.00
2682	2007.11.30	李平	王中	2007.12.01	神州制药公司	北京	100***	工商银行	0***8******	010-8*******	李东	133****0981	3	01076	阿昔洛韦片(0.1g×30#)	盒	2008.04.30	22.00	100	2200.00
2682	2007.11.30	李平	王中	2007.12.01	神州制药公司	北京	100***	工商银行	0***8******	010-8*******	李东	133****0981	4	01054	阿奇霉素片(250mg×6粒)	盒	2008.04.30	30.00	50	1500.00
2682	2007.11.30	李平	王中	2007.12.01	神州制药公司	北京	100***	工商银行	0***8******	010-8*******	李东	133****0981	5	03014	安官黄体酮片(2mg×100#)	盒	2009.06.30	15.00	200	3000.00
2682	2007.11.30	李平	王中	2007.12.01	神州制药公司	北京	100***	工商银行	0***8******	010-8*******	李东	133****0981	6	09020	爱活胆通胶囊(100粒)	盒	2009.06.30	20.00	260	5200.00
2682	2007.11.30	李平	王中	2007.12.01	神州制药公司	北京	100***	工商银行	0***8******	010-8*******	李东	133****0981	7	05044	5%葡萄糖注射液(250ml)	瓶	2009.08.30	5.00	1000	5000.00
2682	2007.11.30	李平	王中	2007.12.01	神州制药公司	北京	100***	工商银行	0***8******	010-8*******	李东	133****0981	8	02023	安体舒通片(20mg×100#)	盒	2010.08.30	120.00	50	6000.00
2682	2007.11.30	李平	王中	2007.12.01	神州制药公司	北京	100***	工商银行	0***8******	010-8*******	李东	133****0981	9	13034	84消毒液(500ml)	瓶	2010.10.30	8.00	100	800.00
2682	2007.11.30	李平	王中	2007.12.01	神州制药公司	北京	100***	工商银行	0***8******	010-8*******	李东	133****0981	10	07010	安定片(2.5mg×100#)	瓶	2010.10.30	150.00	20	3000.00

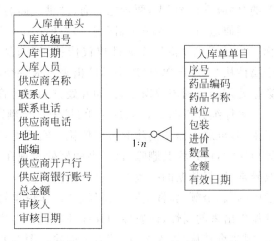

图 3.4　一级规范后的"入库单"结构　　　　图 3.5　二级规范后的"入库单"结构

表 3.2　药库入库单单头表

入库单编号	入库日期	入库人员	审核人	审核日期	供应商名称	地址	邮编	开户行	银行账号	电话	联系人	联系电话	总金额
2682	2007.11.30	李平	王中	2007.12.01	神州制药公司	北京	100＊＊＊	工商银行	0＊＊-8＊＊＊＊＊＊＊	010-8＊＊＊＊＊＊＊	李东	133＊＊＊＊0981	44700.00

表 3.3　药库入库单单目表

序号	入库单编号	药品编码	药品名称	单位	包装	有效日期	进价	数量	金额
1	2682	05043	10%葡萄糖注射液（250ml）	瓶	箱	2008.02.30	6.00	1000	6000.00
2	2682	01041	阿莫西林胶囊（250mg×24 粒）	盒	盒	2008.02.30	12.00	1000	12000.00
3	2682	01076	阿昔洛韦片（0.1g×30＃）	盒	盒	2008.04.30	22.00	100	2200.00
4	2682	01054	阿奇霉素片（250mg×6 粒）	盒	盒	2008.04.30	30.00	50	1500.00
5	2682	03014	安宫黄体酮片（2mg×100＃）	盒	盒	2009.06.30	15.00	200	3000.00
6	2682	09020	爱活胆通胶囊（100 粒）	盒	盒	2009.06.30	20.00	260	5200.00
7	2682	05044	5%葡萄糖注射液（250ml）	瓶	箱	2009.08.30	5.00	1000	5000.00
8	2682	02023	安体舒通片（20mg×100＃）	盒	盒	2010.08.30	120.00	50	6000.00
9	2682	13034	84 消毒液（500ml）	瓶	箱	2010.10.30	8.00	100	800.00
10	2682	07010	安定片（2.5mg×100＃）	瓶	瓶	2010.10.30	150.00	20	3000.00

　　三级规范要求在二级规范化后的表中不能存在传递依赖关系的属性(非主键属性依赖于另一个非主键属性,而此属性依赖于主键)。在图3.5满足二级规范的"入库单"结构中,"入库单单头"表的主键是"入库单编号","供应商名称"依赖于主键"入库单编号",而"联系人"、"联系电话"、"供应商电话"、"地址"、"邮编"、"供应商开户行"、"供应商银行账号"7个属性依赖于"供应商名称",并不直接依赖于主键"入库单编号",这是典型的传递依赖关系。要使其满足三级规范的要求,就必须把这7个属性从"入库单单头"表中拆分出来组成一个新的"供应商档案"表,两者之间通过"供应商名称"属性实现一对多(1：n)关联。

　　类似地,在"入库单单目"表中,"药品编码"依赖于"入库单编号"+"序号",而"药品名称"、"单位"、"包装"3个属性仅仅依赖于"药品编码",也存在传递依赖关系,就必须把这3个属性从"入库单单目"表中拆分出来组成一个新的"药品资料档案"表。所有涉及药品资料数据处都会用到该数据库表,如开处方和药房管理业务等。

　　再仔细分析图3.5"入库单单目"表,"金额"属性依赖于"进价"和"数量",并不直接依赖于主键,也属于需要消除的传递依赖。实际上,"金额"属性是由"进价"和"数量"相乘得到的导出属性,可以将其删除,这样做的好处表现在既可以降低数据冗余,又可以有效地降低修改异常,增强数据的一致性。进一步观察图3.5中的"入库单"结构,可以看出"入库单单头"表中的"总金额"属性实际上是经过"入库单单目"表中所有单目的"数量"×"进价"再进行合计派生出来的属性,该属性的存在理论上不但增加了数据冗余度,而且极易造成数据的不一致,因此将其从"入库单单头"表中剔除。图3.6是经过三级规范化后的"入库单"结构。

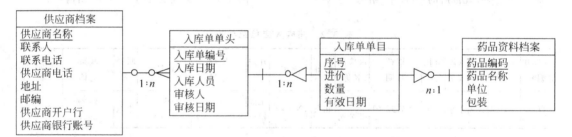

图3.6　三级规范化后的"入库单结构"

2. 数据库模型

　　经过抽象和优化后的数据库结构从理论上来说,已经满足了数据库概念模型和物理模型的设计与实现要求,但是它同实际系统开发所需要的数据库结构相比较,还有一定的距离。

　　从用户的使用角度出发,以信息系统来实现企业相关业务的管理,其最大的优点之一,表现在其强大的信息存储能力和信息的检索、统计以及分析等处理能力。因此,用户往往希望所开发的信息系统能够存储比手工业务处理过程更加全面的信息,拥有比手工业务处理过程更加强大的信息检索、统计以及分析等处理能力。在医院药库出入库业务的实现中,如图3.6所示的优化后的"药库入库单"结构,体现出来的手工处理过程中的供应商信息包括"供应商名称"、"联系人"、"联系电话"、"供应商电话"、"地址"、"邮编"、"供应商开户行"、"供应商银行账号"等。但在欲开发的信息系统中,加入能够全面记录供应商的"法人代表"、"总经理"、"注册资金"、"注册日期"、"企业类型"、"经营方式"、"经营范围"、"上级主管"、"发证机关"、"传真"、"E-mail"、"HomePage"等信息。对于药品资料档案信息,除了入库单中的"药品编码"、"药品名称"、"单位"和"包装"外,加入能够全面记录药品资料档案的"规格"、"批次号"、"出厂日期"、"分类"、"甲乙类"、"药品级别"等信息。

　　从系统开发人员进行系统实现的角度出发,需要设置一些能够记录系统操作痕迹和一些有利于系统实现的属性。在此例中,为了对任何操作人员在操作系统的过程中记录操作员的操作信息,需要对所有表设置"记录日期"和"操作员"属性;为了记录表中记录的不同状态(如出入库单的执行状态有"未审"和"已审"等)和可能出现的随机补充备注信息,需要对一些表设置"状态"、"标记"和"备注"属性;为了适应药品在医院信息管理系统中以批发单位入库,以零售单位出库的业务需求,需要在"药品资料档案"表中设置"批发单位"、"零售单位"和两者之间转化的"换算量"属性,同时剔除原有的"单位"属性;为了提高用户在录入时的操作效率,需要在药品资料档案中设置"拼音码"属性以提高对药品资料的检索速度;为了在一张表能同时实现药品的出入库业务,需要在"出入库单单头"表中设置"出入类型"属性,同时将原有的"供应商名称"属性更改为"供应接收单位"属性;另外,考虑到对出入库单信息进行统计汇总、查询、分析时,往往只需要单头信息,为了提高系统的查询效率,需要把结构优化处理时所剔除的"总金额"属性再添加到"出入库单单头"表中。

　　因此,对能够反映企业实际业务的单据或手工报表和记录单,经过抽象和优化后所得到的数据库结构,尽管它已经满足了三级规范的要求,但是在进行正式数据库结构设计时,还要充分考虑用户对欲建立的信息系统的数据存储期望和有利于系统实现的实际需求。有时为了增强系统的可实施性,尤其是提高系统的执行效率,经常需要增加一些冗余属性而与数据结构的规范化要求相悖。这些情况在这个实际案例中都有一定程度的体现。如从图3.4～图3.6可以看出,使用二级规范的结构相对于一级规范结构大幅度减少了数据冗余,同样使用三级规范相对于二级规范也减少了数据冗余。经过以上设计处理后,最终确定的医院出入库业务的数据库概念模型如图3.7所示,其物理模型如图3.8所示。

　　在图3.7中,"供应商档案"和"药品资料档案"属于档案信息表,"出入库单单头"和"出入库单单目"属于账务信息表。从业务角度讲,账务信息表需要长期保存且在审核后任何数据不允许被修改,即使数据有误也只能通过再补一张账表的方法去弥补以前的错误。从技术角度讲,当修改档案信息表时,根据一致性原则会自动修改账务信息表,这样很可能形成长事务,且有些账务信息表的数据已转入历史数据库无法修改。

　　综上所述,通过修改档案信息表来级联修改账务信息表的做法是不现实的,尤其是对一些长时间使用过的账务表数据修改而引发的长事务问题更为突出。综合考虑的解决方案如下。

　　(1) 每次出入库审核后,打印保存纸质账单,并以此记录为准,但这种做法与信息系统的目标有一定的冲突。

　　(2) 对档案表设有审核过程,一旦审核通过将不允许修改,且已用过的主键数据不能重复使用,如"药品资料档案"表中的"药品编码"一旦用过,则再也不使用,也不再将其分配给一种其他新药使用。

　　(3) 出入库审核后打印并保存纸质账单,使用二级规范表结构,档案信息表仍然存在,但为了数据的一致性,录入数据时,需要用档案信息表对应的数据填充账务信息表的相应数据。当"出入库单单头"和"出入库单单目"信息已通过审核后,Relation_1 和 Relation_3 无

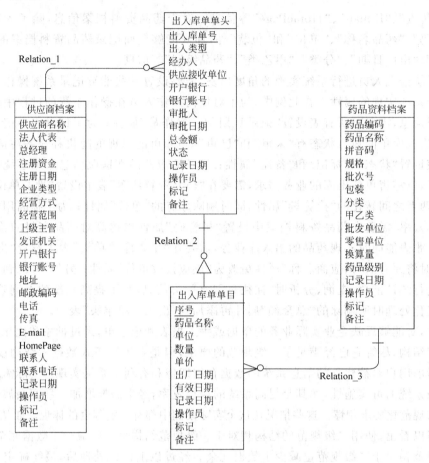

图 3.7　药品出入库业务数据库概念模型

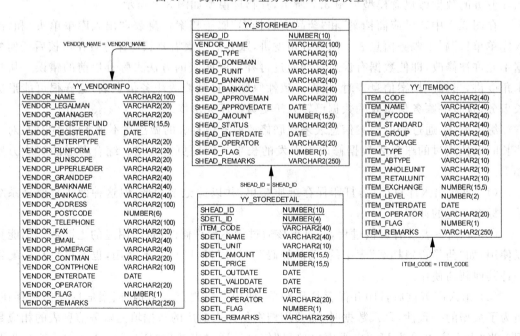

图 3.8　药品出入库业务数据库物理模型

级联修改和删除关系,即对"供应商档案"信息的修改或删除不影响"出入库单单头"表中的相关数据,"药品资料档案"的修改或删除不影响"出入库单单目"表中的相关数据。当"出入库单单头"和"出入库单单目"信息未通过审核时,Relation_1 和 Relation_3 存在级联修改和删除关系。

主键是能够表示记录唯一性的属性集合。选择主键属性时尽量使用表中能反映记录特征的属性,且使查询尽量方便,否则可为此设置专门的属性,如图 3.7 的"出入库单单目"表中"序号"属性就是为此目的设置的。另外,在选择主键属性时要考虑属性的数据类型,如 blob 类型不能作为主键属性,逻辑型由于取值只有两个值,因而很少作为主键属性,实数由于其计算机表示的特殊性,最好不要作为主键属性,否则很可能造成使用等于条件无法查询到目标记录的现象。

由于表属性个数受数据库管理系统限制,如 Oracle 不能超过 256 个,所以对于数据项个数过多,尤其是数据项个数不定的关系应将数据分类。一类是关系的特征数据项;另一类是非特征数据项。对于特征数据项,每个数据项可作为数据库表的属性;而对非特征数据项可以按其反映的业务类型将其归并成几个可变长字符串或一个 blob 类型。如试油业务数据由反映油井的地区、井号、类型、层序、数据点数等特征数据项和数据点数对应的(曲线坐标)非特征数据项构成。地区、井号、类型、层序、数据点数等数据项可作为数据库表的属性,而曲线坐标数据项少则几十项,多则几百项,一个坐标数据由两个实数表示,占 8 字节,一条记录的全部坐标数据归并后不超过 10KB,可用 1~3 个变长字符串或一个 blob 类型表示。

图 3.9 是一试油数据库系统对数据进行分类后归并的例子。图中位于下面的窗口显示的数据属于特征数据,上部窗口显示的曲线是用下面窗口对应记录的非特征数据展开后绘制的。一般来说,用户首先浏览特征数据,对关心的油井才进行绘图操作,因为绘图操作用时较长。

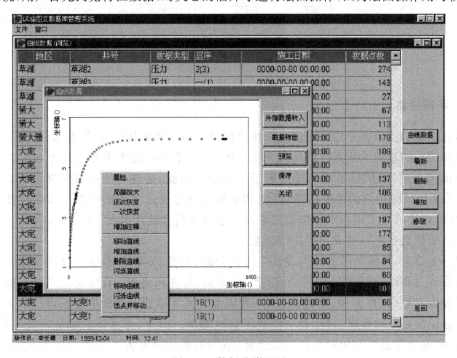

图 3.9 数据分类显示

当表自身和自己存在一对多关系时,其一致性维护不能靠触发器机制实现。

对于存在一对一关系的两个表可以合成一个表,但是当其中的一个表出现大量的空数据时,使用两个表能节约存储空间。对于存在多对多关系的两个表,可以通过引进一个中间表将其分解成两个一对多关系表。如"课程"与"学生"之间存在多对多关系,一门课程可以由多个学生选修,同时一个学生可以选修多门课程,其关系如图3.10(a)所示。通过引进中间表"学生选课"表,原多对多关系变成了两个一对多关系,如图3.10(b)所示。图3.10(a)和3.10(b)的关系是等价的,对应的物理模型如图3.10(c)所示。

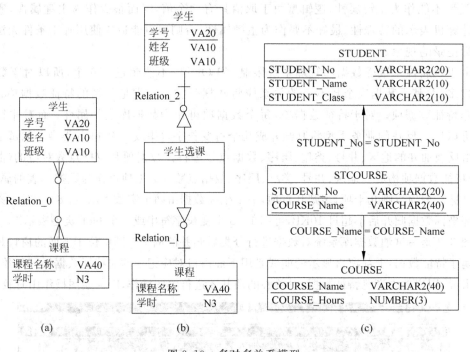

图 3.10   多对多关系模型

3. 系统界面

信息系统功能界面是用户与信息系统之间进行交互所采用的方式、途径、内容以及界面的布局和结构的总称。从系统设计人员的角度出发,系统功能界面是信息系统和用户进行信息交流的渠道,是信息系统向用户展示其功能的界面,是整个信息系统建设过程的一部分;而从系统最终用户的角度出发,系统功能界面则是信息系统的全部。系统功能界面的优越程度,直接决定了用户对整个信息系统的总体评价和使用态度。因此,良好的系统功能界面是整个信息系统开发成功的决定因素之一。

理论上要求,系统功能界面的设计应遵循合理、有效、安全的原则。合理是指在系统功能界面设计过程中应该尽量做到全面、系统、客观、美观和协调;有效是指系统功能界面应该做到界面友好、操作方便、快速高效、一致规范和灵活适应;安全是指所设计的系统功能界面能够保证系统的数据、操作和功能被可靠地使用。但是,在具体的系统开发实践中,合理、有效和安全等是具有相对性的衡量指标,不同的系统开发人员有着不同的认识和理解。而大量的开发实践证明,最终用户对系统功能界面的评价和接受程度是系统功能界面设计成功最重要的决定因素。

　　大多数企业决定投资开发信息系统的目的是实现企业相关业务由过去以人力为主的手工处理过程向以计算机自动化处理为主的计算机管理信息化处理过程的转化，以提高企业的运行效率和降低企业的运营成本。长期的手工处理过程中所形成的操作习惯已经在用户的意识中根深蒂固，因此，系统功能界面设计能够最大程度地兼顾用户手工处理的操作习惯，所设计的系统功能界面能够最大程度地接近于用户手工处理填写的单据、报表和记录单等，将会提高用户对信息系统的评价和接受程度，同时也能提高用户对系统功能的理解和学习效率。所以，系统功能界面设计的最佳策略就是在技术上能够实现的前提下，采用企业传统手工处理过程中单据、报表和记录单的格式，系统操作流程要与手工处理的操作习惯相一致。

　　此案例的系统功能界面设计充分考虑了用户手工处理的操作习惯和手工单据的格式，用"出入库单浏览"和"出入库单录入/审核"两层界面模式来分别实现"出入库单"单头的浏览功能和具体每张"出入库单"单目的录入与审核编辑功能，并且将录入与审核的功能相分离，以体现药品出入库时实际分为一般工作人员出入库操作和药库、药房管理人员审核操作的两层手续。

　　图 3.11 是药库入库单录入时的浏览功能界面。它是出入库功能的一级界面，完成对出入库单按照"未审"（一般工作人员已经录入但未经管理员审核）和"已审"（管理人员已经审核）等类别分类显示。另外，还可以通过"浏览"（查看已经录入的出入库单单目）、"增加"（录入新的出入库单）、"编辑"（对已经录入的出入库单单目进行修改）等功能按钮进入二级功能界面；通过"删除"按钮可以完成对已经录入的出入库单的删除。图 3.12 是药库入库单录入编辑的功能界面，它是出入库功能的二级界面，此功能界面与图 3.3 所示的用户手工药库入库单的单据格式相对应，与手工处理的操作习惯相同，其上、中、下三部分分别对应手工入库单的单头、单目和单脚，其中单头和单脚数据来自"出入库单单头"表，而单目数据来自"出入库单单目"表。这样的界面能够与手工处理过程的操作习惯相一致，增加了用户对系统的亲和力和接受程度。

　　在药库入库单录入编辑界面中，操作员可以对入库单单目内容进行增加、删除、修改等编辑操作和打印操作。医院的药品种类多达数千种，为了提高操作员的录入效率，系统设置了从"药品资料档案"表中按照拼音码快速检索药品名称的功能，用户只需输入要录入的药品名称的汉语拼音首字母，系统就可以快速检索到对应的药品项目。单击"选取"就可以将选中的药品项目添加到出入库单单目中。

　　出入库单的审核操作应该由药库或药房的管理人员完成，所以此功能应同出入库单的录入功能相分离。其审核时的浏览功能界面风格与录入时的浏览功能界面风格相同，执行"预审"功能即可进入与图 3.12 很相似的药库入库单审核功能界面。审核时可以对出入库单中除单头和单脚之外的各个单目内容进行增加、删除和修改等编辑操作，待检查完毕，确保无误后即可单击"审核"功能按钮进行审核。审核功能执行后系统自动返回到一级界面，此时，刚通过审核的入库单单头信息已经从未审的状态转为"已审"的状态。至此，已经完成了一次完整的药品入库业务。

　　其后的任何时刻，都可以对以往的出入库单的单头信息和单目信息进行浏览。当然，按照出入库的业务流程特点，此后的出入库单的所有内容均不能再做修改。

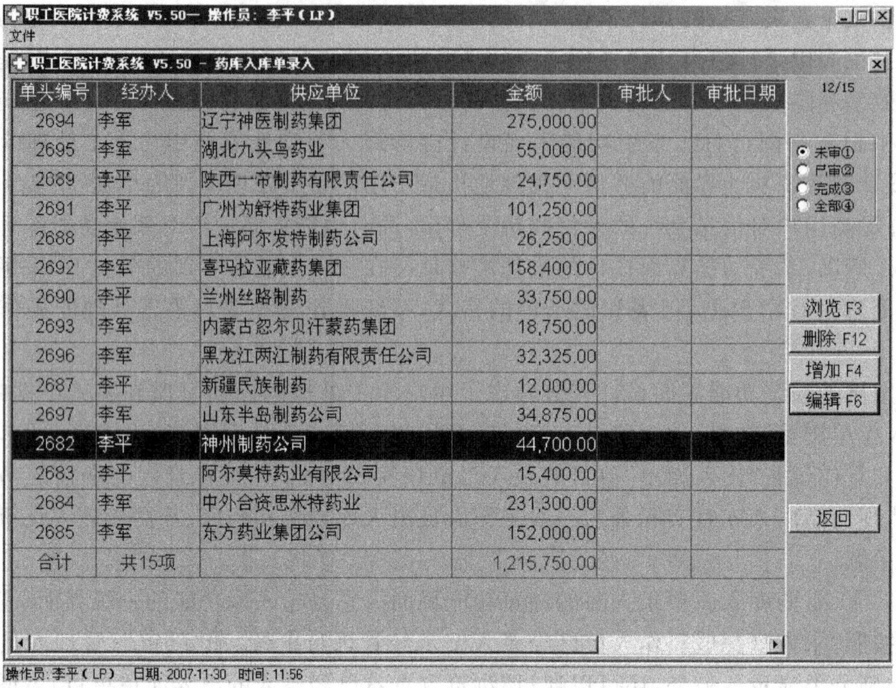

图 3.11　药库入库单录入时的浏览功能界面

图 3.12　药库入库单录入编辑的功能界面

3.2　数据加锁方法

并发控制是多用户数据库管理系统必不可少的部分,其作用是正确协调同一时间段里多个事务对数据库的并发操作,以保证数据的一致性和完整性。以锁为基础的并发控制应用比较广泛,通过锁的相容机制实现冲突的可串行化调度是解决并行事务冲突操作的有效措施。数据库系统中的两段锁协议(Two-PhaseLocking,2PL)是当前应用最为普遍的可串行化调度算法,它可以有效地保证事务调度的正确性。

3.2.1　相关概念

(1) 事务:是用户定义的一组数据库操作序列,它是数据库的逻辑工作单位。组成事务的所有操作要么全做,要么全不做,是一个不可分割的工作单位,没有可接受的中间状态。事务必须具有原子性、一致性、隔离性和持久性 4 个特性。

(2) 可串行化调度策略:让冲突操作串行执行,非冲突操作并行执行。也就是说事务的并行必须是与这些事务按某一个顺序串行执行时的结果相同时,才是正确的。可串行性是并行事务执行结果正确性的唯一准则。

(3) 锁方式的基本思想:事务对任何数据的操作必须先申请该数据项的锁,只有申请到锁后,即加锁成功后,才可以对数据项进行操作。操作结束后,要释放已申请的锁。通过锁的共享及排他的特性,实现事务的可串行化调度。

(4) 两段锁协议(2PL 协议):是使用锁模型实现并发控制的传统方法。其基本思想是:任何事务对数据项的操作之前先加锁,加锁的原则是事务中的全部加锁操作在第一个解锁操作之前完成,即加锁和解锁操作分布在事务中的两个阶段。两段锁协议保证了并发调度的可串行化。

3.2.2　问题提出

采用 2PL 协议从理论上实现了事务的可串行化调度,从而保证了事务调度的正确性,因而数据库的执行结果也是正确的。然而在实际应用中,虽然所有的数据库管理系统都采用了各种控制死锁的方法(如死锁预防、死锁检测、死锁避免等),但是死锁的现象随着数据库规模的不同,以及用户数量的差异仍可能发生。信息系统的并发事务导致数据库死锁的主要原因是两个或多个进程长时间段内抢占同一数据资源,或者是两个进程在抢占对方已经占用的数据资源,而这一现象并非因为进程需要处理的事务非常复杂、耗时过长所致,相反常常是因为信息系统前端应用程序的加锁机制不当所引起的。下面以表锁为例,介绍 3 种加锁方法。

3.2.3　3 种加锁方法

一个事务所操作的数据库表资源往往有多个,而事务的原子性要求组成事务的所有操作要么全做,要么全不做,只有这样才能有效地保证数据库操作结果的正确性,使得数据库由先前的一致状态转化为一种新的一致状态。为此必须在该事务对表进行操作之前申请到这个数据库表的锁,即对表加锁。在事务的增长阶段(申请封锁阶段),要对本事务所操作的所有数据表依次进行加锁,如果加锁成功则表明抢占资源成功,继续进行该事务对这些表数据的其他操作,直到所有操作完成后提交数据库。如果对该进程所操作的表序列进行加锁过程中出现某个表加锁失败的情况,则表明该表数据资源正在被其他进程占用,那么本进程对其申请的表数据资源的此次抢占宣告失败,此时就会出现锁等待,甚至是死锁现象。

1. 连续申请资源法

连续申请资源法是当申请不到数据锁时持续等待申请数据锁的数据加锁方法。该方法的基本思想是在出现锁等待时并不夭折本事务,而是继续不间断地申请表数据资源的锁,直到申请成功为止。很显然,在申请锁的过程中,如果该表资源一旦空闲,那么事务对该表资源的锁申请会立即成功,本事务不会在系统资源空闲后出现任何等待,从而提高了系统的执行效率。但是,此时出现锁等待的原因如果是前文所提到的两个进程长时间抢占同一表数据资源,或者是两个进程在抢占对方已经占用的表数据资源的状况,那么系统则进入了死锁状态。这种方法在实际中是不可用的,但经过改进后,即按标识符排序法可避免死锁发生。

2. 按标识符排序法

按标识符排序加锁法的基本思想是:对本进程所操作的所有数据表先按照表名(数据标识符)进行排序,然后再依次申请它们的锁。正是由于按标识符排序的原因,使得排序靠前的表资源锁总是先被申请,因此此方法无须夭折加锁过程,不会出现抢占对方已占用资源的情况。

3. 随机等待法

连续申请资源法是在出现锁等待时采用了一种极端的处理机制。而随机等待加锁法对于这种申请锁失败的情况,是夭折本次加锁过程,然后系统等待一个随机时间,重新启动加锁过程。如果此次加锁过程仍然失败,继续夭折这次加锁过程,再重新开始加锁。如此这般循环一定的次数,以达到成功申请资源的目的。在每次申请锁失败之后的随机等待时间里,被其他进程所占用的表数据资源就可能已经被释放,这样就不会出现因两个进程长时间抢占同一表数据资源,或者是两个进程互相抢占对方已经占用的表数据资源的死锁状态。这种加锁方法不是按申请锁顺序得到锁的,可能先申请锁的事务最后得到加锁许可。

3.2.4　混合加锁法

在实际应用中,将按标识符排序加锁法和随机等待加锁法结合应用,效果比较理想,简称混合加锁法。其基本思想是先按标识符排序,再利用随机等待加锁法加锁。对表的加锁是通过 3 个函数来实现的。首先是 TablesLock 函数,此函数实现对所申请的表资源先按标识符进行排序,然后开始加锁,并在加锁一定次数且失败时提示用户决定夭折进程还是继续开始新的一轮加锁过程。实现代码如下:

```
//Tables 为待加锁的表列,每个表名后加","
//成功返回 true, 失败返回 false
```

```
BOOL CADOConn::TablesLock(CString Tables)
{
    int ret;
    BOOL ret1;
    SortTables(Tables);
    do
    {
        ret1 = TablesLock_NoWait(Tables);
        if(!ret1) ret = MessageBox(NULL, "继续加锁吗?", "提示",
                             MB_OKCANCEL | MB_ICONQUESTION);
        else return true;
    }while(ret == IDOK);
    return false;
}
```

函数 TablesLock 中所调用的函数 SortTables 实现对待加锁表进行排序。其实现代码如下：

```
//Tables 为待加锁的表列,每个表名后加","
void CADOConn::SortTables(CString& Tables)
{
    int n = NumOfTables(Tables);
    CString * str = new CString[n];
    CString temp, result;
    int pos;

    temp = Tables;
    for(int i = 0; i < n; i++)
    {
        pos = temp.Find(',');
        *(str + i) = temp.Left(pos);
        temp = temp.Mid(pos + 1);
    }
    for(int j = 0; j < n; j++)
    {
        for(i = 0; i < n - 1 - j; i++)
        {
            if(str[i] > str[i + 1])
            {
                temp = str[i];
                str[i] = str[i + 1];
                str[i + 1] = temp;
            }
        }
    }
    for(i = 0; i < n; i++) result += str[i] + ',';
    Tables = result;
}
```

　　函数 SortTables 中所调用的函数 NumOfTables 用于获得待加锁表的个数。其实现代码如下：

```
//Tables 为待加锁的表列,每个表名后加","
int CADOConn::NumOfTables(CString Tables)
{
    CString temp;
    int pos, count = 0;

    temp = Tables;
    do
    {
        pos = temp.Find(',');
        if(pos != -1)
        {
            count++;
            temp = temp.Mid(pos + 1);
        }
    }while(pos != -1);
    return count;
}
```

　　函数 TablesLock 中所调用的函数 TablesLock_NoWait 实现对本事务所有表数据资源进行依次加锁,以及在某个表加锁失败后等待一个随机时间后重新开始加锁过程,如果重复加锁一定数量后仍不能成功,则返回 false。其实现代码如下：

```
//Tables 为待加锁的表列,每个表名后加","
//成功返回 true,失败返回 false
BOOL CADOConn::TablesLock_NoWait(CString Tables)
{
    CString temp, table;
    int pos = -1, locktimes, locktimesmax = 20;
    BOOL ret = false;

    temp = Tables;
    pos = temp.Find(',');
    while(pos != -1)
    {
        locktimes = 0;
        while(1)
        {
            locktimes++;
            if(locktimes > locktimesmax) return false;
            table = temp.Left(pos);
            ret = TableLock(table);
            if(!ret)
            {
                srand(time(NULL));
```

```
                    Sleep(rand());
            }
            else break;
        }
        temp = temp.Mid(pos + 1);
        pos = temp.Find(',');
    }
    return true;
}
```

函数 TablesLock_NoWait 中所调用的函数 TableLock 实现对单个表数据资源进行加锁的功能。其实现代码如下：

```
//TableName 为单个待加锁的表名
//成功返回 true, 否则返回 false
BOOL CADOConn::TableLock(CString TableName)
{
        CString SqlString;
        SqlString = "lock table " + TableName + " in exclusive mode nowait";
        BOOL ret = ExecuteSQL(SqlString);
        return ret;
}
```

在 Oracle 中最主要的锁是 DML 锁（也可称为 data locks，数据锁）。DML 锁的目的在于保证并发情况下的数据完整性。在 Oracle 数据库中，DML 锁主要包括 TM 锁和 TX 锁，其中 TM 锁称为表级锁，TX 锁称为事务锁或行级锁。函数 TableLock 中即采用 DML 锁方式中的排他锁对表加锁，该锁定模式级别最高，并发度最小。在一个表中只能有一个事务对该表实行排他锁，排他锁仅允许其他事务查询该表。

在编程过程中，采用何种加锁机制必须在整个系统中严格遵守，否则加锁过程将前功尽弃，很可能造成频繁死锁现象的发生。

3.3 回滚与提示

3.3.1 事务划分

事务是一个对数据库的存取操作序列，是数据库应用程序的基本逻辑单元。任何一个应用可以通过若干个事务来完成，而最终划分为多少个事务应根据业务的具体情况而定。编程人员可以显式地定义事务的开始和结束。一个事务主体可以是一条 SQL 语句、一组 SQL 语句或者整个应用程序。在编程人员没有显式的定义事务的情况下，则由数据库管理系统按照默认规定自动划分事务。

事务的结束有下面几种情况。

（1）执行 commit 语句或 rollback 语句。

（2）执行一条 DDL 语句，例如 create table 语句，系统会自动执行 commit 语句。

（3）执行一条 DCL 语句，例如 grant 语句，系统会自动执行 commit 语句。

（4）执行一条 DML 语句时失败，系统会自动执行 rollback 语句。

（5）断开与数据库的连接，系统会自动执行 rollback 语句。

commit 命令的执行表示结束当前事务，并把执行结果更新至数据库，执行提交命令后对数据库的更改是永久性的，先前的数据状态将发生永久性的改变。应该建立良好的编程习惯，在每个事务后都要进行显式地提交或回滚事务。当查询数据时，非本事务用户均显示提交后的结果。

在 VC++ 语言中使用 ADO 操作数据库时，可以通过 Connection 对象的 BeginTrans 方法、CommitTrans 方法和 RollbackTrans 方法分别实现事务的开始、事务的提交和回滚。对事务在执行过程中发生的异常情况，可以使用 C++ 语言标准的异常处理语句 try-catch 实现异常处理。例如：

```
//_ConnectionPtr m_pConnection;
BOOL CADOConn::ExecuteSQL(LPCTSTR lpszSQL)
{
    try
    {
        m_pConnection->BeginTrans();
        m_pConnection->Execute(_bstr_t(lpszSQL), NULL, adCmdText);
        m_pConnection->CommitTrans();          //提交事务
        return TRUE;
    }catch(_com_error e){
        m_pConnection->RollbackTrans();        //回滚事务
        return FALSE;
    }
}
```

3.3.2　事务恢复

事务在运行过程中，可能会出现软件错误、硬件故障以及病毒的攻击，导致事务的非正常结束，从而影响数据库中数据的正确性。因此数据库管理系统必须将数据库从错误状态恢复到事务执行前的正确状态。数据库恢复的基本单位是事务，事务恢复就是能够在容错的方式下继续完成事务。实现数据库恢复的基本原理是数据冗余和创建日志文件。针对不同的事务故障采用不同的方法，利用这些冗余数据将数据库中被破坏或不正确的数据恢复到故障前的某个一致性状态。

建立冗余数据最常用的技术是数据转储。数据转储即手动或借助实用工具定期将部分或整个数据库导出或复制到另一存储介质上保存起来的过程。被转储后得到的文件被称为备份或副本。在没有事务运行的情况下进行的转储称为静态转储，得到的副本一定具有一致性，但会降低数据库的可用性。若不需要等待事务停止就可以进行的转储称为动态转储，得到的副本不能保证一致性。

日志文件是用来记录事务对数据库更新操作的文件。转储的副本加上事务日志文件才能够把数据恢复到某一时刻的一致性状态。当事务非正常结束时,可通过反向扫描日志文件,对事务的更新操作执行逆操作,也就是将日志记录中更新前的值写入数据库,从而保证数据库的一致性。日志文件以一行记录为数据单元,记录的数据结构通常包括以下数据域:

- 事务的标识;
- 操作的类型(增、删、改);
- 操作的对象;
- 修改前的数据(块)(对插入操作,该项为空);
- 修改后的数据(块)(对删除操作,该项为空)。

事务恢复包括以下两个阶段。

(1)正常操作时,在事务处理过程中存储必要的信息到日志顺序文件,后台进程对已写满的顺序文件做归档操作。在事务并发处理过程中,可同时创建若干个日志文件供不同的事务并发写日志。

(2)事务失败时,首先读取未归档的日志文件,再读取归档文件中的内容,根据文件中的记录信息进行事务恢复。

3.3.3 事务与交互式操作

随着计算机使用的普及,软件设计人员对交互式操作越来越关注,他们更多地站在软件使用者的角度考虑使用者的心理和行为特点,这使得软件产品与用户之间建立起一种互动、灵活、易操作的交互方式。然而,在软件的运行过程中,如果事务中存在交互式操作,可能会因为用户个体的差异,对出现的交互式服务对话框长时间不能响应,使得执行的事务不能正常提交,导致整个系统死锁。下面的 Oracle Pro * C 程序将可能频繁出现死锁现象。

```
if (sqlca.sqlcode == 0)
{
    MessageBox(NULL, "操作成功", "提示信息", MB_OK);
    commit;
}
else
{
    MessageBox(NULL, "操作失败", "错误信息", MB_OKCANCEL);
    rollback;
}
```

上述代码从语法上讲并没有错误,但是在实际应用中是不可行的。在事务执行过程中,通过检测 sqlcode 的属性值来判断事务操作是否成功,这时系统会根据 sqlcode 的属性值出现不同的系统提示对话框,用户必须对该对话框做出响应后,程序才能继续执行。由于事务在执行过程中采用交互式的服务对话框,可能会因为用户的长时间未响应对话框,造成事务长时间封锁某些数据,从而导致死锁现象。这时用户误认为事务已经处理完成,实际上,由于没有执行 commit 或 rollback 命令,对数据库的更改并没有最终生效。如何使得交互式操作不影响事务的执行,是交互式系统设计必须解决的一个问题。对上面程序出现死锁现象的解决方法是:先执行 commit 或 rollback 命令,再进行交互式操作。这样,当执行 commit

或 rollback 命令后,该语句有解锁的功能,这时事务已经执行完毕。因此,后面的交互式操作对事务的执行不会产生影响。

3.4　通知发布

通知发布是通过信息系统本身向用户传达必要的信息和执行相应功能的过程。这些信息可以是和信息系统本身功能相关的,也可以是信息系统之外的任何信息。

在信息系统建设和运行的过程中,由于各种原因(如数据整理、数据转存、系统更新等)经常需要暂时中断当前信息系统所有用户对系统的使用;在系统功能改进之后,也需要将改进功能的操作方法及时地告知所有相关用户;甚至企业的相关最新政策都可以借助于信息系统来加以推广告知。基于这种需求,系统如果能够提供向所有用户发布通知的功能,就可以节省大量的人力,也可以使通知传达的有效性得以提高。

通知发布是通过建立通知档案表,用以存储所要发布的通知信息和通知设置,在信息系统主窗口的 Timer 事件中对通知档案信息进行显示,还可以通过在线用户的功能来监控系统的所有当前用户。

1. 数据库表设计

通知发布的功能主要实现两个应用目的:监控系统当前的所有在线用户和向用户发布信息,需要设计系统通知表 Announce、用户登录档案表 Logon 和在线用户档案表 OnlineUsers。在 Powerdesigner 15 中创建概念数据模型 CDM,如图 3.13 所示。

系统通知		用户登录档案		在线用户档案	
编号	N10	序号	N10	进程号	N10
类型	VA10	进程号	N10	用户标识	VA20
标题	VA10	用户标识	VA20	用户姓名	VA20
内容	VA100	摘要信息	VA100	机器编号	VA50
落款	VA50	备注	VA100	计算机名	VA50
起始时间	DT	创建人员	VA20	计算机组名	VA50
终止时间	DT	创建时间	DT	IP地址	VA50
状态	VA10	修改人员	VA20	软件版本	VA20
备注	VA100	修改时间	DT	通知序号	VA100
创建人员	VA20	标志	N1	备注	VA100
创建时间	DT			创建人员	VA20
修改人员	VA20			创建时间	DT
修改时间	DT			修改人员	VA20
标记	N1			修改时间	DT
				标志	N1

图 3.13　通知发布的数据库表概念数据模型设计

然后将 CDM 生成物理数据模型 PDM,此时需要设置数据库管理系统,若选择 Oracle,生成的 PDM 如图 3.14 所示。

系统通知表 Announce 用来存储所有通知信息,其通知档案的添加、修改、查询和删除与通用的档案管理模块完全相同。登录表 Logon 用来记录用户登录和退出系统的信息。在线用户档案表 OnlineUsers 用来存储在线用户的相关信息,一般情况下当用户登录信息系统时向该表插入记录,并记录用户的相关信息,当用户退出信息系统时删除其相应的记

Announce	
Announce_No	NUMBER(10)
Announce_Type	VARCHAR2(10)
Announce_Title	VARCHAR2(10)
Announce_Content	VARCHAR2(100)
Announce_Tail	VARCHAR2(50)
Announce_Startime	DATE
Announce_Endtime	DATE
Announce_Status	VARCHAR2(10)
Announce_Remark	VARCHAR2(100)
Announce_Createman	VARCHAR2(20)
Announce_Createtime	DATE
Announce_Modifyman	VARCHAR2(20)
Announce_Modifytime	DATE
Announce_Flag	NUMBER(1)

Logon	
LogonDoc_No	NUMBER(10)
LogonDoc_ProcessNo	NUMBER(10)
LogonDoc_Identifier	VARCHAR2(20)
LogonDoc_Brief	VARCHAR2(100)
LogonDoc_Remark	VARCHAR2(100)
LogonDoc_Createman	VARCHAR2(20)
LogonDoc_Createtime	DATE
LogonDoc_Modifyman	VARCHAR2(20)
LogonDoc_Modifytime	DATE
LogonDoc_Flag	NUMBER(1)

OnlineUsers	
OnlineU_ProcessNo	NUMBER(10)
OnlineU_Identifier	VARCHAR2(20)
OnlineU_UserName	VARCHAR2(20)
OnlineU_MachineId	VARCHAR2(50)
OnlineU_ComputerName	VARCHAR2(50)
OnlineU_GroupName	VARCHAR2(50)
OnlineU_IpAddress	VARCHAR2(50)
OnlineU_MisVersion	VARCHAR2(20)
OnlineU_AnnounceNo	VARCHAR2(100)
OnlineU_Remark	VARCHAR2(100)
OnlineU_Createman	VARCHAR2(20)
OnlineU_Createtime	DATE
OnlineU_Modifyman	VARCHAR2(20)
OnlineU_Modifytime	DATE
OnlineU_Flag	NUMBER(1)

图 3.14 通知发布的数据库表物理数据模型设计

录。对于非正常退出的用户,其在线记录将在规定的时间段内(目前系统检测周期是 60 秒)被删除。

2. 记录用户登录信息

每个信息系统用户登录信息系统时,系统应该记录用户进程号、用户标识、用户名称、机器号、计算机名称、IP 地址、登录时间等信息。这个功能在系统的登录模块中实现,其中在表 Logon 中存储用户的登录信息,在表 OnlineUsers 中存储在线信息。实现代码如下:

```
BOOL CUserLogon::Logon(CString Userid, CString Pwd)
{
    BOOL ret = Adoconn.RecordExist("UserDoc", "User_Identifier", Userid);
    if(ret)
    {
        CString userpwd, username;
        CString Selstr1 = " select User_Password, User_Name from UserDoc where User_
Identifier = '" + Userid + "'";
        Adoconn.GetRecordSet(Selstr1);
        Adoconn.GetCollect("User_Password", userpwd);
        Adoconn.GetCollect("User_Name", username);

        if(userpwd != Pwd)
        {
            AfxMessageBox("密码不正确!");
            return FALSE;
        }
        else
        {
            //产生一个序号和进程号
            CString LogonNum = GetSequence("LogonNum", 1000);
            CString ProcessNum = GetSequence("ProcessNum", 100);

            //在"用户登录档案"中添加登录信息
            CString Insertstr1 = " insert into Logon (logondoc_no, logondoc_processno,
logondoc_identifier, logondoc_brief) values ('";
```

```
              Insertstr1 += LogonNum + "', '" + ProcessNum + "', '" + Userid + "', '进入系统')";
              Adoconn.ExecuteSQL(Insertstr1);

              //在"在线用户档案"中添加在线信息
              CString Hostname = " ", IPAdress = " ";
              GetHostNameAndIP(Hostname, IPAdress);

              CString Insertstr2 = "insert into onlineusers (onlineu_processno, onlineu_
       identifier, onlineu_username, onlineu_computername, onlineu_ipaddress) values ('";
              Insertstr2 += ProcessNum + "', '" + Userid + "', '" + username + "', '" +
       Hostname + "', '" + IPAdress + "')";
              Adoconn.ExecuteSQL(Insertstr2);

              Userinfor.userid = Userid;
              Userinfor.processno = ProcessNum;
              return TRUE;
          }
      }
      else
      {
          AfxMessageBox("该用户不存在!");
          return FALSE;
      }
  }
```

3. 删除用户信息

每个信息系统用户退出信息系统时,信息系统应该在表 Logon 中存储用户的退出信息,并且在表 OnlineUsers 中删除该用户记录,只有这样,在表 OnlineUsers 中记录的才是当前时刻的所有在线用户。这个功能在系统的主窗口的关闭程序中实现,其实现过程如下:

```
void CAnnounceView::UserExit()
{
    CString LogonNum = logdlg.GetSequence("LogonNum", 1000);
    CString Insertstr1 = "insert into Logon (logondoc_no, logondoc_processno, logondoc_
identifier, logondoc_brief) values ('";
    Insertstr1 += LogonNum + "', '" + Userinfor.processno + "', '" + Userinfor.userid +
"', '退出系统')";
    Adoconn.ExecuteSQL(Insertstr1);
    CString Delstr = "delete from onlineusers where onlineu_identifier = '" + Userinfor.
userid + "'";
    Adoconn.ExecuteSQL(Delstr);
}
```

4. 通知发布模块

在信息系统建设和运行的过程中,包括与信息系统本身功能相关的信息,以及与信息系统本身无关的其他任何信息,都可以通过发布通知的形式及时地告知所有相关用户。

系统管理员可对通知信息进行编辑和发布。通过通用的档案管理模块将通知信息添加到通知档案表 Announce 中,并在必要时对其进行修改和删除,其实现过程请参考通用档案管理模块。其档案浏览界面如图 3.15 所示,编辑界面如图 3.16 所示。

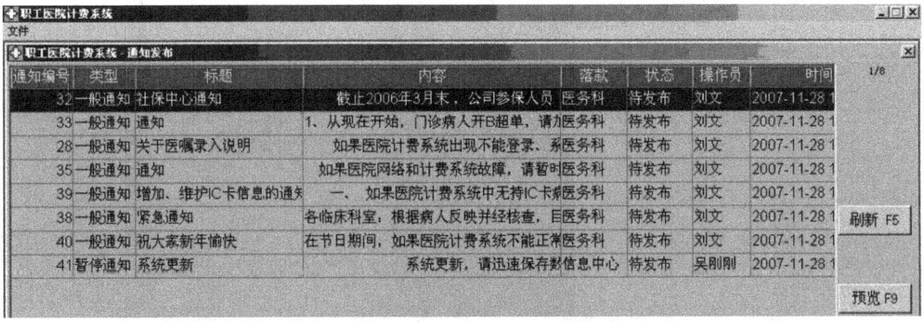

图 3.15　通知档案浏览界面

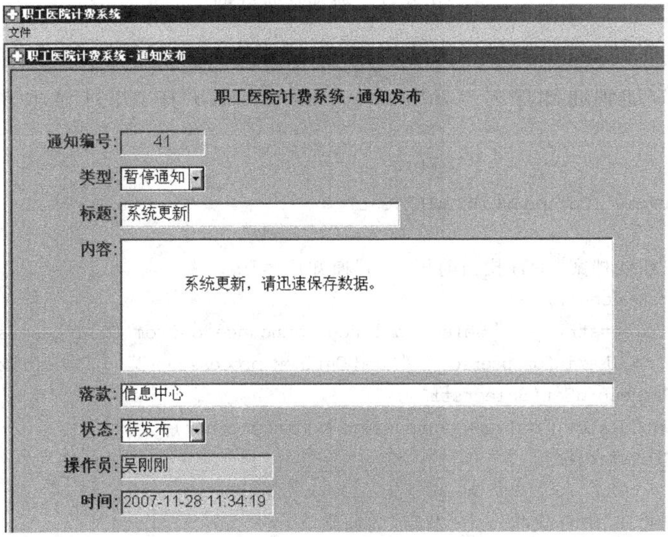

图 3.16　通知档案编辑界面

当普通用户进入系统时,对于"一般通知"类型的通知,如果其设定状态为"已发布",则需要逐个显示通知信息后方可进入系统。如果用户进入系统后再设定好通知,用户将在一定的时间间隔内(目前设置时长为 1 分钟)才能看到通知的内容。

对于"暂停通知"类型的通知,除发布该通知的用户外,其他用户将无法进入系统,在发布该通知前进入的用户也将必须退出。无论哪种情况进入系统的用户,将接收到如图 3.17 所示的界面,要么等待通知撤销后自动进入系统,要么直接退出系统。

在线显示通知功能是通过信息系统的主界面的 Timer 事件实现的。当用户进入系统后,对于普通用户会启动一个定时器,从而每隔一个时间间隔触发一次定时器事件响应函数 OnTimer。在该函数中,首先在表 OnlineUsers 中查找当前用户的通知序号"OnlineU_AnnounceNo",并且在表 Announce 中查找状态为"已发布"的通知序号"Announce_No",然

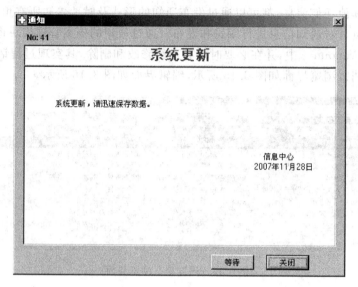

图 3.17　通知发布界面

后逐个检查在用户的通知序号中是否存在该通知。若不存在,则将该通知的序号
"Announce_No"添加到通知序号"OnlineU_AnnounceNo"中,并且显示该通知信息。实现
代码如下:

```
void CAnnounceView::OnTimer(UINT nIDEvent)
{
    //在"用户在线档案"中查找当前用户的"通知序号"
    CString announceno1;
    CString Selectstr1 = " Select onlineu_ announceno from Onlineusers where  onlineu_
identifier = '" + Userinfor.userid + "' and Onlineu_processno = '" + Userinfor.processno + "'";
    Adoconn.GetRecordSet(Selectstr1);
    Adoconn.GetCollect("onlineu_announceno", announceno1);
    Adoconn.CloseTable();

    //在"系统通知"中查找状态为"发布"的通知
    CString announceno2;
    CString Selectstr2 = "Select announce_no from Announce where announce_ status = '发布'
order by announce_no";
    Adoconn.GetRecordSet(Selectstr2);
    int count = Adoconn.GetRecordCount();

    CString num[10];
    int i;
    Adoconn.MoveFirst();
    for(i = 0; i < count; i++)
    {
        Adoconn.GetCollect("announce_no", announceno2);
        num[i] = announceno2;
        Adoconn.MoveNext();
    }
```

```
        Adoconn.CloseTable();

        for(i = 0; i < count; i++)
        {
            if(announceno1.Find(num[i]) == -1) //判断 announceno1 中是否存在 num[i]
            {                          //不存在时添加该通知序号
                announceno1 += num[i] + ",";
                CString Updatestr = " Update Onlineusers set onlineu_announceno = '" +
announceno1 + "'" + " where  onlineu_identifier = '" + Userinfor.userid + "' and Onlineu_
processno = '" + Userinfor.processno + "'";
                Adoconn.ExecuteSQL(Updatestr);

                //显示该通知信息
                CDispMessDlg Dispmessdlg;
                Dispmessdlg.MessNo = num[i];
                Dispmessdlg.DoModal();
            }
        }

        CView::OnTimer(nIDEvent);
}
```

当然，Timer 事件定期触发的特点会给系统带来额外的时间开销，在一定程度上会降低信息系统的运行效率，所以需要信息系统开发人员选择一个合适的时间间隔。一般情况下，选择的时间间隔为 60 秒（即 Timer 事件每隔 1 分钟触发一次）比较适合大多数信息系统的运行环境。这样，用户既不会感觉到系统运行的效率有明显的降低，各种通知也会比较及时地得到发布。定时器的启动及时间设置的实现代码如下：

```
void CAnnounceView::OnShowWindow(BOOL bShow, UINT nStatus)
{
    CView::OnShowWindow(bShow, nStatus);
    if(Userinfor.userid != "admin")  SetTimer(1, 60000, NULL);
}
```

在用户登录信息系统后，直到系统退出前的整个系统运行过程中，如果有需要发布的通知（通知的状态为"已发布"），那么这些通知就会以图 3.15 的通知窗口自动弹出并置于所有其他窗口之上。通知自发布者发布到所有在线用户看到通知，最长的时间为 1 分钟，而且所有用户都能及时看到。

当系统退出时，关闭该定时器。实现代码如下：

```
void CAnnounceView::OnDestroy()
{
    CView::OnDestroy();
    UserExit();
    if(Userinfor.userid != "Admin")  KillTimer(1);
}
```

5. 监测在线用户

在信息系统建设和运行的过程中,经常由于诸如数据整理、数据转存、系统更新等原因需要暂时中断当前信息系统所有用户对系统的操作使用。此时可以利用系统发布通知的功能将系统暂停使用的信息以暂停通知的形式(通知类型设置为"暂停通知")及时地告知所有在线用户。当每个在线用户看到系统暂停通知后就立即退出系统,否则,系统也会在一定的时间间隔(目前设置为 1~2 分钟)后自动强行退出。

作为系统管理员,此时可以通过系统在线用户监测功能来查看所有未退出系统的用户,其监测功能界面如图 3.18 所示。

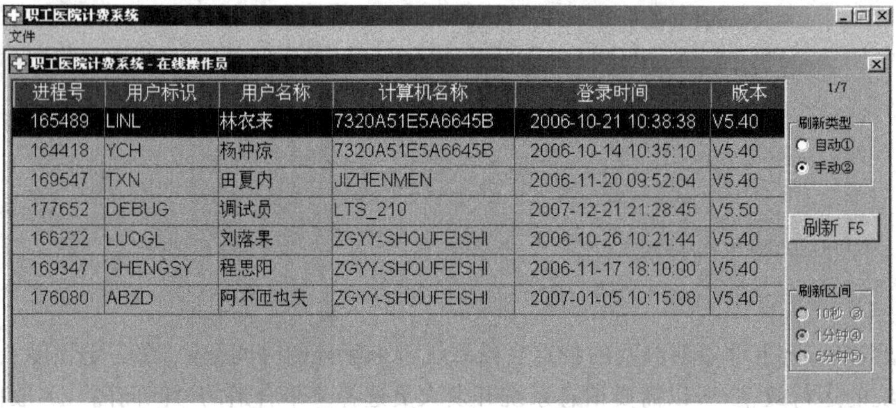

图 3.18   在线用户监测功能界面

为了实现在线用户列表的刷新,可采用自动方式或手动方式。对于自动方式,当打开该显示窗口时,启动该窗口的 Timer 事件,每隔一定时间将会对表 OnlineUsers 进行检索从而更新列表数据。当关闭窗口时,关闭该定时器。

☞ 本 章 小 结

一对多关联关系是关系型数据库的典型关系。一般采用表的拆分来实现从第一范式到第二范式,从第二范式再到第三范式的数据结构优化,在保证数据完整性和一致性的前提下,尽量降低数据的冗余度。一对多表单设计是信息系统数据库结构设计的核心内容,实际设计中常常因用户的要求,或系统实现等多方面的因素而与数据结构优化的原则相悖,需要系统设计人员权衡利弊、综合考虑。在对应关系的用户功能界面设计中,应尽量使数据库中的数据结构与单据的格式,以及用户传统手工业务的操作习惯保持一致。

数据库的数据加锁,也称为数据封锁,是对数据操作的一种约束,是为了保证事务调度的正确性所设置的。事务是一个对数据库的操作序列,是数据库应用程序的基本逻辑单元。一个事务的所有操作要么全做,要么全不做,以保证数据库从事务开始前的一致状态转变为事务提交结束后的一致状态。在数据加锁中操作不当可能造成死锁,因此,在信息系统开发中应使用统一的加锁方法,如按标识符排序加锁法或随机等待加锁法等,以避免死锁的发生。

从回滚与提示中可以看出,程序中仅仅语句顺序的不当可产生长时间的锁等待现象。事实上,在一个事务的执行过程中不能有人机交互操作。

通知发布向用户和设计者提供了一种向所有操作员发布信息和进行系统维护的有效途径,它是通过信息系统主窗口的 Timer 事件的定期触发来实现的。

思 考 题

1. 在图 3.10 中,"学生选课"表的物理模型属性有哪些?

2. 假设你在数据库设计中遇到"一对一"和"多对多"关系,请分别给出你采取的处理方式的概念模型图,并进行说明。

3. 简述两段锁协议的基本思想。

4. 假设你在程序中用到数据加锁,"按标识符排序法"、"随机等待法"或其他方法,你会选择哪种方法? 为什么?

5. 在一个事务中是否可有交互式操作? 为什么?

6. 简述通知发布功能对开发人员和系统用户的作用。

7. 为什么在信息系统中一般使用数据库服务器时间而不使用客户端的计算机时间?

第4章

通用功能——界面设计

本章讲述一些用户界面的设计方法,包括界面风格设计、快捷键设置、进度指示器设计和树形可视图形界面设计。界面风格设计是应用软件开发中的一个重要环节,是影响软件性能的重要因素。本章以录入与查询界面为例,讲述界面结构设计原则、界面布局方法以及界面设计风格。快捷键能够提高对系统的操作速度,可以满足熟练用户的使用要求。Windows 风格的进度指示器是复杂软件运行时一种较好的显示界面。本章使用 VC++ 中的 MFC 框架制作反显进度指示器为例,讨论了 VC++ 设计用户界面的方法。树形视图控件最适合显示具有层次关系的数据,在 Windows 中文件夹和文件(子目录)之间的关系就是树形结构。利用树形结构管理这些数据,不仅可以提高应用的直观性,而且极大地提高了应用程序的可操作性。本章介绍树形结构概念、树形视图数据库设计、树形视图操作方法。

教学要求

(1) 掌握界面风格设计;

(2) 了解快捷键的作用;

(3) 掌握快捷键的设置方法;

(4) 掌握进度指示器的设计;

(5) 掌握树形结构的概念;

(6) 了解树形视图数据检索方法;

(7) 了解树形视图刷新、剪切和拖放操作方法。

重点和难点

(1) 界面风格设计;

(2) 快捷键设置;

(3) 进度指示器设计;

(4) 树形视图实现;

(5) 树形视图刷新、剪切和拖放操作方法。

4.1 界面风格设计

在追求软件功能的同时,软件用户和开发者也越来越注重软件的用户界面。在使用 MFC AppWizard 工具生成 MFC 应用程序框架的过程中,用户可以根据不同应用程序的功能需求设置相应选项,从而在一定程度上满足用户界面需求。录入与查询界面是信息系统设计中最常用的界面之一,是信息系统中不可缺少的部分。到 1990 年后,图形用户界面 (Graphic User Interface,GUI)逐步成为人机交互采用的主要形式。因此,录入与查询界面在结构设计、界面布局、界面风格等方面也应该遵循图形用户界面设计的规范。

4.1.1 三层结构设计

面向对象方法与技术的主要特征之一是继承。继承有单继承和多继承之分。单继承是指一个类只继承另外一个类的属性和服务,而多继承是指一个类继承了两个或两个以上类的属性和服务。图 4.1 给出的 GUI 设计三层结构是以单继承为基础,以设计和编程过程简单以及用户界面友好为目标提出的。它从逻辑上将用户界面设计划分为风格层、模块层和实施层三层。层与层通过继承传递,各层内也可能有继承关系存在。为不失一般性,在以下的描述中,认为一个逻辑层对应一个物理层,即只有层与层之间的继承关系。

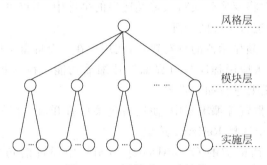

图 4.1 三层树形 GUI 结构

风格层是整个系统界面的模板层,对整个系统界面风格的设计起主导作用,包括界面的色调和对象布局等。

模块层的模块指系统相关业务模块,该层是基于问题域考虑的,以系统业务划分模块。它既继承了风格层的界面风格,又在用户界面中引入了能适应业务特点的变异成分,是系统界面风格与系统业务的结合体。

实施层是最底层,是系统业务的具体执行层。同样,它是系统风格、业务风格和具体业务实施操作界面需求的结合体。

对于图 4.1,一个节点对应一个类,因此,下层是相应上层的子类。风格层类界面是各模块层类的公有部分,但不尽如此。在模块层继承风格层后,对于不需要部分可通过可视属性对其进行隐藏。另外在三层结构中,应尽量避免沿某些枝过多地继承,如果物理上继承层太深,对系统的扩充和维护工作会带来不便。

4.1.2 界面布局

屏幕界面布局是由各个界面构件在屏幕界面中的位置、大小、图样等构成的整体屏幕格局。在系统应用中,除后来动态改变外,对象的绝大部分属性,如大小、布局、形状和色调等都是开发阶段的再现。因此,经常会出现用户界面与分辨率不协调的情况。分辨率越低,用户界面显得越大,有些部分超出屏幕范围而无法看到;反之,分辨率越高,界面越小,有时会给查看带来困难。虽然绝大部分编程语言的对象有 maximum、minimum 和 normal 属性,但这些属性与布局无关。对于不适当的分辨率,常常产生头重脚轻的视觉现象。利用简单的缩放变换,在一定范围内能消除这种现象。

假设水平方向的建议分辨率,即开发时所选用的并希望系统运行时所采用的分辨率为 X_0,系统运行分辨率为 X_r。于是,水平方向的比例为 $R=X_r/X_0$,所有对象水平方向的坐标和宽度变换后为:

$$X \sim = R \cdot X, \quad W \sim = R \cdot W$$

其中,X 和 $X\sim$ 分别为变化前后的横向坐标,W 和 $W\sim$ 分别为变化前后的宽度。垂直方向变换与水平变换类似。不难看出,上面的变换公式在实际中的一定范围内可用。①如果 $R \ll 1$,这时可能造成对象内的文字显示不全,或未缩小的对象之间产生重叠,有可能导致无法正常操作;②如果 $R \gg 1$,这时对象之间空间变大,对象本身也变大,可能在对象内部产生同样的布局不合理现象。但与①相比,无论如何不会出现重叠或超出显示范围的现象。在三层结构中,只要将变换公式写入根类适当的事件中,不仅可以实现系统的界面布局而且也方便对系统布局进行统一的管理。

随着高分辨、宽屏液晶显示器的日益普及,使用户在一个屏幕上同时浏览多个完整界面信息成为可能。这就要求应用程序具有界面等比缩放功能。在 MFC 编程中,为了使对话框具有缩放功能,首先需要进行如下设置。

一种方式是在对话框资源编辑器中,使用右键菜单打开对话框属性窗口,选择 style 选项卡,在 Border 组合框中选择 Resizing 选项。

另一种方式是在对话框类的 OnInitDialog() 函数中通过语句"ModifyStyle(0, WS_SIZEBOX);"可设置对话框尺寸为可变的。

当拉动对话框边缘进行缩放时,其中所有控件的位置和大小也应随着对话框的大小按比例进行变化。为此,在初始化时需要获取并存储每个控件的位置和大小。而当调整对话框的大小时,系统将向对话框发送 WM_SIZE 消息,在其映射函数中对每个控件的原始位置和大小进行等比例缩放即可。具体实现步骤如下。

(1) 在对话框类的 OnInitDialog() 函数中获取当前对话框及其中所有控件的原始位置和尺寸。可定义如下数据结构用于存储控件信息:

```
typedef struct tagCONTROL
{
    CWnd * m_pWnd;              //指向控件的指针
    CRect m_rect;              //控件所占区域
}ControlInfo;
```

使用 list 容器存储多个控件信息,需要在对话框类头文件中添加头文件及命名空间:

```
#include <list>
using namespace std;
```

为对话框类定义成员变量:

```
list<ControlInfo> CtlList;
list<ControlInfo>::iterator it;
```

```
int m_MinWidth, m_MinHeight;
int m_ClientWidth, m_ClientHeight;
```

在 OnInitDialog()函数中添加代码：

```
ModifyStyle(0, WS_SIZEBOX);                        //设置对话框为可变大小
//以对话框的初始大小作为对话框的宽度和高度的最小值
CRect rectDlg;
GetWindowRect(rectDlg);
m_MinWidth = rectDlg.Width();
m_MinHeight = rectDlg.Height();
//得到对话框 client 区域的大小
CRect rectClient;
GetClientRect(rectClient);
m_ClientWidth = rectClient.Width();
m_ClientHeight = rectClient.Height();
ControlInfo temp;
CWnd * pWndCtrl = this -> GetWindow(GW_CHILD);      //获取第一个控件子窗口指针
while(pWndCtrl != NULL)
{
    temp.m_pWnd = pWndCtrl;
    temp.m_pWnd -> GetWindowRect(temp.m_rect);
    ScreenToClient(&temp.m_rect);                  //将控件大小转换为在对话框中的区域坐标
    CtlList.push_back(temp);
    //获取下一个控件子窗口指针
    pWndCtrl = pWndCtrl -> GetWindow(GW_HWNDNEXT);
}
```

（2）为对话框添加 WM_SIZE 消息的映射函数"void OnSize(UINT nType，int cx，int cy);"，在该函数中设置每个控件的位置和大小。在 OnSize()函数中添加如下代码：

```
//计算窗口宽度和高度的改变比例
double IncX = fabs(cx - m_ClientWidth)/m_ClientWidth;
double IncY = fabs(cy - m_ClientHeight)/m_ClientHeight;
int left, top, width, height;
it = CtlList.begin();
while(it != CtlList.end())
{
    CWnd * pWnd = it -> m_pWnd;
    if(IsWindow(pWnd -> GetSafeHwnd()))
    {
        left = it -> m_rect.left;
        top = it -> m_rect.top;
        width = it -> m_rect.Width();
        height = it -> m_rect.Height();

        left += IncX * left;
        top += IncY * top;
        width += IncX * width;
```

```
            height += IncY * height;

            pWnd->MoveWindow(left, top, width, height);
            it++;
        }
    }
```

如果设置对话框的 Border 属性为 Resizing,程序运行时用鼠标拖动改变对话框的大小时,对话框尺寸没有最小限制。而一个设计良好的界面一般会有一个最小范围,在这个范围内安排界面布局。通常情况下不希望界面尺寸小于这个最小范围,那么可以添加 WM_GETMINMAXINFO 消息,在消息处理函数中对对话框的大小进行限制,代码如下:

```
void CXXXDlg::OnGetMinMaxInfo(MINMAXINFO* lpMMI)
{
    lpMMI->ptMinTrackSize.x = m_MinWidth;
lpMMI->ptMinTrackSize.y = m_MinHeight;
CDialog::OnGetMinMaxInfo(lpMMI);
}
```

另外,为了能在 MFC ClassWizard 中添加 WM_GETMINMAXINFO 消息的映射函数,需要进行一项高级设置。打开 MFC ClassWizard 窗口后,选择 Class Info 选项卡,然后在 Advanced options 选项栏的 Message filter 组合框中选择 Window 选项。这样,在 Message Maps 选项卡中,才可以在对话框类的消息列表中看到 WM_GETMINMAXINFO 消息。

4.1.3 界面风格

在使用 AppWizard 创建应用程序的过程中,可以通过各种选项设置生成不同风格的用户界面,例如是否支持数据库操作,是否包含工具栏、状态栏和打印功能,以及 3D 控件和"关于"对话框等。用户通过菜单、工具栏以及对话框可以很方便地实现与系统的交互操作。

界面风格是指在不同的屏幕界面设计中所表现出来的特色和个性。对于一个具有统一界面风格的系统,它不仅使用户在视觉上感到友好,而且给学习和使用该系统的用户带来方便。在面向过程的编程中,为使界面风格统一,必须在系统编程的工作组内制定一系列严格的规定,指导界面编程。即使如此,在很大程度上也很难真正达到界面风格统一的目的。基于面向对象编程环境的三层树形 GUI 结构,有助于界面保持一致。对于一个系统的用户界面设计,首先要确定它的使用对象,在考虑系统业务需求的基础上兼顾使用者的爱好,如色调和布局等,设计出系统界面的整体风格,即风格层;模块层的设计与业务关系更为密切,模块本身的划分是以业务为基础的,一般地,该层的模块对应于一个系统的业务模块;实施层是具体业务实现层,它的设计除受到上层界面的影响外,还受到编程人员在界面设计方面素质的影响。如果相关文档规定得细致、严格,则这种影响小,否则影响较大。

下面以信息系统最常用的用户界面之一——软件质量度量工具基本信息模块的查询与录入界面为例,说明三层结构的编程过程。

查询录入功能首先是概貌浏览,在该界面中有下列常用功能按钮:【刷新】、【浏览】、【增加】和【删除】,另外还有较通用的、以弹出式菜单方式操作的功能:排序、查询、过滤和打印等。

首先创建一个风格层的类,风格层类名为 CStyleBase,其 VC++环境下编程阶段的用户界面见图 4.2,它是根对话框类。因为界面的调用在实施层,所以该界面不会在信息系统中被调用。按钮【length】是一个模板按钮,不在系统运行过程显示,它规定了其他按钮的形状和横向坐标位置。

在模块层中,有三个继承 CStyleBase 的派生类 CSbBrowse、CSbEnter 和 CSbEdit,分别对应浏览、录入和编辑功能,浏览界面见图 4.3(a),录入和编辑界面见图 4.3(b)。虽然录入和编辑界面外形一样,但它们的【保存】按钮中的程序差别比较大。当然这两个功能也

图 4.2 风格层用户界面

可以合用一个类,但为了避免相互干扰,建议采用两个类,各自完成相应的功能。

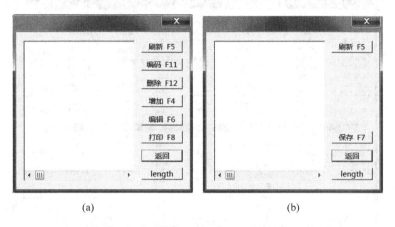

(a)   (b)

图 4.3 模块层编程阶段用户界面

在软件质量度量工具的基本信息模块层下有"软件系统信息"和"方案信息"等多项具体的查询与录入功能界面,它们属于实施层,完成浏览、录入和编辑功能的类从相应的类中继承得到。浏览类名称和相应菜单的对应关系见表 4.1,这些类均从 CSbBrowse 类继承而得到。

表 4.1 浏览类名称和菜单对应表

浏览类名称	菜单功能
CProject_browse	软件系统信息
CScheme_browse	方案信息
CQuality_browse	质量特性设置
CSubcharacter_browse	质量子特性设置
CMetric_browse	度量特性设置
CStandard_browse	度量标准设置

录入界面应该包括信息系统中的各项数据,并按照特定的格式进行输入。在录入界面中除要考虑内容的完整性外,还要保证数据的一致性,同时还应该简单、规范并符合用户习惯。查询界面是提供信息的检索、查询和统计输出的人机界面。用户可以在查询界面中指

定查询条件,信息系统根据给定的查询条件进行信息查询,并把查询的结果在查询界面中按照预先设计的格式输出。

图 4.4 为查询与录入的第一个界面,窗口整体为概貌浏览方式,双击选中项之后进行详细浏览(对于有浏览按钮的窗口,相当于单击【浏览】按钮)。录入方式分为两种:一种是单击【增加】按钮,可进行信息的添加,如图 4.5 所示;一种是单击【编辑】按钮,可对选定记录进行信息的修改,界面与图 4.5 类似。在窗口上单击鼠标右键,可进行查询、过滤、排序及打印操作。对于查询操作,它既支持单条件查询又支持多条件组合查询。列名下的列表项来源于浏览窗口中的标题栏,自动保持了二者的一致性。过滤操作将不符合条件的记录过滤掉,而查询操作将指示条指向第一个满足条件的记录。排序分两种形式:一种是单标题排序,用鼠标单击窗口中的标题,将按该标题对应数据的增序排列,再次单击将按上次的逆序排序;另一种是组合条件排序,按多个标题的增序或逆序排列数据。

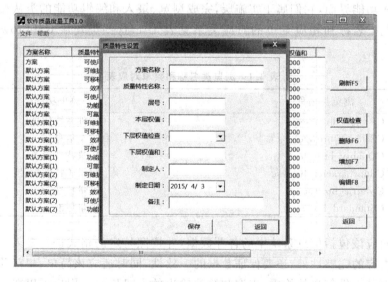

图 4.4　查询概貌浏览

图 4.5　录入界面

4.1.4　单对话框界面

在某些软件系统的应用中,同一时间内只允许多个用户界面的一个界面出现,即该界面关闭之前,其他界面对用户是不可见的。最直接的方法是,在打开某个界面前关闭其他所有界面。如有些管理信息系统中的浏览界面,它的打开顺序是,首先打开概貌浏览界面,该界面信息量大,可浏览信息的全貌,但对每条信息不细致,在此界面上,可选定欲详细浏览的信息条目,再打开详细浏览界面。但是当浏览完毕,关闭浏览界面时又需要显示概貌界面,对此,在打开详细界面前先隐藏概貌界面,即设置界面的窗口属性为隐藏。

为此,在 SQMeasure 工程中,以"质量特性设置"编辑对话框为例,需要进行下面的设计。

(1) 修改 CSQMeasureDlg 类的 OnEdit()函数,先隐藏当前窗口,再打开下级窗口。代码如下:

```
void CSQMeasureDlg:: EditData ()
{
    int index = m_cListQuery.GetSelectionMark();
    if(index == -1)
    {
        MessageBox("请选择记录", "提示", MB_ICONWARNING | MB_OK);
        return ;
    }
    this->ShowWindow(SW_HIDE);
    CPropertyEditDlg psEditDlg(this);
    psEditDlg.DoModal();
}
```

(2) 在"质量特性设置"对话框的"返回"按钮映射函数中添加代码如下,即返回上级窗口时,先关闭当前窗口,再设置上级窗口属性为可见。

```
void CPropertyEditDlg::OnOK()
{
    if(pSQMDataDlg != NULL)
    {
        this->SendMessage(WM_CLOSE);
        pSQMDataDlg->ShowWindow(SW_SHOW);
        CDialog::OnOK();
    }
}
```

4.2　快捷键设置

Windows 快捷键又称为快速键或热键,指通过某些特定的按键、按键顺序或按键组合来完成一个操作,从而可以代替鼠标快速完成一些工作。系统级快捷键可以全局响应,不论当前焦点在哪里、运行什么程序,按下快捷键时都能起作用。应用程序级快捷键只能在当前活动的程序中起作用。当应用程序在后台运行时,快捷键就会失去作用。快捷键对于一个信息系统开发者来说,作用不一定明显,但对于一个信息系统最终用户可能很有用。因为最终用户可能只操作系统的一个或几个功能模块,而且频繁操作这几个模块,如果使用快捷键就很快能进行熟练操作,减少操作失误率,提高工作效率。所以在信息系统开发中最好根据用户操作习惯为每个操作按钮加上快捷键功能。

在面向对象开发环境中,利用继承机制,只需在父类窗口适当位置加上较为通用的相应程序,其他后继类可直接使用。同时在编程过程中做一些适当的约定,既可符合通常操作习惯,也能达到一些定制操作的目的。

4.2.1　注册快捷键

快捷键通常与 Ctrl 键、Shift 键、Alt 键、Fn 键以及 Windows 键配合使用。首先要为系统选定快捷键,如从 F2 到 F12,也可以选择其他除系统已定义的特殊功能键(如 F1)外的任何键。在系统开发中为特定的菜单命令或按钮设置快捷键,应该在菜单命令或按钮标题中包括键名,例如,为“保存”按钮“Save”设置快捷键 F3,可以设置该按钮的标题为“Save_F3”。为了使特定按键成为快捷键,首先必须对其进行注册。快捷键注册函数原型如下:

```
BOOL RegisterHotKey(HWND hWnd, int id, UINT fsModifiers, UINT vk);
```

其中参数:
- hWnd:为响应该快捷键的窗口句柄,若该参数为 NULL,则传递给线程的 WM_HOTKEY 消息必须在消息循环中进行处理。
- id:为该快捷键的唯一标识符。
- fsModifiers:为该快捷键的辅助按键,取值可为 MOD_ALT、MOD_CONTROL、MOD_SHIFT、MOD_WIN,可通过 MOD_ALT|MOD_CONTROL 进行叠加,需要同时按下 Alt 和 Ctrl 键。
- vk:为该快捷键的虚拟键值。

若 RegisterHotKey() 函数调用成功,则返回一个非 0 值,否则返回值为 0。

在 SQMeasure 工程中,可以为“刷新”、“删除”、“增加”和“编辑”按钮设置快捷键,如图 4.4 所示。为了测试按键对应的按钮,需要存储按钮标题。操作步骤如下。

(1) 在 CSQMeasureDlg 类的头文件中定义快捷键的起始标识码,如下代码:

```
#define WM_MYHOTKEY WM_USER + 1000
```

(2) 为 CSQMeasureDlg 类定义成员变量,如下代码:

```
int m_StartKeyId, m_CurKeyId;
CString m_ButtonTitle[4];          //存储按钮标题
int m_HotkeyId[4];                 //存储快捷键标识码
```

（3）在 CSQMeasureDlg 类的构造函数中进行初始化，如下代码：

```
m_StartKeyId = WM_MYHOTKEY;
m_CurKeyId = m_StartKeyId;
AfxGetApp()->m_pszAppName = "提示信息";  //修改信息对话框的标题
```

（4）为 CSQMeasureDlg 类添加成员函数 HotKeySet()，调用 RegisterHotKey() 函数实现快捷键注册功能。如果 RegisterHotKey() 函数注册快捷键成功，则获取该快捷键对应按钮的标题，并存储在数组 m_ButtonTitle 中。代码如下：

```
void CSQMeasureDlg::HotKeySet()
{
    int hotkey[4] = {VK_F5, VK_F6, VK_F7, VK_F8};
    int ID[4] = {IDC_REFRESH, IDC_DELETE, IDC_INSERT, IDC_EDIT};

    for(int i = 0; i < 4; i++)
    {
        m_HotkeyId[i] = m_CurKeyId;
        if((RegisterHotKey(GetSafeHwnd(), m_HotkeyId[i], NULL, hotkey[i])))
        {
            m_CurKeyId++;
            CWnd * pWnd = GetDlgItem(ID[i]);
            pWnd->GetWindowText(m_ButtonTitle[i]);
        }
        else AfxMessageBox("快捷键设置失败");
    }
}
```

当程序启动时，调用 HotKeySet() 函数便可实现快捷键的注册。为此在 CSQMeasureDlg 类的成员函数 OnInitDialog() 中添加调用语句"HotKeySet();"即可。

4.2.2 执行快捷键功能

一旦快捷键设置成功，在程序运行过程中如果有相应的键被按下，Windows 系统会在所有的快捷键中寻找一个匹配的快捷键，然后把 WM_HOTKEY 消息传递给注册了该快捷键的线程的消息队列。在 MFC ClassWizard 工具中没有列出 WM_HOTKEY 消息，所以不能自动映射该消息的响应函数，而必须手动完成。在 SQMeasure 工程中，操作步骤如下。

（1）在 CSQMeasureDlg 类定义中，在 DECLARE_MESSAGE_MAP() 宏前面加入函数声明：

```
afx_msg LONG OnHotKey(WPARAM wParam, LPARAM lParam);
```

其中参数：
- wParam 表示所注册的快捷键标识码。
- 参数 LOWORD(lParam) 为快捷键的辅助按键。

■ HIWORD(lParam)为快捷键的键值。

（2）在 CSQMeasureDlg 类的 cpp 文件中，在"BEGIN_MESSAGE_MAP(CSQMeasureDlg, CDialog)"宏与"END_MESSAGE_MAP()"宏之间，并在"//}}AFX_MSG_MAP"后面加入自定义消息映射宏：

```
ON_MESSAGE(WM_HOTKEY, OnHotKey)
```

（3）在 CSQMeasureDlg 类的 cpp 文件中添加 OnHotKey 函数的定义。程序运行时，当按下快捷键时显示相应按钮标题，并且若按钮标题为"编辑 F8"，则调用 EditData() 函数打开编辑对话框。代码如下：

```
long CSQMeasureDlg::OnHotKey(WPARAM wParam, LPARAM lParam)
{
    for(int id = m_StartKeyId; id <= m_CurKeyId; id++)
    {
        if(id == wParam)
        {
            AfxMessageBox(m_ButtonTitle[id % m_StartKeyId]);
            if(HIWORD(lParam) == VK_F8)EditData();
            break;
        }
    }
    return 0;
}
```

执行程序，当在列表框中选择待编辑记录行后，按下 F8 功能键，则先弹出"提示信息"对话框，如图 4.6 所示。

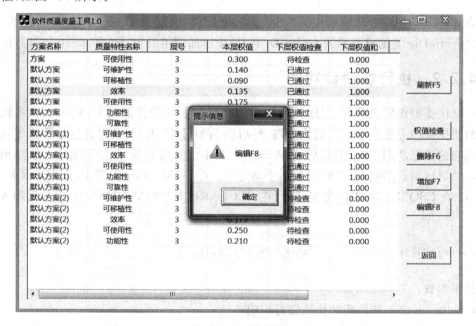

图 4.6 "编辑 F8"按钮快捷键测试

单击"确定"按钮关闭"提示信息"对话框后，就会看到"质量特性设置"对话框，如图 4.7 所示，此时主窗口对话框是隐藏的。当单击"返回"按钮关闭该对话框后会显示主窗口对话框界面。

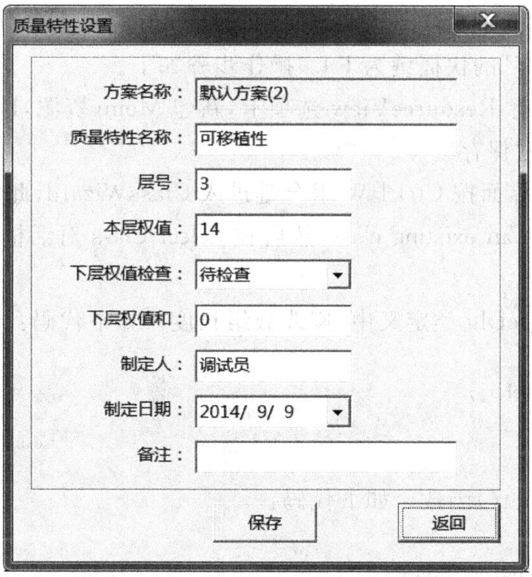

图 4.7　"质量特性设置"对话框

4.2.3　注销快捷键

当程序退出时，需要对注册的快捷键进行注销。首先在 MFC ClassWizard 工具中为 DestroyWindow 消息添加响应函数，在该函数中调用 UnregisterHotKey() 函数实现已注册快捷键的释放。该函数原型为：

```
BOOL UnregisterHotKey( HWND hWnd, int id);
```

其中参数：

- hWnd：为与被释放的快捷键相关的窗口句柄。若快捷键不与窗口相关，则该参数为 NULL。
- id：为快捷键的标识码。

若 UnregisterHotKey() 函数调用成功，返回值不为 0，否则返回值为 0。

在 SQMeasure 工程中，代码如下：

```
BOOL CSQMeasureDlg::DestroyWindow()
{
    for(int i = 0; i < 4; i++) UnregisterHotKey(GetSafeHwnd(), m_HotkeyId[i]);
    return CDialog::DestroyWindow();
}
```

4.2.4 菜单快捷键

在基于对话框的应用程序中,也可以设计用户菜单,为菜单设置快捷键的方法与按钮快捷键设置方法是相同的。下面在 SQMeasure 工程中,为主对话框窗口添加菜单"文件→保存",并设置菜单项"保存"的快捷键为 F9。操作步骤如下。

(1) 在工作区中选择 ResourceView 选项卡,新建 Menu 资源,ID 为 IDR_FILEMENU,为其添加菜单"文件"→"保存"。

(2) 在 Menu 资源界面按 Ctrl+W 组合键进入 ClassWizard,此时会弹出一个 Adding a class 对话框,选中 Select an existing class,然后在 Select Class 对话框中选中 CSQMeasureDlg 类。然后单击 OK 按钮。

(3) 在 CSQMeasureDlg 类定义中,修改数组长度。如下代码:

```
CString m_ButtonTitle[5];
int m_HotkeyId[5];
```

(4) 修改 HotKeySet()函数。如下代码:

```
void CSQMeasureDlg::HotKeySet()
{
    int hotkey[5] = {VK_F5, VK_F6, VK_F7, VK_F8, VK_F9};
    int ID[5] = {IDC_REFRESH, IDC_DELETE, IDC_INSERT, IDC_EDIT, ID_FILESAVE};

    for(int i = 0; i < 5; i++)
    {
        m_HotkeyId[i] = m_CurKeyId;
        if((RegisterHotKey(GetSafeHwnd(), m_HotkeyId[i], NULL, hotkey[i])))
        {
            if(i!= 4)
            {
                CWnd * pWnd = GetDlgItem(ID[i]);
                pWnd->GetWindowText(m_ButtonTitle[i]);
            }
            else m_ButtonTitle[i] = "保存";
            m_CurKeyId++;
        }
        else AfxMessageBox("快捷键设置失败");
    }
}
```

(5) 修改 OnHotKey()函数。如下代码:

```
long CSQMeasureDlg::OnHotKey(WPARAM wParam, LPARAM lParam)
{
    for(int id = m_StartKeyId; id <= m_CurKeyId; id++)
    {
```

```
        if(id == wParam)
        {
            AfxMessageBox(m_ButtonTitle[id % m_StartKeyId]);
            if(HIWORD(lParam) == VK_F8)EditData();
            if(HIWORD(lParam) == VK_F9) SaveData();
            break;
        }
    }
    return 0;
}
```

（6）为 CSQMeasureDlg 类添加成员函数 SaveData()实现数据的保存处理（略）。

（7）修改 DestroyWindow()函数。如下代码：

```
BOOL CSQMeasureDlg::DestroyWindow()
{
    for(int i = 0; i < 5; i++) UnregisterHotKey(GetSafeHwnd(), m_HotkeyId[i]);
    return CDialog::DestroyWindow();
}
```

在文档/视图结构应用程序中，为菜单设置快捷键，需要为 CView 类的派生类添加 WM_CREATE 消息映射函数，在其中通过 LoadAccelerators()函数为系统加载快捷键，并重载 PreTranslateMessage 函数，以后只需要在 Accelerator 资源中为菜单项添加快捷键资源即可。这种方法对基于对话框的应用程序设置菜单快捷键同样适用。

下面在 SQMeasure 工程中，为主对话框窗口添加子菜单"帮助|查看帮助 Ctrl＋H"，并设置菜单项"查看帮助"的快捷键为 Ctrl＋H。操作步骤如下。

（1）打开"IDR_FILEMENU"菜单资源，添加子菜单"帮助|查看帮助"，设置"查看帮助 Ctrl＋H"的 ID 为"ID_HELP"。

（2）为 CSQMeasureDlg 类添加成员变量 HACCEL hAccel。

（3）在 CSQMeasureDlg 类的 OnInitDialog()中添加代码如下。

```
hAccel = ::LoadAccelerators(AfxGetInstanceHandle(),
MAKEINTRESOURCE(IDR_ACCELERATOR1));
```

（4）在 MFC ClassWizard 工具中，为 CSQMeasureDlg 类添加 PreTranslateMessage 消息映射函数，并添加代码如下。

```
BOOL CSQMeasureDlg::PreTranslateMessage(MSG * pMsg)
{
    if(::TranslateAccelerator(GetSafeHwnd(), hAccel, pMsg))  return true;
    return CDialog::PreTranslateMessage(pMsg);
}
```

（5）在 MFC ClassWizard 工具中，为 CSQMeasureDlg 类添加"查看帮助 Ctrl＋H"菜单的响应函数，添加示例代码如下。

```
void CSQMeasureDlg::OnHelp()
{
    AfxMessageBox("查看帮助");
}
```

运行程序,测试菜单功能,当按下 Ctrl+H 快捷键时,系统运行界面如图 4.8 所示。

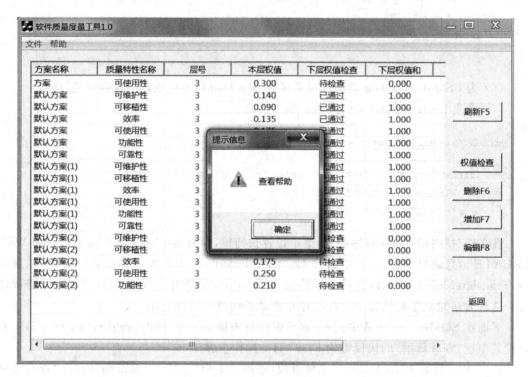

图 4.8　菜单快捷键测试

4.3　进度指示器

计算机应用软件经常要完成一些较复杂的功能。当软件完成这些任务时通常要延续较长一段时间,此时如果不动态地显示一些信息,一方面会使用户怀疑是否死机,另一方面当用户发现操作有误需要中断时也无法进行。Windows 风格的进度指示器窗口是复杂软件运行时一种较好的人机交互界面。

下面描述一种用 VC++ 制作的进度条文本采用反显方式的进度指示器,如图 4.9 所示,对其做适当的修改,可得到满足不同要求的一些进度指示器的变种,比如用过渡色制作进度指示器等。另外,此方法也可用于其他面向对象环境用户界面的设计。

进度指示器设计的主要思路是:整个进度指示器由两个进度条组成,它们大小相同,位置重叠,进度条的前景色与背景色互反。例如,上层进度条为红底白字,底层进度条为白底红字。每个进度条包括两个编辑框控件,一个用于控制显示进度条的背景色,一个用于控制显示进度条的进度值(以下分别简称背景编辑框和文本编辑框)。下层进度条以白底红字居中显示进度值,并且两个编辑框的大小和位置不变。随着进度的增加,上层进度条的长度随之变化,也即背景编辑框长度逐渐增加,并且当长度超过一定值时,其相应的文本编辑框长度也随之变化,并且以白色字体在与底层文本相同的位置显示其进度值。这两个进度条重叠显示后的结果如图4.9所示。为了观察清楚起见,将两个进度条分开,其显示界面如图4.10所示。

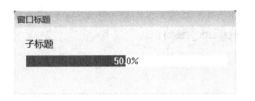

图4.9 进度条文本反显

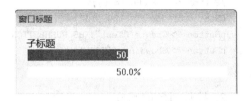

图4.10 两个进度条不重叠的显示方式

4.3.1 动态控件对象

在VC++集成开发工具中,可以直接从控件工具栏中将控件拖进对话框编辑窗口中,这样就会生成一个静态控件对象。然后可以根据需要在控件属性窗口中修改控件属性,包括控件ID、控件标题等。当对话框被显示时,其上的静态控件对象就会显示出来。因此设计人员不用编写或只需编写很少的程序代码,就能完成应用程序的用户界面设计,从而极大地提高设计人员的工作效率,缩短应用程序开发周期。

动态控件对象是指在程序运行过程中创建的控件。动态控件对象的创建需要一定的编码才能实现,但在某些情况下,使用它可以进行界面的动态改变,实现静态控件对象不能提供的效果,如界面的动态显示等。

1. 动态控件对象的创建

MFC提供了封装控件的类,动态控件对象的创建需要调用其相应类的成员函数Create()。以按钮控件为例,其控件类为CButton,Create()成员函数原型为:

```
BOOL Create(LPCTSTR lpszCaption, DWORD dwStyle, const RECT& rect, CWnd * pParentWnd, UINT nID );
```

其中参数:

- lpszCaption:指定按钮控件的文本。
- dwStyle:指定按钮控件的风格。
- rect:指定按钮控件的大小和位置。
- pParentWnd:指向按钮控件的父窗口指针,不能为NULL。
- nID:指定按钮控件的ID号。

如果控件创建成功则返回值为非零值,否则返回值为0。

创建控件前必须为控件设置一个ID号。创建方法是在工作区中打开资源视图选项卡,双击"String Table",然后在空白行上双击鼠标,这时会弹出一个ID属性对话框,在其中的ID编辑框中输入ID,在Caption中输入控件标题或注解(注:Caption框不能为空,为空会导致创建失败),输入完成后按 Enter 键或关闭该对话框,在 Resource.h 文件中会添加相应的宏定义。

若已定义按钮"测试"的 ID 为 IDC_TEST,父对话框类为 CXXXDlg,为其定义成员变量"CButton ＊pButton;",在其成员函数 OnInitDialog 中创建动态按钮,添加代码:

```
pButton = new CButton();
CRect rect(50, 50, 150, 100);
pButton->Create("Test", BS_PUSHBUTTON, rect, this, IDC_TEST);
pButton->ShowWindow(TRUE);
```

2. 控件对象的响应

动态控件的消息响应函数不能使用 ClassWizard 工具添加,需要手工添加。为"测试"按钮添加鼠标单击消息响应函数的步骤如下。

(1) 在 CXXXDlg 的源文件中,在"BEGIN_MESSAGE_MAP(CXXXDlg,CDialog)"宏和"END_MESSAGE_MAP()"宏之间添加 BN_CLICKED 消息的响应函数 OnTest,手工添加时不要添加到 AFX_MSG_MAP 区间内。例如:

```
BEGIN_MESSAGE_MAP(CXXXDlg, CDialog)
//{{AFX_MSG_MAP(CXXXDlg)
… …
//}}AFX_MSG_MAP
ON_BN_CLICKED(IDC_TEST, OnTest)
END_MESSAGE_MAP()
```

(2) 在 CXXXDlg 的头文件中,添加 OnTest 函数声明。用 ClassWizard 添加函数时,会在头文件的 AFX_MSG 区间内添加函数声明,手工添加时添加到 AFX_MSG 区间外。例如:

```
//{{AFX_MSG(CXXXDlg)
    … …
//}}AFX_MSG
afx_msg void OnTest();
DECLARE_MESSAGE_MAP()
```

(3) 编写消息响应函数。在 CXXXDlg 的源文件中完成消息响应函数的定义,例如:

```
void CXXXDlg::OnTest()
{
    AfxMessageBox("hello");
}
```

3. 动态控件对象的释放

由于动态控件对象是由 new 运算符生成的,它占用的资源不会被程序自动释放,所以需要手工释放,在控件不再使用时将其删除。当关闭对话框时会引发 WM_DESTROY 消息,因此可以在该消息响应函数 OnDestroy 中进行资源的释放。以上面的动态按钮为例,在 ClassWizard 工具中添加 WM_DESTROY 消息响应函数,添加代码如下:

```
delete pButton;
```

4.3.2 进度条控制

在进度指示器设计中,进度条的长度可依赖于父窗口的宽度 picwid 动态确定。只需根据实际任务进度 percent 更新底层进度条和上层进度条的进度值,以及上层进度条的背景编辑框的长度。设置文本编辑框宽度为 TEXTWIDTH,文本编辑框在背景编辑框中居中显示。设置 percent 的取值范围为 0~1,若定义底层进度条矩形对象 rectBot,则上层背景编辑框长度更新为 rectBot. Width( ) * percent,在文本编辑框中显示进度为 percent * 100%。

构成进度指示器的 4 个编辑框控件都采用动态创建方式,可以将它们组合为动态控件数组进行管理和使用。编辑框控件类为 CEdit,Create()成员函数原型为:

```
BOOL Create( DWORD dwStyle, const RECT& rect, CWnd * pParentWnd, UINT nID );
```

其中参数:

- dwStyle:指定编辑框控件的风格,可以是下列风格的组合:ES_AUTOHSCROLL、ES_AUTOVSCROLL、ES_CENTER、ES_LEFT、ES_RIGHT、ES_LOWERCASE、ES_UPPERCASE 、ES_MULTILINE、ES_NOHIDESEL、ES_OEMCONVERT、ES_PASSWORD、ES_READONLY、ES_WANTRETURN。
- rect:指定编辑框控件的大小和位置。
- pParentWnd:指向编辑框控件父窗口的指针。
- nID:指定编辑框控件的 ID 号。

1. 底层进度条

底层进度条以白底红字进行显示,两个编辑框的相对位置和宽度不变,而进度条的长度需要参考父窗口宽度 picwid,故以此为参数设计 CreateBotEdit 函数,用于创建并显示两个编辑框,其原型为:

```
void CreateBotEdit(int picwid);
```

(1)背景编辑框。以动态方式创建背景编辑框,做如下定义:

```
CEdit * pEditBot;
CRect  rectBot;,
```

若设置宽度为 20,长度为 picwid-40,创建代码为:

```
rectBot.SetRect(50, 100, picwid-20, 120);
pEditBot = new CEdit();
pEditBot->Create(ES_CENTER, rectBot, this, IDC_BOT);
pEditBot->ShowWindow(TRUE);
```

（2）文本编辑框。以动态方式创建文本编辑框，做如下定义：

```
CEdit *pEditBotText;
CRect rectBotText;
```

创建代码为：

```
rectBotText.SetRect((rectBot.TopLeft().x + (rectBot.Width() - TEXTWIDTH)/2, rectBot.TopLeft
().y, rectBot.TopLeft().x + (rectBot.Width() + TEXTWIDTH)/2, rectBot.BottomRight().y);
pEditBotText = new CEdit();
pEditBotText->Create(ES_LEFT, rectBotText, this, IDC_BOTTEXT);
pEditBotText->ShowWindow(TRUE);
```

2. 上层进度条

上层反显的进度条中的两个编辑框长度都是随着进度动态变化的，需要重置当前背景编辑框和文本编辑框的大小和进度值。当上层背景编辑框的右边界超过下层文本编辑框的左边界时，开始显示上层文本编辑框及其进度值。随着进度的增加，上层文本框长度逐渐增加，从而使其中的进度值由部分显示到完全显示，当与下层文本编辑框中的进度值重合时，由于各自的文本颜色不同而呈现出逐渐反显的效果。为了使两个进度值完全重合，在创建文本编辑框时设置文本显示位置都为左对齐，即参数 dwStyle 取值为 ES_LEFT。

设计上层进度条的实现函数，其函数原型为：

```
void CreateUpEdit(float percent);
```

该函数以当前任务进度 percent 为参数，通过计算当前背景编辑框窗口的右边界，依次更新进度条的长度和进度值。

（1）背景编辑框。以动态方式创建背景编辑框，做如下定义：

```
CEdit *pEditUp;
CRect rectUp;
```

参照底层编辑框，上层背景编辑框的左上角顶点坐标与其重合，位置不发生改变，即左上角坐标为（rectBot. TopLeft(). x, rectBot. TopLeft(). y），每次只需要更新矩形右下角顶点的 x 坐标。随着进度增长，rectUp 的长度 rectUpWid = rectBot. Width() * percent，rectUp 的右下角坐标为（rectBot. TopLeft(). x + int(rectUpWid)，rectBot. BottomRight(). y）。因此背景编辑框大小设置为：

```
rectUp.SetRect(rectBot.TopLeft().x,  rectBot.TopLeft().y,
        rectBot.TopLeft().x + int(rectUpWid),  rectBot.BottomRight().y);
```

首次创建并显示 rectUp, 示例代码为：

```
pEditUp = new CEdit();
pEditUp->Create(ES_CENTER, rectUp, this, IDC_UP);
pEditUp->ShowWindow(TRUE);
```

其后，随着 rectUpWid 的更新，只需移动 rectUp 窗口至新的区域，即：

```
pEditUp->MoveWindow(rectUp);
```

（2）文本编辑框。以动态方式创建文本编辑框，做如下定义：

```
CEdit * pEditUpText;
CRect rectUpText;
```

当上层背景编辑框的矩形右下角顶点位于下层文本编辑框内时，才创建并显示上层文本编辑框。此时，上层文本编辑框的矩形左上角顶点与下层文本编辑框的矩形左上角顶点重合，上层文本编辑框的矩形右下角顶点与上层背景编辑框的矩形右下角顶点重合。即当满足 rectUp. BottomRight(). x $>=$ rectBotText. TopLeft (). x $\&\&$ rectUp. BottomRight(). x $<=$ rectBotText. BottomRight(). x 时，只需更新上层文本编辑框的矩形右下角顶点的 x 坐标。随着进度增长，当 rectUpText 的右边框超过 rectBotText 的右边界时，就不需要再更新 rectUpText。因此文本编辑框大小设置为：

```
rectUpText.SetRect(rectBotText.TopLeft().x,  rectBotText.TopLeft().y,
            rectUp.BottomRight().x,  rectUp.BottomRight().y);
```

首次创建并显示 rectUpText, 示例代码为：

```
pEditUpText = new CEdit();
pEditUpText->Create(ES_LEFT, rectUpText, this, IDC_UPTEXT);
pEditUpText->ShowWindow(TRUE);
```

其后，随着 rectUpWid 的更新，只需移动 rectUp 窗口至新的区域，即：

```
pEditUpText->MoveWindow(rectUpText);
```

3. 编辑框颜色控制

为了实现进度指示器的文本反显效果，需要设置底层两个编辑框和上层两个编辑框的背景色相反，以及文本颜色也相反。下面以底层进度条为白底红字，上层进度条为红底白字为例进行说明。MFC 中编辑框控件的默认背景颜色是白色，文本颜色是黑色。当框架中的控件重绘时会向父窗口发送一个 WM_CTLCOLOR 消息，在该消息的响应函数中可以设置控件的背景颜色和文本颜色。使用 ClassWizard 工具为 ProgSelfDlg 类映射 WM_CTLCOLOR 消息响应函数，该函数原型为：

```
HBRUSH OnCtlColor( CDC * pDC, CWnd * pWnd, UINT nCtlColor );
```

其中参数：
- pDC：包含了子窗口的显示设备环境的指针，可能是临时的。
- pWnd：当前控件指针。
- nCtlColor：用于指定控件的类型，可取值：CTLCOLOR_BTN、CTLCOLOR_DLG、CTLCOLOR _ EDIT、CTLCOLOR _ LISTBOX、CTLCOLOR _ MSGBOX、CTLCOLOR_SCROLLBAR、CTLCOLOR_STATIC。

返回的画刷句柄用于重绘控件背景颜色。

为此，在 ProgSelf 工程中为 ProgSelfDlg 类添加成员变量"CBrush m_brushUp;"，用于设置上层进度条的背景色。在 ProgSelfDlg 类的构造函数中设置该画刷颜色，如下代码：

```
m_brushUp.CreateSolidBrush(RGB(255, 0, 0));
```

定义 ProgSelfDlg 类的 OnCtlColor 成员函数，示例代码如下：

```
HBRUSH CProgSelfDlg::OnCtlColor(CDC * pDC, CWnd * pWnd, UINT nCtlColor)
{
    HBRUSH hbr = CDialog::OnCtlColor(pDC, pWnd, nCtlColor);
    if (pWnd->GetDlgCtrlID() == IDC_BOTTEXT)
    {
        pDC->SetTextColor(RGB(255, 0, 0));
        pDC->SetBkMode(TRANSPARENT);
    }
    if(pWnd->GetDlgCtrlID() == IDC_UPTEXT || pWnd->GetDlgCtrlID() == IDC_UP)
    {
    pDC->SetTextColor(RGB(255, 255, 255)); pDC->SetBkMode(TRANSPARENT);
        hbr = m_brushUp;
    }
    return hbr;
}
```

4.3.3 应用接口

对图 4.9 所示进度指示器对话框创建类，定义该类的 3 个公共接口，便于提供对进度条的访问控件。

1. 进度指示器的初始化

```
void Initial(CString Title = "标题", CString subTitle = "子标题");
```

该函数用于设置进度指示器窗口标题和子标题，子标题可对任务进行描述，并且调用

CreateBotEdit 函数创建并显示底层进度条。

2. 进度条的更新

```
void Update(float percent);
```

该函数用于更新底层进度条的进度值,并且调用 CreateUpEdit 函数创建并显示上层进度条。

3. 进度条资源的释放

```
void Destroy();
```

该函数依次判断 4 个动态编辑框控件指针对象,若不为 NULL,则使用 delete 运算符释放其指向的动态空间。

4.3.4 定时器

在 MFC 的 CWnd 类中提供了对定时器功能的封装,使用这些成员函数可以完成程序代码的周期性执行。

1. 设置定时器

```
UINT SetTimer( UINT nIDEvent, UINT nElapse,
          void (CALLBACK EXPORT * lpfnTimer)(HWND, UINT, UINT, DWORD));
```

该函数用于设置定时间隔并启动定时器。当函数执行成功时返回定时器标识,否则返回 0。其中参数:

- nIDEvent:非 0 值,用于标识定时器。
- nElapse:毫秒为单位的定时间隔时间。
- lpfnTimer:指向定时事件到达时调用的函数指针。如果为 NULL,则通过 WM_TIMER 的消息处理函数来处理定时事件,否则需要定义回调函数来处理。

2. 定时器函数

当启动定时器后,系统会在每个设定的时间间隔后触发定时器函数的执行,实现周期性的自动操作。处理定时事件有两种方式,一种是在 ClassWizard 工具中,为需要定时器的类添加 WM_TIMER 消息映射,自动生成响应函数 OnTimer,其函数原型如下:

```
void OnTimer( UINT nIDEvent );
```

参数 nIDEvent 为定时器 ID。

另一种是定义回调函数,其函数原型为:

```
void CALLBACK EXPORT TimerProc(HWND hWnd, UINT nMsg,
                               UINT nIDEvent DWORD dwTime );
```

其中参数：

- hWnd：为调用 SetTimer 成员函数的 CWnd 对象的句柄，即拥有此定时器的窗口句柄。
- nMsg：为 WM_TIMER，而且总为 WM_TIMER。
- nIDEvent：为定时器 ID。
- dwTime：为系统启动以来的毫秒数，即 GetTickCount 函数的返回值。

这样 CWnd::SetTimer 函数最后一个参数就可以为 TimerProc。

3. 销毁定时器

```
BOOL KillTimer( int nIDEvent );
```

不再使用定时器时，可以销毁它。该函数释放或销毁参数 nIDEvent 指定的定时器事件，如果执行成功则返回非 0 值，否则返回 0。

4.3.5　应用测试

使用 MFC AppWizard 创建一个基于对话框的 MFC 工程 ProgSelf，用于实现文件的复制。主对话框设计如图 4.11 所示。设计图 4.9 所示的进度指示器子对话框，ID 为 IDD_PROGRESS，为该子对话框生成相应进度指示器类 CProgBar。

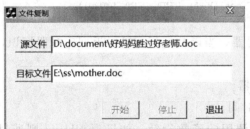 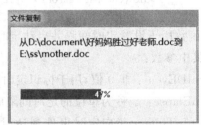

图 4.11　文件复制

操作步骤如下。

（1）为 CProgSelfDlg 类定义对象成员 CProgBar ＊ m_Progbar。使用 ClassWizard 工具添加定时器函数。

（2）在 ProgSelf 工程中，设置底层进度条的两个编辑框 ID 和上层进度条的两个编辑框 ID，并定义所需成员变量。

（3）通过"源文件"按钮和"目标文件"按钮分别打开文件对话框，选择复制的源文件和目标文件。

（4）在"开始"按钮的消息响应函数中打开源文件和目标文件后，创建无模式进度指示器窗口并初始化进度指示器，然后启动定时器。示例代码为：

```
m_Progbar->Create(IDD_PROGRESS, GetDesktopWindow());
m_Progbar->Initial("文件复制", infor);
SetTimer(1, 50, NULL);
```

（5）在定时器函数中进行文件复制操作（略），同时更新进度条，即：

```
m_Progbar->Update(percent);
```

当检测到文件复制完成后，关闭源文件和目标文件，并且调用 KillTimer 函数销毁定时器。在文件复制过程中，用户也可以通过"停止"按钮销毁定时器，中止任务的执行。

（6）当主对话框关闭退出时会引发 WM_DESTROY 消息，因此可以在该消息响应函数 OnDestroy 中进行资源的释放，添加如下代码：

```
m_Progbar->Destroy();
```

4.4　树形可视图形界面

4.4.1　树形视图概述

树是一种常见的非线性数据结构，使用比较广泛。树形结构的特点是数据元素之间具有层次关系。一般人们用孩子表示法、孩子兄弟表示法（二叉树表示法）和双亲表示法来存储树形数据结构。

树形视图提供了一种展示列表项目之间层次关系的标准手段，用户可以根据需要展开或折叠显示层次信息中某一分支的内容。树形视图在 Windows 风格的界面中经常被使用，Windows 操作系统中的"资源管理器"就是树形视图控件技术和列表技术结合的产物，如图 4.12 所示。计算机中有多个逻辑区，一个逻辑区有多个目录，一个目录中又有多个文件，浏览一个文件的过程就是一层一层的访问过程，树形视图正好可以满足这种不同层次的数据有一对多关系的要求。

当应用中所需要显示的数据较为复杂，而且不同层次的数据有一对多关系时，采用列表框已经不能满足要求了，这时就应选用树形视图。另外，如果用户需要对数据窗口中的数据进行展开或折叠显示时，也可以考虑采用树形视图。

层次化的显示数据更符合人们的思维习惯，具有提纲挈领的效果。树形视图主要包括以下几项功能。

（1）显示层次数据之间的关系。

（2）允许用户操作不同层次的数据。

（3）将相互间有联系的数据以树形描绘。

另外，对管理数据量较大的情况，使用树形视图是一个较好的方式，因为用户能够从中简单地选择到所需要的数据。

根据树形视图的操作功能，相应地，树形视图的特点应包括以下几个方面。

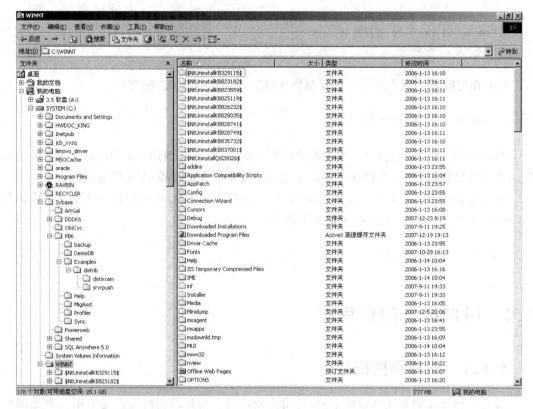

图 4.12 树形视图

（1）以树形节点的形式展开或折叠数据。

（2）每个节点可以用图标和文本标签来描述，其中图标包括普通图标、被选中的图标、静态图标和覆盖图标等。

（3）标签可以设置为是否允许修改的属性。

（4）可任意选择数据的行数。

（5）支持拖放技术。

应该注意的是，树形视图不能在设计时通过修改控件属性的方式生成数据项，只能通过编写程序方式或用户操作来生成、显示、插入和删除数据项。

1. 层次关系

树形视图的最大优势是能够清晰地显示信息的多层关系以及列表项与列表项之间的一对多关系，多级目录就是一个很好的实例。大家知道，一个根目录下可以创建多个子目录，每个子目录下面还可以创建多个下级子目录，这样就构成了有层次关系的多级目录。另外，每个子目录下具有两个或两个以上的项目（包括目录和文件），这样，每个子目录就对应着多个目录或文件，即目录与目录和文件之间存在着一对多的关系。同样，目录与目录之间，目录与文件之间也可以存在着一对多的关系。

树形视图层次关系中的每个分支可以带有不同的层次数目，这是由具体的数据所决定的。也就是说一个目录可以对应一个子目录（或文件），另一个目录则可以对应多个子目录

（或文件），互不影响。但是，在设计时使层次中的每项都具有相同的类型会使得编程较为容易。例如，如果每个目录下全部为子目录或者全部为文件，那么编程实现起来会相对容易一些。反之，如果某个目录下全部都为子目录，而在另一个目录下全部都为文件，那么编程实现时将是比较复杂的，因为对不同的项目，需要考虑用不同的方法进行处理。

树形视图以层次结构组织和显示数据，它的每一个单独的数据项都隶属于一个层次。其中根层为第 0 层，它的下面按照数据项的分层关系顺序编号为第 1 层、第 2 层、第 3 层等。

对于列表视图来说，用户可以通过窗口或程序向列表中添加列表项。当打开树形视图所在的窗口时，通常首先生成树形视图的第 0 层（根）。当用户需要查看某一分支时，通过单击数据项可以展开其子节点列表项。但如果数据量不太大的话，也可以把数据项直接加到树形视图的各层中。树形视图中的列表数据通常来源于数据库或者由用户自己输入。因为数据中某一项目与它的子项目之间存在着一对多关系，所以向树形视图中添加数据时，可能要涉及数据库中的多张表。

2．图标

树形视图中数据项的图标是指树形视图在显示数据时，每一个数据项左边的小图形。每一个图标都可以选择其显示的宽度和高度，还可以选定背景颜色。这些选项都可以在树形视图的属性对话框中进行设置。

在每一个树形视图中，数据项可以具有与之相关的 4 种不同性质的图标。

（1）普通图标（Normal Picture）：最常用的图标，显示在数据项的左边。

（2）选中图标（Selected Picture）：当数据项被选中时，显示在数据项左边的图标。

应该注意的是，在树形视图中，总是仅有一个数据项被选中，也就是说，一个树形视图中，最多只能有一个数据项的 Selected 属性值为 TRUE，其他数据项的 Selected 属性值都是 FALSE。

（3）状态图标（State Picture）：当数据项定义了该图标时，它显示在普通图标的左边，表示数据项的状态。

（4）覆盖图标（Overlay Picture）：覆盖在数据项普通图标上的图标，也用以表明数据项的状态。

若要使用图标，首先要在树形视图的图标列表中定义，然后为某个数据项指定所需关联的图标的索引，用户只需要使用图片对应的索引号，就可以关联到相应的图标。

一般来说，图标并不是唯一与一个数据项相关联的。可以利用图标来区分不同类别、不同层次或不同状态的数据项。为了给用户提供一个一目了然的界面，最好遵循以下原则。

① 用不同的图标来表示不同的层次。

② 用不同的图标来表示同一层次中不同类型的列表项。

③ 当数据项状态发生变化时，使用不同的图标加以区分（如用户单击某个数据项后，更换相应图标来表示该数据项被选中）。

应该注意的是，使用图标的目的是为了向用户提供直观的分层信息，如果数据项的标识及其所处的层次已经给用户提供了足够的信息，就没有必要使用图标了。如果图标本身不能向用户提供有用的信息,也没有使用的必要。

3. 交互方式

树形视图可以提供编辑标识、删除项目、展开及折叠分支、对列表项按字母排序等基本操作,这些不需要通过编程来实现。例如,当用户第二次单击一个选中的项目时,项目标识就处于编辑状态,允许用户更改项目标识。如果不想提供这些交互操作,可以通过设置属性,把它们都屏蔽掉。

另外,还可以通过编辑程序来定制这些基本操作。在与这些基本操作相关的事件中编写程序,可以对相关操作进行有效性检查,若为非法操作,则拒绝执行。其他操作,如增加项目、删除项目以及根据其他条件进行排序等,可以通过编辑程序来实现。

4.4.2 树形视图数据库设计

在 MFC 中树形视图中的每个数据项都为 TVINSERTSTRUCT 类型,而这些树形视图项只能在程序中逐项加入。所以在创建树形视图时,必须首先创建根节点,然后利用插入函数将其他节点插入进来。使用这些函数时,必须指定一个句柄 handle,即所要插入节点的父节点的句柄,然后通过该函数返回所插入节点的句柄。

要实现树形视图中的数据操纵和数据库表的数据修改、选择操作的同步,就必须在树形视图中的数据项和数据库表中的记录之间建立某种联系,从而可以方便地检索到所要节点及其相关信息。根据树形视图节点句柄的唯一性,可以用它建立数据与句柄的关联。

由于树形视图的数据项有 Label、Data、Level 等属性,可以在 Label、Data 属性中存放记录的主键和其他信息,通过它们可以从表中检索到相应的记录,然后在表中设置字段对应树形视图中所插入节点的数据项的句柄,这样在记录的有关信息被修改时可以方便地找到它所对应的节点,修改其有关属性的值。

树形视图中的层次关系对应了数据库中表结构的设计。一般来说,数据库设计的数据结构类型有 3 种。

(1) 分层数据结构。分层数据结构是指每层的数据存放在一个数据表中,有几层就会有几个数据表。它的优点是每层的结构类型可以自由定义,不必考虑它与其他层是否有相关的属性;缺点是层数必须是固定的,用户不能自由定义。

(2) 单表结构。单表结构是指不管数据处于哪一层,都把它存放在一个表中。它的优点是用户可以自由定义它的层数,层数是灵活的,不需固定;它的缺点是用户必须总结出每层数据的所有属性,表的结构是这些属性的并集。

(3) 混合结构。混合结构是指对于某些属性比较雷同的层采用单表结构实现,而对于属性差异较大的层,采用分层的数据结构存放。它克服了前两种结构的不足。

图 4.13 为软件质量度量系统中的数据库设计逻辑模型。在"方案"表中,采用的是双亲表示法,通过"上层序号"与父节点相关联。

图 4.14 为软件质量变量系统中的数据库设计物理模型。

图 4.14 中两个相对重要的数据表对应在 Oracle 数据库管理系统中的 SQL 语句如下:

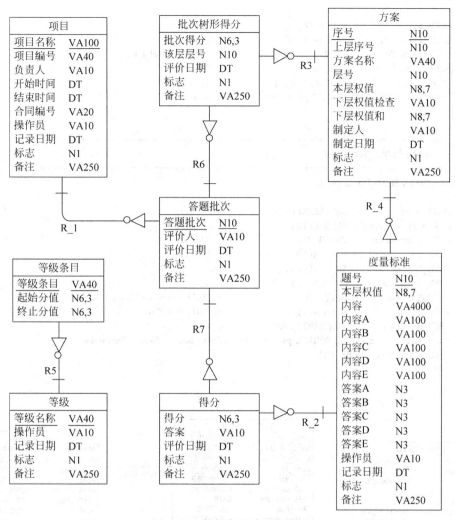

图 4.13　数据库设计逻辑模型

```
drop table SQMT_SCORETREE cascade constraints
/

drop table SQMT_SCHEME cascade constraints
/
-- ================================================================
--   Table: SQMT_SCHEME
-- ================================================================
CREATE table SQMT_SCHEME
(
    SCHE_No                 NUMBER(10)           NOT NULL,
    SCHE_No_Parent          NUMBER(10)           NULL,
    SCHE_Name               VARCHAR2(40)         NULL,
    SCHE_LayerNo            NUMBER(10)           NULL,
    SCHE_Weight             NUMBER(8,7)          default 0 NULL,
    constraint CKC_SCHE_WEIGHT_SQMT_SCH check (SCHE_Weight IS NULL
    OR (SCHE_Weight BETWEEN 0 AND 1)),
    SCHE_Check              VARCHAR2(10)         default'待检查' NULL,
```

```
        SCHE_Sum              NUMBER(8,7)           NULL,
        SCHE_Operator         VARCHAR2(10)          NULL,
        SCHE_EnterDate        DATE                  default sysdate NULL,
        SCHE_Flag             NUMBER(1)             default 0 NULL,
        SCHE_Remarks          VARCHAR2(250)         NULL,
        constraint PK_SQMT_SCHEME primary key (SCHE_No)
)
/
-- ==========================================================
--    Table: SQMT_SCORETREE
-- ==========================================================
CREATE TABLE SQMT_SCORETREE
(
        PROJ_Name             VARCHAR2(100)         NOT NULL,
        BATCH_AnswerBatch     NUMBER(10)            NOT NULL,
        BATCH_Operator        VARCHAR2(10)          NOT NULL,
        SCHE_No               NUMBER(10)            NOT NULL,
        TREE_Score            NUMBER(6,3)           NULL,
        TREE_Layerno          NUMBER(10)            NULL,
        TREE_Enterdate        DATE                  default sysdate NULL,
        TREE_Flag             NUMBER(1)             default 0 NULL,
        TREE_Remarks          VARCHAR2(250)         NULL,
        constraint PK_SQMT_SCORETREE primary key (PROJ_Name, BATCH_AnswerBatch,
        BATCH_Operator, SCHE_No)
)
/
```

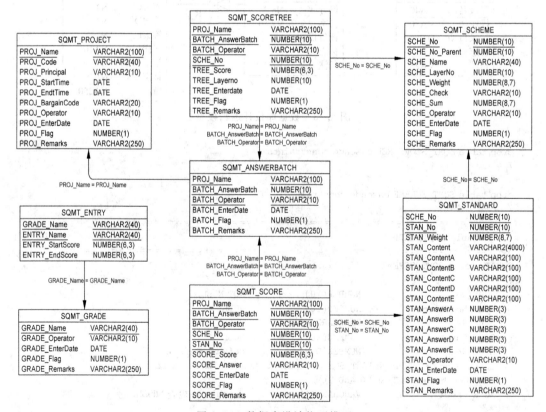

图 4.14   数据库设计物理模型

4.4.3　树形视图数据检索

树形视图中数据检索的实现方式有 SQL 语句检索方式、数据窗口检索方式和数据存储检索方式。

1．SQL 语句检索方式

SQL 是数据库结构化查询语言，可以实现复杂的数据库操作。不同的数据库系统所支持的 SQL 语句集合会有所区别，但主要的 SQL 语句语法基本相同。

2．数据窗口检索方式

树形视图一个重要的功能是能够显示从数据窗口检索出来的数据。数据窗口是一种可视对象，通过数据窗口来操作后台数据库，需要进行的步骤如下。

(1) 建立数据窗口对象。

(2) 在窗口的数据窗口控件上放置数据窗口对象。

(3) 设置数据窗口控件事务对象。

(4) 检索数据。

(5) 使用检索出来的数据生成树形视图。

3．数据存储检索方式

可以使用数据存储从数据库中检索数据，实现树形视图的数据显示。应用数据存储必须进行以下操作。

(1) 声明并初始化一个数据存储，然后把它与一个数据窗口控件关联起来。

(2) 根据需要检索数据。

(3) 使用检索出来的数据生成树形视图。

(4) 当完成所需操作后清除该数据存储实例。

数据存储实际上是不可视的数据窗口，它除了不具备与可视性相关的一些特点外，它的功能和特点与数据窗口相同。在实际应用中，如果不需要数据窗口的可视特征时可使用数据存储。数据存储提供的功能主要有以下几方面。

① 后台数据处理。数据存储与数据窗口相比，可以实现和数据窗口相同的数据库操作，且不需要数据窗口额外的显示开销，因此在不需要可视属性时使用数据存储具有更高的效率。

② 同时为多个数据控件服务。有时需要同时将同一信息提供给多个数据窗口使用，此时可以使用数据存储与多个数据窗口共享数据，避免了多个数据窗口对同一数据的多次检索。

③ 操纵表中记录。在需要对数据库中的记录进行操作而不需将结果显示时，数据存储可以代替嵌入式的 SQL 语句进行数据库操作。一般来说，数据存储处理数据的速度不会比嵌入式的 SQL 语句慢，且数据存储是作为对象保护的，重用时十分方便。

④ 在分布式应用服务器上进行数据库访问。

4.4.4　树形视图数据操作

目前,在互联网上广泛存在并应用的树形结构一般分为两种:静态结构和动态结构。静态结构应用较多,实现简单,但是静态结构不能改变树的结构和内容,无法反映树的节点信息的变化;实现相对复杂的动态构造树,可以动态增加、删除、更新节点数据,但是需要不断刷新整个页面来获取最新数据,所以刷新操作在动态树形视图中起着重要的作用。当与树形结构对应的数据库中的数据发生变化时,往往需要刷新操作,来保持数据的一致性。

1. 刷新操作

树形视图中实现刷新操作有 3 种方法:

(1) 删除原有的树形结构,插入新的树形结构。

(2) 删除原有的树形结构前对树进行标记,然后根据标记使新插入的树形状态保持不变。

(3) 查询数据库中的数据,更新原有的树形结构。

在第一种方式中,需要对树形结构重新插入,而且不能标记刷新前目录的原始状态,比如选中条的位置等。在第二种方式中,也需要对树形结构重新插入,但由于删除原树形结构前进行了标记,因此可以保持新插入的树形状态不变。在第三种方式中,不需要删除原有的树形结构,只需对原有树形结构中变化了的节点进行更新,如新增加的节点、已删除的节点等,也可以保持刷新前后的树形状态一致。

第一种方法的实现步骤如下。

(1) 删除原来的树形结构。要删除原来的树形结构可以通过树形视图控件的DeleteItem(itemhandle)函数来实现。使用该函数删除数据项时,如果该数据项还有子项,将会一并删除。

(2) 插入新的树形结构。插入新的树形结构有 3 种方法:使用游标、数据窗口和数据存储。在基于对话框的 MFC 程序中,插入树形结构可以在窗口的 OnInitDialog 函数中完成,也可以在 OnInitDialog 函数中只插入第一层项目,然后在节点单击事件中完成其他层的插入。

使用这种方法刷新时不能标记树形结构的状态,如树形结构的展开折叠情况、选中状态等。

第二种方法的实现步骤如下。

(1) 插入新的树形结构。插入新的树形结构,插入的方法可以参照前面所述的内容和步骤。

(2) 标记原来的树形结构中每个节点的状态。对刷新前树形结构的根节点以及各个子节点作标记,判断该节点是否被选中,是否有子项,节点状态是展开还是折叠等。

(3) 使新插入的树形结构中节点的状态与原标记的节点状态一致。每标记完一个节点状态需要调整一下新插入的树形结构状态,使其与原树形结构的节点状态保持一致。

(4) 删除原来的树形结构。当调整完成后应用 DeleteItem 删除原来的树形结构。

第三种方法的实现步骤如下。

(1) 查询数据库中的数据项。

(2) 标记出发生变化的节点,如新增加、已删除或状态改变的节点。例如,对照树形结构中的数据项,检查树形结构中哪些数据项已删除,数据库中又增加了哪些数据项等。

(3) 更新树形结构中发生变化的节点。

根据这些变化及时更新树形结构,如把数据库中存在而树形结构中没有的节点添加进去,把数据库中没有而在树形结构中存在的节点删除,根据数据库中已发生变化的数据及时修改树形结构中的相关节点。

使用后面两种方法都可保持刷新前树形结构的状态。

一般来讲,当数据量小而且数据间没有复杂的关系时,可以在树形视图创建时就预先把各项直接加入到树形视图中;而数据量较大时,则根据需要来制定树形视图,不要制定整个树形视图控件的每一层的每一项,而是将用户检索数据的过程划分为若干步骤,只是在用户打开一个具体的树形视图项时,才根据用户的需要检索数据,展开该节点下的各个子树分支。另外,由于在操作时往往只关心其中部分节点的信息,所以没有必要同时将所有子节点都展开显示,这样可减少初始化树形视图的时间,提高显示数据的效率。

2. 剪切操作

为便于移动所需的数据,经常用到剪切、复制、粘贴等功能来对数据进行操作。

实现剪切操作有两种方法:①复制要剪切的选项,粘贴后,删除所选项;②把要剪切选项的父节点改变为目标节点。

在第一种方式中,需要对数据库进行两次操作:粘贴操作,即需要在数据库中进行插入操作;删除操作,即需要在数据库中进行删除操作。在第二种方式中,需要对数据库进行一次操作:改变父节点操作,即需要对数据库进行更新操作。

第一种方法的实现步骤如下。

(1) 获取选中数据的层数、数据项数、句柄(或索引号)。

当剪切目标为树形视图中的数据项时,需要获取选中数据的层数、个数、句柄。首先获取当前选中数据项的句柄,然后得到当前数据项,并读取当前数据项的 level 属性得到选中数据的层号,选中数据项为一个(在树形视图中最多只能选择一个)。

当剪切目标为列表视图中的数据项时,需要获取选中数据的层数、个数、索引号。首先获取第一个选中数据的索引号,利用索引号和 GetItem 函数得到列表数据项的内容。再查看该数据是否选中。循环进行读取,直到找出所有的选中的列表数据项,此时可记录选中数据的个数。选中数据的层数可由树形视图的当前选中项的层号加 1 获得。然后可将选中的列表数据项对应到相应的树形视图的位置,从而获得选中数据的句柄。

(2) 获取选中数据的父节点和目标节点的句柄。利用选中数据项的句柄获取父节点的句柄,并获取目标节点的句柄。

(3) 在目标节点下插入选中数据。首先对数据库加锁,然后在目标节点下插入剪切数据到相应的数据表中。若插入成功,则在树形视图中插入选中的数据。

(4) 删除原父节点下的选中数据。首先要删除相应数据表中的数据,操作成功后,在树形视图中也相应地删除选中数据,最后再对数据库解锁。对数据库加锁的作用是保证数据的完整性和一致性。

第二种方法的实现步骤如下。

(1) 获取选中数据的层数、个数、句柄(或索引号)。

（2）获取目标节点的句柄。

获取选中数据的层数、个数、句柄（或索引号）的方法和获取目标节点句柄的方法在第一种方法中已经叙述。

（3）将选中数据的父节点的句柄修改为目标节点的句柄。同样先对数据库加锁，然后对数据库实行 UPDATE 操作来更改选中数据的父节点。更改成功后，更新树形视图中选中数据的句柄。

对于快捷键操作，只要在键盘事件中调用相应的操作即可。

3. 拖放操作

拖放操作是控件中数据重新组织的一种常用方式。单击一个对象并按住鼠标按钮不放然后移动鼠标，此动作称为拖动。把对象移动到所指定的地方，然后释放鼠标按钮的操作，称为释放一个对象。因此拖放是一种使用鼠标来直接控制一个对象及其数据的方法。许多 Windows 应用程序都实现了拖放功能。

常见的拖放操作的示例就是 Windows 98/2000/2003/XP/7/8 操作系统中的资源管理器，它允许用户单击一个文件或目录，然后将它拖动到一个新的位置。

在实施拖放操作之前，必须首先确定哪个对象将作为被拖动对象，哪个对象将作为目标对象。适用于被拖动的对象有：数据窗口的数据行或数据列；表示数据的图形控件；树形控件或者列表控件中的一个选项；列表框中的选项。

命令按钮不适于用作一个被拖拉的对象，因为通常都是单击命令按钮来执行某个过程，拖动命令按钮可能会妨碍用户的使用。

适于作为目标对象的有：数据窗口；列表框或者下拉列表；表示某个操作的图形控件；命令按钮；树形控件或者列表控件中的选项；希望修改其属性的任何对象。

绘图对象不能作为拖放目标。窗口对象以及除了绘图对象外的所有控件都可以当做拖动目标。

拖放控件有 3 个重要的拖放属性：拖放模式（DisabledDragAndDrop 和 DragAuto）和拖放图标（DragIcon）。

（1）DisabledDragAndDrop 属性。DisabledDragAndDrop 属性是一个布尔型变量。控件中的 DisabledDragAndDrop 属性默认值为 TRUE，表明这个控件不允许拖动；若想对其进行拖动操作，首先要设置这个属性为 FALSE。

（2）DragAuto 属性。DragAuto 属性是一个布尔型变量。若某控件的 DragAuto 属性为 TRUE，则表明单击这个控件的时候，它将自动处于拖放模式；若某控件的 DragAuto 属性为 FALSE，则表明必须通过适当的程序事件使用 Drag 函数把它设置为可拖放模式才可以启动拖放操作。

设置好这两个属性后，再在相关的事件中编写程序，来完成拖放操作。

（3）DragIcon 属性。DragIcon 属性用于定义某控件在拖放过程中所显示的图标。如果没有定义拖动图标，则默认图标是一个透明的矩形，其大小与被拖动对象大小相同。当拖动控件处于可以放置的区域时，就以 DragIcon 属性中定义的图标显示在屏幕上；当拖动控件处于一个不可放置的区域时，就会显示非放置（No_Drop）图标。

应该注意的是：如果定义了拖动图标，就应该把图标放置在一个用于可执行文件分配的 pbr 文件中。否则,运行环境改变后,用户所见到的仍是透明的矩形框。

拖放事件包括 BeginDrop、DragDrop、DragEnter、DragLeave 和 DragWithin。通常开始拖动时要判断是否允许用户拖动所选项目,这就需要在 BeginDrop 事件中编写程序。当拖动的项目位于可以接收该数据的项目上面时,应该在 DragWithin 事件中将该项目高亮显示,给用户一定的操作提示信息;当用户在可以接收该拖动项目的上面时释放鼠标,这就应该在 DragDrop 事件上编写程序接收该项目,并对源数据和目标数据作一定的调整。如果拖动数据来自数据库的话,最好等操作结束时再将修改的数据提交到数据库中。

根据被拖动对象移动的状态和位置的不同,拖动事件的触发条件如下。

(1) DragDrop 事件。当拖放图标在目标对象上面,并且释放了鼠标按钮时触发。在该事件中,可用代码来描述当在目标对象上释放拖动对象的时候,目标对象将要做出的响应。

(2) DragEnter 事件。当拖放图标进入目标对象的边界之内时触发。在该事件中,可用代码描述拖放图标进入目标对象范围之内后,目标对象做出的响应。

(3) DragLeave 事件。当拖放图标离开目标对象,到目标对象的边界以外时触发。在该事件中,可用代码描述拖放图标离开目标对象范围之后,目标对象做出的响应。

(4) DragWithin 事件。当拖放图标在目标对象边界内拖动时触发。在该事件中,可用代码描述拖放目标进入目标对象范围之内后,目标对象做出的响应。

当在上面 4 个事件触发时,可以分别置被拖动对象以不同的拖动图标 DragIcon 属性,然后通过图标的不同来判断何时可以释放鼠标按钮。

在树形视图中经常见到拖拉条,它用来作为树形控件和列表控件的分割线。通过拖拉条的拖放,可以改变树形控件和列表控件的大小,满足用户要求。

只要是允许拖拉的控件都可以做成拖拉条,通常用空的静态文本来实现。首先在窗口的 Resize 事件中设置拖拉条的坐标、宽度和高度,然后设置树形控件和列表控件的位置,使它们的位置随拖拉条的变化而变化。接着在树形控件和列表控件的 DragDrop 事件及其他事件中编写代码来触发窗口的 Resize 事件及其他响应操作。这样用户在拖动拖拉条的时候,就会看到树形控件和列表控件随着拖拉条的拖动而变化了。

经常会设置拖拉条横向坐标的最大值和最小值,也就是说随着用户的左右拖动,拖拉条的移动范围会有一个界线,这样就防止了拖拉条拖动到一定位置窗口上面就只显示树形控件或列表控件,而不能实现两者的混合显示了。

在设置拖放模式时,先在拖放对象属性表的标签页中选中 DragAuto,即置为自动拖放模式,同时选择合适的拖放图标 DragIcon;将拖放对象属性表中的 DisabledragDrop 复选框的值置为 FALSE(即不选中,其默认值为 TRUE),从而在拖动项目时能激活相应的拖动事件。

树形视图中拖放操作的实现相当于进行“剪切+粘贴”操作。有两种实现方法:①复制要拖动的选项,粘贴后,删除所选项;②把要拖动选项的父节点改变成目标节点。

在第一种方式中,首先要在数据库中进行插入操作,插入成功后删除源数据项。在第二种方式中,需要对数据库进行更新操作。

实现的关键是得到拖动项目、拖动前的上一级项目和释放位置的上一级项目。拖放操作的实现步骤如下。

(1) 在拖动控件(树形控件或列表控件)的 BeginDrag 事件中,确定拖动对象,保存拖动对象及拖动前上一级项目的句柄,对于不允许拖放的数据项要在此注明。

(2) 在目标控件(树形控件)的 DragWithin 事件中,将拖放目标高亮度显示。

(3) 在目标控件(树形控件)的 DragDrop 事件中,得到拖动对象原来的上一级和拖动目标项目,删除原项目,插入新项目。在这里要检查是否为允许释放区域,层次是否匹配等。

在每种方式中,实施拖放操作分两种情况:第一种情况是在树形视图自身中实施拖放操作;第二种情况是在树形视图和列表视图之间实施拖放操作(也就说是把列表视图中的数据项拖放到树形视图中)。对于前一种情况,拖动控件为树形控件;对于后一种情况,拖动控件为列表控件。

☞本 章 小 结

界面风格是指在不同的屏幕界面设计中所表现出来的特色和个性。图形用户界面三层结构从逻辑上将用户界面设计划分为风格层、模块层和实施层三层,这三层对应的类是通过继承形成的父子关系类。风格层是整个系统界面的顶层,对整个系统界面的风格设计起主导作用;模块层继承了风格层的界面风格,又在用户界面中引入了能适应业务特点的变异成分;实施层是最底层,是系统业务的具体执行层。

快捷键是由软件设定的、具有特定功能并与计算机键盘对应的按钮。快捷键对于熟练用户比较重要,因为该类用户会频繁使用信息系统所授权的一些业务功能,这时使用快捷键可避免因使用鼠标而发生的一些操作不当的现象。快捷键的执行过程为先捕捉快捷键,然后根据捕捉到的快捷键执行对应的功能。

进度指示器是对于运行时间较长的软件的运行进度和状态给出的一种具有提示特性的图形用户界面。常规的提示方式是不同底色的长度变化和一些文字或百分比信息。进度指示器采用两个前景色和背景色互反且重叠的用户对象,用改变位于上面的用户对象的长度来实现的。

树是用直接递归方法定义的一种层次型数据结构。用递归方法对树形数据结构进行管理,管理过程简单明了。在树形数据结构数据库设计中有 3 种类型:分层数据结构(一数据库表对应树的一层)、单表结构(一数据库表对应树的所有层)和混合结构。Windows 操作系统的资源管理器属于单表结构,所以数据库表属性是文件系统子目录属性和文件属性的并集。在树形视图控件上生成树形可视用户界面的方法有两种:一种是一次性生成与树形数据结构的数据完全一致的树;另一种只生成树的当前可视部分,其他部分在用户操作时生成。后者的优点是数据量较大时,生成树的过程相对较快。使用树形视图控件的用户界面操作简单、直观,主要的 3 个操作是刷新、剪切和拖放。

✓思 考 题

1. 简述你对"用户界面友好"的理解。

2. 简述信息系统界面设计使用三层结构的作用。

3. 在界面布局中使用比例系数进行适量放大或缩小的作用是什么?

4．简述单对话框界面的优缺点。

5．举例说明使用快捷键的作用。

6．举例说明进度指示器的使用场合。进度指示器是否一定准确地显示系统的完成进度？

7．简述树形结构的概念及其存储方式。

8．简述 Windows 资源管理器的界面布局和主要功能。

9．简述树形视图的主要功能和特点。

10．在使用树形视图用户界面中，图标的作用是什么？

11．简述树形视图数据库设计的 3 种数据结构类型的优缺点。

12．简述树形视图数据检索的实现方式和优缺点。

13．简述拖放操作的优缺点。

第 5 章
通用功能——数据操作

本章讲述一些数据操作通用功能的设计方法,包括数据整理、跨库查询、数据导出与导入、角色与授权和系统启动。数据整理可以转移暂不使用的数据,或删除不再使用的数据,从而提高信息系统的性能;跨库查询是指同时查询多个数据库中的数据,本章主要针对数据转存所形成的历史数据库和信息系统当前使用的数据库的同时查询问题;数据导出与导入可以实现数据迁移,使系统环境切换便捷、高效,同时也有效地防止了数据丢失;角色与授权可以提供系统运行数据的安全保护功能,限制非法用户;系统启动分两步进行,第一步是数据库连接,第二步是系统根据登录用户的角色进行动态授权,授权后的用户可进行相应的操作。

教学要求

(1)掌握数据整理过程;

(2)掌握跨库查询方法;

(3)了解数据导出与导入的实现方法;

(4)了解大文本数据管理;

(5)了解角色与授权的设计方法;

(6)了解系统启动过程。

重点和难点

(1)数据整理过程;

(2)数据导出与导入;

(3)大文本数据管理;

(4)角色与授权方法;

(5)系统启动过程。

5.1 数据整理

几乎所有使用数据库的信息系统,相关业务数据的数据量会随着时间的延长不断增加,特别是数据量剧增的某些行业,如飞机场的安检系统和医院系统等,这样会降低信息系统的性能,在某些情况下使系统设计者和用户很难接受。对于一些短时间内不会使用的数据,需要进行相应的数据转存,即数据移动;而对于一些永久不使用的数据要进行相应的清理工作,即数据删除。

数据整理的主要思路如下。

(1) 建立一个历史数据库(History Database,记为 HDatabase),其结构与当前工作的信息系统数据库(Current Database,记为 CDatabase)相同。

(2) 在当前数据库 CDatabase 需要进行数据整理(转存)的每个表上创建一个对应于数据删除的触发器,当删除数据时将对应的数据转存到历史数据库 HDatabase 中,但这类转存触发器不在历史库中创建。

(3) 根据设定的条件删除当前数据库 CDatabase 中的数据,达到数据整理(转存)的目的。

整理过程分为两步,第一步找出符合整理条件记录的 ROWID 值;第二步进行数据删除。删除 ROWID 值等于第一步收集的 ROWID 值的记录,用 SQL 表示为:

```
DELETE < table_name > WHERE ROWID IN < rowid_set >;
```

其中<table_name>是表名,<rowid_set>是符合删除条件记录的所有 ROWID 的集合。删除的表一定是父表,子表由父表的级联删除关系自动删除。

5.1.1 数据删除

1. 常用数据删除方法

用 DELETE 语句删除数据库表中数据,当删除的数据量不多时,可简单地一次性删除,但是当遇到数据量很大的情况时,需要进行数据分割。可根据数据表自身特点按照字段特征来进行分割,不同的数据表有不同的字段就需要进行不同的分割,根据分割反复进行 DELETE 删除操作,否则就可能出现回滚段空间满错误。

Oracle 数据库有一个或多个回滚段(ROLLBACK Segment)。回滚段是数据库的一部分,是一个存储区域,数据库使用该存储区域存放更新的事务或删除行的数据值。删除的数据原值就存放在回滚段,对于批量数据可以分配给较大的回滚段,但也是有限的。每个回滚段的块只能包含一个事务的信息,当删除的数据记录达到一定的数量,膨胀到难以承受的程度就不能进行相应正常的工作了。

2. 伪列数据删除方法

该方法分两步来实现。首先使用游标技术收集满足删除条件记录的 ROWID 值;其次根据已收集的 ROWID 集合,进行删除操作。在删除过程中一次删除数据的记录数可自定义。

1) 伪列 ROWID

Oracle 数据库中每个表中都有一个名为 ROWID 的伪列,是一个 18 字节[数据对象编号(6 字节)+文件编号(3 字节)+块编号(6 字节)+行编号(3 字节)]的字符串,它允许使用保留字 ROWID 作为列名来访问任意行的地址。ROWID 伪列不存储在数据库中,不占用任何空间,也不能被修改或删除。只要表格中存在某个行,就有对应该行的 ROWID。由于 ROWID 具有唯一性,因此 ROWID 可看做是数据库表中每一行唯一的关键字。下面介绍的方法就是利用伪列 ROWID 来实现批量数据删除操作的,表结构为:

```
CREATE TABLE student
(
    NUM              VARCHAR2(10)          NOT NULL,
    NAME             VARCHAR2(10)          NOT NULL,
    MAJOR            VARCHAR2(10)          NULL,
    BIRTHDAY         DATE                  NULL,
    PRIMARY KEY(NUM)
);
```

假设表中插入了 18 条记录,在 PL/SQL 环境执行下条语句:

```
SELECT ROWID FROM student;
```

结果显示为:

```
ROWID
AAAOBSAAEAAAmwQAAA
AAAOBSAAEAAAmwQAAB
AAAOBSAAEAAAmwQAAC
… … …
AAAOBSAAEAAAmwQAAR
```

用 ROWID 删除这 18 条中的一些记录,SQL 语句如下:

```
DELETE student WHERE ROWID IN ('AAAOBSAAEAAAmwQAAA', 'AAAOBSAAEAAAmwQAAB', 'AAAOBSAAEAAAmwQAAC',   …);
```

2) MFC ADO 获取记录集

在第 2 章中给出了在 Visual C++ 中使用 ADO 访问数据库的方法,并自定义类 CADOConn 实现访问操作。动态 SQL 语句可以通过参数传给 CADOConn::GetRecordSet 函数获取查询结果,然后使用 CADOConn::GetRecordCount 函数获得记录数,再遍历结果集,通过 CADOConn::GetCollect 函数得到字段值。

例如,从表 student 中检索生日为"1991-07-17"的学生姓名 name 的值,并存放在变量 strname 中并进行测试,如下代码:

```
CString selstr = "select * from tempstudent where birthday = to_date('1991 - 07 - 17', 'yyyy -
mm - dd')";
Adoconn.GetRecordSet(selstr);
int Count = Adoconn.GetRecordCount();
CString name;
for(int j = 0; j < Count; j++)
{
        Adoconn.GetCollect("name", name);
        Adoconn.m_pRecordset -> MoveNext();
}
```

3) 数据删除的实现

这里以删除表 student 为例说明具体实现步骤。假设该表有一定量的数据，以一次删除 10 条数据为例，删除过程如下。

（1）提取伪列集合。采用上述方法提取符合条件的 ROWID 集合，本例无条件删除全部记录。对有条件的情况，只需将条件作为字符串加入到 SQL 字符串变量中。设置 ROWID 集合数不超过 10，构造 ROWID 集合字符串。

（2）根据伪列值删除数据。构造动态 SQL 语句，调用 CADOConn∷ExecuteSQL 函数执行 SQL 语句，一次可删除 10 条记录数据。一般来说，一次删除的记录越多，速度越快，但是占用的 ROLLBACK 段也越大。

示例代码如下：

```
int len = 0, k;
CString rowid, rowidSet = "", Deletesql;
CString selstr = "select rowid from student";
Adoconn.GetRecordSet(selstr);
int Count = Adoconn.GetRecordCount();
while(Count > 0)
{
    k = Count > 10?10:Count;                          //ROWID 集合数不超过 10 个
    for(int j = 0; j < k; j++)
    {
        Adoconn.GetCollect("rowid", rowid);
        rowidSet += "'" + rowid + "',";               //构造 ROWID 集合字符串
        Adoconn.m_pRecordset -> MoveNext();
    }
    len = rowidSet.GetLength() - 1;
    Deletesql = "DELETE tempstudent WHERE rowid IN ";  //构造动态 SQL 字符串
    Deletesql += "(" + rowidSet.Left(len) + ")";
    Adoconn.ExecuteSQL(Deletesql);
    Count -= 10;
    rowidSet = "";
}
Adoconn.Close();                                       //关闭记录集
```

5.1.2　触发器技术

触发器（TRIGGER）是关系型数据库系统提供的一项技术。触发器是在数据库中独立存储的一种特殊的存储过程。它与普通存储过程不同的是，存储过程需要用户显式调用才能执行，而触发器由一个事件来启动运行，即触发器是当某个指定事件发生时自动地隐式执行。触发器不接收任何参数。一个触发器由三部分构成：触发约束、触发事件和触发动作。Oracle 支持的触发事件包括以下几种。

（1）DML 语句。执行 INSERT、UPDATE 或 DELETE 语句对指定的表或视图执行处理操作。

（2）DDL 语句。执行 CREATE、ALTER 或 DROP 语句，在数据库中创建、修改或删除

数据对象。

（3）数据库系统事件或用户事件。系统事件包括系统启动或退出、异常错误等，用户事件包括用户登录或注销。

触发约束为一个布尔表达式，只有当该表达式的值为 TRUE 时，触发事件才能够激活触发器使其执行触发动作，否则，当触发事件发生时，触发器并不执行其动作。

触发器动作作为触发器要执行的程序块，其中包含 SQL 语句和其他代码。

在数据库设计中，会经常用到触发器。它的特点是，触发器一旦被定义，就存在于数据库系统中，并会在相应条件下自动隐式地执行，从而使得触发器的设计与前台平台无关。触发器的典型应用有以下几个方面。

（1）对数据库实施安全性、完整性检查。

（2）为用户提供一个强有力的数据库管理工具，使用户根据实际需要限制其数据处理操作和创建对象操作。

（3）应用于审计，可以跟踪在表上所实施的数据操作。

（4）实现跨节点表的同步更新。

在 Oracle 数据库系统中，DML 语句触发器根据触发器定义在表或视图上又分为表触发器和视图触发器。触发器的触发时序分别为前触发（BEFORE）和后触发（AFTER）方式。前触发是在执行触发事件之前触发当前所创建的触发器，而后触发则是在执行触发事件之后触发的触发器。触发级别有行触发（FOR EACH ROW）和语句触发（FOR STATEMENT）两种。行触发器要求当一个 DML 语句操作影响数据库表中的多行数据时，对于其中符合触发约束条件的每个数据行均激活一次触发器，而语句触发器将整个语句操作作为触发时间，当它符合触发约束时，激活一次触发器。表触发器可以在 3 个触发事件（INSERT、UPDATE、DELETE）、两个触发时序（BEFORE、AFTER）和两个触发级别（FOR EACH ROW、FOR STATEMENT）上触发，因此在数据库中每个表最多可以定义 12 个类型的触发器。

触发器程序有以下限制。

（1）代码长度。触发器的代码长度必须小于 32KB，如果大于这个限制，可以将其拆分成几个部分。

（2）有效语句。触发器体内可以包含 DML 语句，但不能包含 DDL 语句（除系统触发器以外）和事务控制语句 ROLLBACK 和 COMMIT。

（3）数据类型限制。触发器内不能声明 LONG 和 LONG RAW 数据类型的变量，并且不能使用 LONG 和 LONG RAW 数据类型的列，可以使用 blob 类型列的列值，但不能修改其中的数据。

5.1.3　删除触发器与授权

当数据库 CDatabase 上的删除触发器被触发时，需要向历史数据库 HDatabase 插入数据，而该触发器不一定有向数据库 HDatabase 插入数据的权限，这时需要向其授权。授权方法为先以 HDatabase 身份登录数据库，再执行授权命令。如下代码：

```
GRANT INSERT ON HDatabase.TABLE_1 to CDatabase;
```

之后 CDatabase 有权向 HDatabase 的表 TABLE_1 中插入数据。

设表名为 ABC,于是数据转存触发器 BD_ABC 语句如下:

```
CREATE OR REPLACE TRIGGER BD_ABC BEFORE DELETE
ON ABC FOR EACH ROW
BEGIN
  INSERT INTO HDatabase.ABC(A1,A2,A3,A4)
  VALUES(:old.A1,:old.A2,:old.A3,:old.A4);
END;
```

该触发器属于 BEFORE 型行触发器。

5.1.4 整理表集合与条件

数据整理只关心删除级联关系。删除级联定义为:如果删除表 S 的一条记录,在表 T 中删除对应的全部记录,即表 S 是 T 的父表,记为 $S>T$。如果 $S>T,T>U$,则 $S>U$。用 A 表示系统所有表的集合,对于一个待整理表的集合 $T=\{T_i|T_i\in A$ 为系统参与数据整理的一个表$\}$,T 是 A 的子集,则集合 T 与"待整理父表"应满足如下条件。

(1) 如果一个数据库表 S 是一待整理父表,则 $S\in T$,同时不存在一个表 $S_F\in T$ 是 S 的父表。

(2) 对任意一个待整理父表 $S\in T$,对于任意的 S 的子表 $S_S\in A$,则 $S_S\in T$。

条件(1)说明,如果 S 为待整理父表,那么在 T 中无 S 的父表,但这不说明 S 在 A 中无父表。另外,如果 S_1 是 S_2 的父表,S_2 是 S_3 的父表,$S_i\in T(i=1,2,3)$,且 S_1 在 T 中无父表,于是 S_1 是待整理父表,虽然 S_2 是 S_3 的父表,但 S_2 不是待整理父表。因为在整理 S_1 时 S_2 的内容将自动被整理。条件(2)说明,一个待整理父表的所有子表应属于 T。

综上所述,构造待整理表集合 T 算法如下。

步骤1,根据信息系统业务需求,将所有认为要参与整理的表加入 T 中。

步骤2,在 T 中找出所有待整理父表,即在 T 中无父表的表即为待整理父表。

步骤3,在 A 中找出所有 T 中父表的子表,并加入 T 中,至此一个待整理表集合构造完成。

待整理表集合构造完成后接着要对集合中的每个父表定义整理条件。一般地,整理条件包含两类,一类是时间,也就是以某个时间点作为整个系统整理条件,经过整理后系统该时间点以前的数据在参与整理的数据库中不存在,可能被删除或转存到另外一个备份数据库中;另一类整理条件是记录状态或其他条件,如医院系统中的处方表,整理条件为状态等于"已结算",已结算表示患者已取药且收银员已与财务结算。

在数据整理的删除过程中,如果记录过多,要一次删除全部要整理的记录,可能导致 ROLLBACK 段错误,因此,必须将删除分成多次进行。一般地,一次删除记录数越多,累计用时越少。为此,对具体的应用系统,应根据具体情况给出一次删除记录数的适当数值。一次删除记录数由待整理表自身以及它的所有子表在一次删除中决定。例如,表自身一次删除 10 条记录,每条对应子表有 20 条记录,每条子表记录对应子表有 30 条记录,那么一次删除对应记录总计不超过 $10+10\times20+10\times20\times30=6210$ 条记录。

在一次删除中,由于受父子表关系的影响,无法准确确定一次删除记录数。在实际应用中可以通过业务表的具体情况给出估算数值,通过估算值决定父表一次删除记录数,另外也可以参照以前的删除记录情况估算本次删除记录情况。

5.1.5　应用实例

下面以机场安检数据转存系统为例说明数据整理(转存)的参数设置及操作界面。

1．功能

将当前数据库 CDatabase 一段时期内不用的数据按指定的时间点转存到历史数据库 HDatabase 中;将历史数据库 HDatabase 中的数据库按指定的时间点进行永久删除。

2．创建触发器

以 CDatabase 身份进入数据库,创建相应的触发器,该类触发器的命名规则为 DT_<table_name>。

3．运行

在系统运行的第一个界面(登录界面)输入当前数据库 CDatabase 相应参数,然后进入主界面,如图 5.1 所示。第一次进入主界面后首先要设置参数,单击"设置"按钮后进行参数和选表设置。

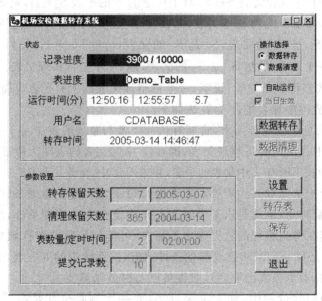

图 5.1　数据转存

4．参数设置

1) 转存表

转存表同样也是清理表。每个转存父表的列只能选 DATE 或 VARCHAR2 两种类型之一,该列用于转存和清理条件。子表列无实际意义,可任选一列。为了保证数据的一致性和完整性,对于有父子关系的表,即具有级联删除关系的表,在数据转存表栏目将它的"父表"列设为相应的值,父表设为 Y,子表设为 N。设置子、父表的原则是：在数据转存表范围中,无父表的表均为父表,否则为子表,父子表之间必须有级联删除关系。设置完后在主界面上单击"保存"按钮保存设置。转存设置如图 5.2 所示。

图 5.2　转存设置

2）转存保留天数

数据转存是指按"转存保留天数"将当前数据库的数据转存到历史数据库相应的表中。"转存保留天数"从零点计时,即 00:00:00。如主界面所示的设置和当时的运行时间,转存条件为" ≤ 2005-03-07 00:00:00 ",即转存 2005 年 3 月 7 日零时（包括零时）以前的数据。

3）清理保留天数

数据清理是指按"清理保留天数"对历史数据库的数据进行永久删除。如主界面所示的设置和当时的运行时间清理条件为" ≤ 2004-03-14 00:00:00 "。

4）表数量/定时时间

"表数量"是指参加转存和清理的表的数量。该项通过"转存表"设定。"定时时间"是指自动运行时的设定时间。

5）提交记录数

"提交记录数"指对于每个转存或清理的表每次提交的记录数量。对于有子表的表,提交记录数量可能超过该数,具体数量因数据库表关联关系和数据库当时的关联记录而定。如提交记录数为 100,表 T1 是 T2 的父表,T2 是 T3 的父表,且 T1 一次转存的 100 条记录与 T2 表的 3000 条记录相关联,而 T2 的这些记录与 T3 的 10000 条记录相关联,则本次提交的转存记录总数为 13100 条。因此在设置该参数时需考虑表之间的级联删除关联关系。

5. 状态

（1）记录进度：按记录显示正在转存或清理的表已完成的进度。

（2）表进度：按表显示正在转存或清理的表的名称，以及该表在所有父表中的顺序号占全部父表数量的百分比，以进度方式显示。

（3）用户名：显示当前数据库连接名称，即当前数据库 CDatabase 或历史数据库 HDatabase。

（4）转存时间：转存完成时服务器时间。

6. 其他

（1）自动运行：该项选定后系统将进入自动运行状态，每日到设定时间后系统自动运行数据转存功能。数据清理只能手工运行。

（2）当日生效：该项选定后"自动运行"当日生效，否则第二日生效。

7. 注意事项

（1）具有父子关系的表，级联删除触发器在当前数据库 CDatabase 和历史数据库 HDatabase 中必须生效，即状态为 Enabled。

（2）在历史数据库 HDatabase 中不能有 INSERT 类型触发器，否则可能导致多余数据产生，至少在选定的转存表中无 INSERT 类型触发器。

（3）在选定的转存表中，用字符类型保存日期列的格式必须为："yyyy-mm-dd hh:mm:ss"。

（4）该转存系统触发器命名均以字符"DT__"开始，原系统触发器最好不要以该字符串开始，以避免重名。

5.2 跨库查询

跨库查询是通过建立以当前数据库和历史数据库中的对应表为基表的数据视图，再以此数据视图为查询数据源的思路来实现的。

设当前数据库用户为 CDatabase，历史数据库用户为 HDatabase，其数据库结构相同，需要查询的数据库表为 TABLE_1，其表结构如图 5.3 所示。

表_1	
列_1	N9
列_2	VA20
列_3	DT

TABLE_1	
Colunm_1	NUMBER(9)
Colunm_2	VARCHAR2(20)
Colunm_3	DATE

图 5.3 TABLE_1 结构

1. 查询授权

在建立用于查询数据源的数据视图之前，必须先将历史数据库用户 HDatabase 的查询权限授予当前数据库用户 CDatabase。授权过程如下。

（1）以历史数据库用户 HDatabase 的身份登录数据库。

（2）执行如下授权命令。

```
GRANT SELECT ON HDatabase.TABLE_1 to CDatabase;
```

2．创建数据视图

以当前数据库用户 CDatabase 的数据库表 TABLE_1 和历史数据库用户 HDatabase 的数据库表 TABLE_1 为基表创建数据视图 View_1。创建过程如下。

（1）以当前数据库用户 CDatabase 的身份登录数据库。

（2）执行创建数据视图 View_1 的命令。

例如：

```
CString crestr = "CREATE OR REPLACE VIEW View_1 AS ";
crestr += "SELECT TABLE_1.COLUNM_1,TABLE_1.COLUNM_2,TABLE_1. COLUNM_3 FROM TABLE_1 ";
crestr += "UNION SELECT HDatabase.TABLE_1.COLUNM_1,HDatabase.TABLE_1.COLUNM_2,
            HDatabase.TABLE_1. COLUNM_3 FROM HDatabase.TABLE_1;";
Adoconn.ExecuteSQL(crestr);
```

3．查询

在信息系统运行的过程中始终是以用户 CDatabase 为当前数据库的。由于当前数据库用户 CDatabase 拥有对历史数据库用户 HDatabase 的数据库表 TABLE_1 的查询权限，因此在以数据视图 View_1 为数据源进行查询时，其查询结果就来自于当前数据库用户 CDatabase 的数据库表 TABLE_1 和历史数据库用户 HDatabase 的数据库表 TABLE_1。

当查询的时间间隔超过历史存储时间限时，可以通过以下语句进行跨库查询：

```
UpdateData();
CString StartTime, EndTime;
CTime stime, etime;

m_cStartTime.GetTime(stime);
int year = stime.GetYear();
int month = stime.GetMonth();
int day = stime.GetDay();
StartTime.Format("%d-%d-%d", year, month, day);

m_cEndTime.GetTime(etime);
year = etime.GetYear();
month = etime.GetMonth();
day = etime.GetDay();
EndTime.Format("%d-%d-%d", year, month, day);

CString selstr = "SELECT * FROM View_1 WHERE View_1. COLUNM_3 >= to_date('"
            + StartTime + "','yyyy-mm-dd') AND View_1. COLUNM_3 <= to_date('"
            + EndTime + "', 'yyyy-mm-dd')";
Adoconn.GetRecordSet(selstr);
```

其中 m_cStartTime 和 m_cEndTime 为类 CDateTimeCtrl 的对象，即 Data Time Picker

控件变量。

5.3   数据导出与导入

  通常数据库管理系统都有数据备份与恢复或数据导出与导入功能,其目的是防止数据丢失或非正常更改。可在系统正常时对数据进行导出,一旦数据被破坏,就用前面导出的数据副本进行数据恢复,恢复成功后数据库便处在系统实施数据导出时的状态。本节所述的数据导出与导入,兼有数据备份与恢复功能,其主要目的是对信息系统进行有效的环境切换,和辅助信息系统开发阶段对数据结构的修改。其主要思路与数据库管理系统的导出与导入类似,但保存格式是 SQL 语句组成的文本格式(除大文本外),在需要时可以通过修改导出文件达到修改数据或数据结构的目的,而且,当实施数据导入后,可以通过设置达到追加或替换数据的目的,即可以恢复到系统导出时的状态,或将导出的数据追加到系统中。

  数据导出的思路是:从数据库管理系统的系统表中提取某一用户的所有数据类,如表、视图、索引、序列、包、触发器和存储过程等,再从对应的类中提取子类,如表和视图中的列、序列、包、触发器和存储过程中的程序等,依次提取直到结束,并按规定的格式写入文件。格式尽量选用符合习惯的格式,如 SQL/Plus 格式。

  下面以 TEST 用户表 TEST_FATHER 和 TEST_SON 为例说明数据导出过程。这两个表的结构如图 5.4 所示。

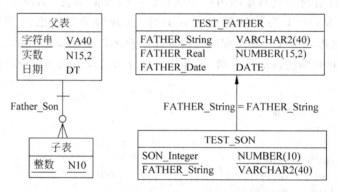

图 5.4   TEST 用户表结构

5.3.1   导出文件的组成

  导出文件由块头、块体和块尾三部分组成。块头由删除与创建 SQL 语句组成,如删除与创建序列语句和删除与创建表语句等。对应于图 5.4 的块头为:

```
DROP   SEQUENCE TEST_NO
/
CREATE SEQUENCE TEST_NO INCREMENT BY 1 START WITH 67871 NOMAXVALUE NOCYCLE CACHE 10
/
-- ============================================================
-- No of SEQUENCES: 1
- ============================================================
```

```
DROP TABLE TEST_FATHER
/
CREATE TABLE TEST_FATHER
(
    FATHER_STRING           VARCHAR2(40)            NOT NULL,
    FATHER_REAL             NUMBER(15,2)            NULL,
    FATHER_DATE             DATE                    NULL,
    PRIMARY KEY(FATHER_STRING)
)
/
DROP  TABLE TEST_SON
/
CREATE TABLE TEST_SON
(
    SON_INTEGER             NUMBER(10,0)            NOT NULL,
    FATHER_STRING           VARCHAR2(40)            NOT NULL,
    PRIMARY KEY(SON_INTEGER)
)
/
-- ===============================================================
-- No of TABLES: 2
-- ===============================================================
```

块体主要由 INSERT 语句组成,作用是对数据库表添加数据。数据库 TEST 的插入语句如下:

```
INSERT INTO TEST_FATHER VALUES(SUBSTRB('第 1 条数据',2,9),123.45,
TO_DATE('2007 - 01 - 01 01:01:01','YYYY - MM - DD HH24:MI:SS'))
/
INSERT INTO TEST_FATHER VALUES(SUBSTRB('第 2 条数据 ',2,9),246.9,
TO_DATE('2007 - 01 - 01 11:11:11','YYYY - MM - DD HH24:MI:SS'))
/
INSERT INTO TEST_FATHER VALUES(SUBSTRB('第 3 条数据 ',2,9),123456.78,
TO_DATE('2007 - 03 - 03 22:22:22','YYYY - MM - DD HH24:MI:SS'))
/
-- ===============================================================
-- No of RECORDS: 3
-- ===============================================================

INSERT INTO TEST_SON VALUES(1,SUBSTRB('第 1 条数据 ',2,9))
/
INSERT INTO TEST_SON VALUES(2,SUBSTRB('第 2 条数据 ',2,9))
/
INSERT INTO TEST_SON VALUES(3,SUBSTRB('第 3 条数据 ',2,9))
/
INSERT INTO TEST_SON VALUES(4,SUBSTRB('第 1 条数据 ',2,9))
/
INSERT INTO TEST_SON VALUES(5,SUBSTRB('第 1 条数据 ',2,9))
/
```

```
-- ================================================================
-- No of RECORDS: 5
-- ================================================================
```

说明：

表 TEST_SON 中的数据内容"第 1 条数据"、"第 2 条数据"和"第 3 条数据"来自其父表，由关系 Father_Son 决定。

块尾由创建触发器和索引 SQL 语句构成。数据库 TEST 的块尾语句如下：

```
-- package integritypackage
CREATE OR REPLACE package IntegrityPackage AS
PROCEDURE InitNestLevel;
function GetNestLevel return number;
PROCEDURE NextNestLevel;
PROCEDURE PreviousNestLevel;
END IntegrityPackage;
/
-- package body integritypackage
CREATE OR REPLACE package body IntegrityPackage AS
NestLevel number;

-- Procedure to initialize the trigger nest level
PROCEDURE InitNestLevel IS
BEGIN
   NestLevel := 0;
END;

-- Function to return the trigger nest level
function GetNestLevel return number IS
BEGIN
   IF NestLevel IS NULL THEN
     NestLevel := 0;
   END IF;
   RETURN(NestLevel);
END;

-- Procedure to increase the trigger nest level
PROCEDURE NextNestLevel IS
BEGIN
   IF NestLevel IS NULL THEN
     NestLevel := 0;
   END IF;
   NestLevel := NestLevel + 1;
END;

-- Procedure to decrease the trigger nest level
PROCEDURE PreviousNestLevel IS
BEGIN
```

```
    NestLevel := NestLevel - 1;
END;

END IntegrityPackage;
/
-- ================================================================
-- No of SUBROUTINES: 4
-- ================================================================

-- trigger tda_test_father
CREATE OR REPLACE TRIGGER tda_test_father AFTER DELETE
ON TEST_FATHER FOR EACH ROW
DECLARE
    integrity_error   exception;
    errno             integer;
    errmsg            char(200);
    dummy             integer;
    found             boolean;
BEGIN
    IntegrityPackage.NextNestLevel;

    -- Delete all children in "TEST_SON"
    DELETE TEST_SON
    WHERE FATHER_String = :old.FATHER_String;
    IntegrityPackage.PreviousNestLevel;
-- Errors handling
exception
    WHEN integrity_error THEN
    BEGIN
        IntegrityPackage.InitNestLevel;
        raise_application_error(errno, errmsg);
    END;
END;
/


-- trigger tua_test_father
CREATE OR REPLACE TRIGGER tua_test_father AFTER UPDATE
of FATHER_String
ON TEST_FATHER FOR EACH ROW
DECLARE
    integrity_error   exception;
    errno             integer;
    errmsg            char(200);
    dummy             integer;
    found             boolean;
BEGIN
    IntegrityPackage.NextNestLevel;

    -- Modify parent code of "TEST_FATHER" for all children in "TEST_SON"
    IF (updating('FATHER_String') and
    :old.FATHER_String != :new.FATHER_String) THEN
        UPDATE TEST_SON
        SET FATHER_String = :new.FATHER_String
```

```
      WHERE FATHER_String = :old.FATHER_String;
   END IF;
   IntegrityPackage.PreviousNestLevel;

-- Errors handling
exception
   WHEN integrity error THEN
   BEGIN
      IntegrityPackage.InitNestLevel;
      raise_application_error(errno, errmsg);
   END;
END;
/
-- =========================================================
-- No of TRIGGERS: 2
-- =========================================================

DROP   INDEX FATHER_SON_FK
/
CREATE INDEX FATHER_SON_FK ON TEST_SON(FATHER_STRING)
/
-- =========================================================
-- No of INDEXES: 1
-- =========================================================
```

5.3.2 数据导出

1. 提取表名

导出表的数据时,首先需要从系统表 all_tables 中的 table_name 列中提取用户 TEST
(owner = 'TEST')下的所有表的名称。其 SQL 语句为:

```
SELECT table_name FROM all_tables WHERE owner = 'TEST' ORDER BY table_name ASC;
```

在表数据导出中,如果还有其他要求,像某类型前缀表,可将其作为条件的一部分加入
到 WHERE 中,比如前缀为"TEST_"和"XT_",其提取语句如下:

```
SELECT table_name FROM all_tables  WHERE owner = 'TEST' AND (table_name LIKE 'TEST\_ % ' ESCAPE
'\' OR table_name LIKE 'XT\_ % ' ESCAPE '\') ORDER BY table_name
ASC;
```

2. 提取列名

从系统表 all_tab_columns 中提取数据库用户 TEST 下表名由 table_name 给定的列名
和对应数据类型的 SQL 语句为:

```
SELECT column_name,data_type FROM all_tab_columns WHERE owner = 'TEST' AND table_name = 'TEST_
FATHER' ORDER BY column_id ASC;
```

检索结果如图 5.5 所示。

	COLUMN_NAME	DATA_TYPE	
1	FATHER_STRING	VARCHAR2	...
2	FATHER_REAL	NUMBER	...
3	FATHER_DATE	DATE	...

3. 提取数据

图 5.5 提取列名和数据类型

数据提取不仅要提取表中的数据,而且要将提取后的数据变成能够执行的 SQL 语句,当执行这些 SQL 语句后,数据库可恢复到提取数据时的状态。从用户 TEST 的 TEST_FATHER 中提取数据的 SQL 语句为:

```
SELECT 'INSERT INTO TEST_FATHER VALUES SUBSTRB('''||
REPLACE(REPLACE(FATHER_STRING,'''',''''''), CHR(47),'''||CHR(47)||''')
|| ''',1,'||NVL(TO_CHAR(LENGTHB(FATHER_STRING)), 0) || ')'|| ','||
NVL(TO_CHAR(FATHER_REAL),'NULL') || ','|| 'TO_DATE('''||
TO_CHAR(FATHER_DATE, 'YYYY-MM-DD HH24:MI:SS') ||
''','''YYYY-MM-DD HH24:MI:SS''')'FROM TEST_FATHER;
```

经提取后,对应的第 1 条记录的数据为:

```
INSERT INTO TEST_FATHER VALUES (SUBSTRB('第 1 条数据', 0, 9), 123.45,
TO_DATE('2007-01-01 01:01:01', 'YYYY-MM-DD HH24:MI:SS'));
```

数据的提取语句和其结果均为 SQL 语句。在将提取的数据转成相应的 SQL 语句时需要做一些转化,如对字符型数据,需要处理半个汉字(双字节字符)问题、数据中有单撇号问题和斜杠符号问题等。

(1) 双字节字符问题。用户使用输入界面输入的数据一般不会出现这种情况,但在程序输入中,如果使用了对字符串的截断函数就可能出现这种现象。在构成的 SQL 插入语句中,字符数据前加上 SUBSTRB 函数,且从第 1 个字节开始,并使用 LENGTHB 获取字符串长度。

(2) 单撇号问题。由于单撇号是作为字符串开始和结束的标志符号,因此当字符串中的数据有单撇号时必须做转义处理。

(3) 斜杠符号问题。由于斜杠"/"属于 SQLPlus 中的一个执行命令,为了避免执行命令与字符串中的斜杠字符混淆,比如数据字符串中包含子字符串"换行"+"/"+"换行",就无法判别其中的斜杠是 SQL 命令,还是字符串内容,为此,应使用函数 REPLACE 将斜杠转化成 CHAR(47)。

(4) 其他问题。对于特殊字符,包括在 SQLPlus 中有功能作用又可能在数据字符串中出现的字符都要进行转义或做一些等价的变换,如上面描述的单撇号或斜杠字符。同样,换行符也属于特殊字符,当字符串中包含换行符时该行将被分割成多行,如果进行语法检查,虽然可以知道其作用,但每条语句都须检查各种情况,耗时较多,所以可按上面的处理方法做类似的变换。另外,还有空数据和日期型数据,分别用 NVL 和 TO_CHAR 函数处理。

5.3.3 数据导入

数据导入过程相对简单,其过程如下。

（1）读导出文件，一次读数据量为 1024KB。

（2）从头到尾依次找字符斜杠"/"，每找到一个就用动态 SQL 执行前面的 SQL 语句，执行结束后删除前面的字符串。

（3）将剩余的不包含斜杠的字符串与下次读到的字符串连接，作为新的字符串，重复步骤（2），直到文件读完。

5.4　大文本数据管理

大文本是一种以二进制方式存储的数据类型，用于存储数据量较大的数据，如语音文件、视频文件、图片文件、文本文件等。由于大文本数据占用空间大，处理时间长，若处理不当，将影响系统效率。

5.4.1　大文本存储

1. 大文本数据类型

不同数据库管理系统的大文本数据的类型名称也不尽相同，如在 Sybase 中为 long varchar、Oracle 7 中为 long raw、Oracle 8 中为 blob、SQL Server 中为 image 等。大文本数据类型一律称为 blob 数据类型。

由于大文本数据类型的特殊性，在一些开发环境中有专门的操作方法。在 ADO 方法中，使用 AppendChunk 函数将数据追加到大型文本、二进制数据 Field 或 Parameter 对象。在涉及大文本的数据库设计中一般有两种方法：

（1）用数据库存储大文本数据。将大文本数据存储在数据库中，通过数据库完成对大文本数据的存储管理。优点是大文本数据像其他数据类型数据一样易于管理、保密性好、安全可靠、不易丢失和被修改；缺点是一旦录入一定数量且每个文件占用空间较大的大文本，数据库文件将臃肿不堪，响应速度急剧下降。

（2）用文件存储大文本数据。将一些特征信息存储在数据库中，如大文本的路径及文件名作为字符串存储在数据库中，大文本数据本身以文件的形式保存在系统指定的文件目录下。该方法的优点是不会扩大数据库的存储空间，在不访问大文本的情况下不降低数据库响应速度，但是该方法对环境依赖性大，必须保证文件内容和文件名不被非法更改或删除，数据的维护难度大。

2. Oracle 中的大文本数据

Oracle 7 中通过 long、long raw 数据类型来存储大文本数据。long raw 的含义是可变长二进制数，可以用来保存较大的图形文件或带格式的文本文件，如 Microsoft Word 文档，以及音频、视频等二进制文件；long 的含义是可变长字符列。Oracle 8 在关系数据库的基础上引入了面向对象数据模型，增强了表示和管理多媒体数据的能力。为了处理这些多媒体数据，Oracle 8 中出现了一种新的大文本数据类型——二进制大型对象（Large Object of Binary，lob）。lob 类型可存储像文本文档、静态图像、视频、声音等数据，是一种新的大文本数据。lob 对象有 4 种类型：blob、clob、nclob 和 bfile。blob 的含义是二进制大对象，用于存放原始的二进制数据,如图片、录像剪辑或声音文件;clob 的含义是字符大对象,存放单字节字符数据,常用来存储较大的文本项,如文档和 Web 页;nclob 的含义是字符大对象,存储定宽的多字节字符集数据,与 clob 类似,但能存储与一个国家字符集对应的固定宽度和多字节字符数据;bfile 存储指向数据库外由文件系统管理的大型对象数据类型文件的指针。根据数据存储位置的不同,lob 数据类型可分为内部 lob 和外部 lob。blob、clob 和 nclob 属于内部 lob,Oracle 将内部 lob 数据存储在数据库内部,可以对其执行读取、存储、写入等特殊操作;bfile 属于外部 lob,数据库 bfile 字段中存储的是文件定位指针,大文本数据存储在数据库外一个单独的文件中,可以存储的大文本数据大小由操作系统决定。通过文件定位指针,Oracle 可以读取、查询 bfile 数据,但不能写入数据。

lob 与 long raw 数据类型的区别主要在于以下几方面。

(1) lob 字段最大长度为 4GB,而 long raw 字段最大长度不超过 2GB,并且一个数据库表中可以定义多个 lob 类型的列,而一个表中只能包含一个 long raw 类型的列。

(2) 对于 lob 数据,表中存有指向 lob 的指针,一般存储在表外的指定表空间里,bfile 数据存储在外部文件中,long raw 类型的数据存储在数据库中。

(3) 当访问 lob 列时,返回的是指针,而当访问 long raw 列时,返回的是数据本身。

(4) lob 类型支持随机存取数据,而 long raw 类型的数据只能顺序存取。

在 Oracle 数据库管理系统中,lob 类型的出现取代了 long、long raw 类型,用户可以使用多种方法来检索或操作 lob 数据,如用 DBMS_lob 包或用 OCI(Oracle Call Interface)调用程序接口处理 lob 数据。DBMS_LOB 包可用于整体或部分地读写内部的 lob 数据,也支持对于 bfile 数据的读操作。对于原有的 long raw 数据,可以利用 TO_LOB 将它转换为 lob 类型来处理。OCI 是由头文件和库函数等组成的一套 Oracle 数据库应用程序编程接口工具,它提供了一套完整的操作函数,使用它们可以实现 lob 对象的打开、读取、写入和关闭等操作。

3. 文件存储大文本数据库设计

在应用系统的数据库设计中,如果涉及大文本数据,选用文件存储大文本数据还是选用数据库存储大文本数据应根据系统需求和系统响应要求权衡利弊而定。如果大文本数据量较大,访问该记录次数较多,但访问大文本数据本身次数又不多,使用文件存储方式较好。这样,既不影响非大文本业务的正常工作,又兼顾了涉及大文本的功能。

在数据库设计中,首先指定一个子目录存储大文本文件,文件名可以以序号或时间顺序或其他方式命名,只要在子目录中不重名即可。大文本字段可以存放文件名或带路径的文件名,该字段在修改前必须对指定路径的文件做相应的修改,也就是把对文件的操作看成事务的一部分,以维持子目录中大文本文件和数据库中大文本字段的一致性。由于大文本文件一般占用存储空间比较多,操作过程相对较长,因此对文件操作可以在事务之前进行,以减少事务的执行时间。执行顺序为:①大文本文件操作 1;②事务开始;③事务主体;④事务结束(提交或回滚);⑤大文本文件操作 2。

在事务结束时,如果回滚,说明事务执行不正确,对文件的操作应该恢复到执行前状态。执行前状态分为以下 3 种情况:

(1) INSERT 操作。给指定的路径写一大文本文件(大文本文件操作 1),执行前状态为该文件不存在,恢复过程为删除该文件(大文本文件操作 2)。

(2) UPDATE 操作。更改指定路径下文件的内容,或更改文件名和文件内容,不管哪种情况,均可理解为删除原大文本文件,增加一新的大文本文件。为了在执行事务出错时能恢复至文件执行前的状态,在执行 UPDATE 操作前先保存一份大文本文件副本(大文本文件操作 1),然后再修改原文件(大文本文件操作 1)。如果回滚事务,用副本替换修改后的文件并删除该副本(大文本文件操作 2);如果提交,则删除大文本文件副本(大文本文件操作 2)。

(3) DELETE 操作。如果事务出错,无文件操作,否则,删除大文本文件(大文本文件操作 2)。

如果对大文本文件的操作不成功,则不进入执行事务阶段。

5.4.2　大文本文件管理

大文本以文件方式存储在数据库之外,但又作为数据库数据的一部分为应用系统提供数据,其缺点是数据的维护由应用系统完成。为了保证系统的正常运行,必须有严格的管理方法和制度,如不允许手工改动或删除这些外部文件等。同时,也可以通过在数据库中加入一些大文本文件辅助信息等方法来减少由于外部其他因素引起的数据错误。

1. 大文本辅助信息

在数据库中加入一些辅助信息不仅有助于对文件的管理和使用,而且对检查文件错误起一定作用。常用的辅助信息有文件名称、文件类型、文件大小、压缩方法、加密算法和校验码等。文件名称、文件类型和文件大小为用户在使用应用系统中提供大文本最基本信息,用户可根据这些信息决定在使用中是否访问,如对一张很大的图片文件,只有必要时才进行浏览。通过加密算法可以完成对存储在文件目录中的文本数据加密。校验码是一种差错检测算法,对被检测数据计算后所得到的一个数据,其原理是通过校验算法得到校验码,并把该码保存在适当的地方,需要校验时再进行一次同样的计算,如果两次计算的码值相等,表示按该校验算法数据正确,否则数据可能有错或被修改。

通常有 3 种差错检测方法:奇偶校验、校验和以及循环冗余校验(Cyclic Redundancy Check,CRC)。它们的共同思想是加入冗余数据来检测差错。

CRC 校验方法是将要检测的数据比特序列当做一个多项式 f(x) 的系数,用生成多项式 g(x) 去除,求得一个余数多项式。校验时用同样的生成多项式 g(x) 去除被校验数据多项式 f(x),得到计算余数多项式,如果计算余数多项式与原余数多项式相同,则表示数据无错,否则表示有错。CRC 校验纠错能力强,实现容易,是目前最广泛的检错码编码方法之一。

2. 大文本文件命名方法

在整个系统中大文本文件名要求唯一,否则会给数据管理带来不必要的麻烦。有以下几种命名方法可供参考:顺序号、日期时间、ROWID、用户自定义和混合命名方法。

(1) 顺序号方法。顺序号可由数据库管理系统的 SEQUENCE 数据对象生成。使用 SEQUENCE 的缺点是可能出现断号,每次取一个号,序号自动增 1,如果一个事务失败,下一个将出现断号的情况,断号不妨碍文件名的唯一性。该方法命名的文件名位数少,但文件名对外反映文件的信息少。

（2）日期时间方法。如果系统并发度高,作为文件名的时间应精确到毫秒。该方法的优点是通过文件名可以反映文件的生成日期和时间,缺点是文件名较长。

（3）ROWID 方法。该方法是用 Oracle 数据库的伪列 ROWID 命名的方法。在一个数据库管理系统中所有数据库表的每条记录对应着唯一的一个 ROWID,每个 ROWID 是一个 18 位的字符串。该方法的缺点是文件名较长,反映文件信息少。

（4）用户自定义方法。该方法的优点是用户可以通过文件名获得有关文件的信息。

（5）混合方法。混合方法多种多样,笔者建议的一种混合方法是用户自定义加顺序号方法。首先给用户设置命名规则,比如最多多少个字符；其次检查重名,如果重名,在其后加上序号。该方法的优点与(4)相同。

5.5 角色与授权

信息系统的各种软硬件资源,尤其是在系统运行过程中积累的大量数据是企业最为宝贵的信息资源。对系统运行数据的安全保护工作是信息系统设计人员必须认真考虑和系统用户必须认真对待的重要问题。

5.5.1 系统安全概述

1. 系统安全的含义

信息系统安全的内容比较广泛,包括对系统的各种软硬件资源的安全保护,防止各种自然的或者人为的因素所造成的对系统资源的破坏等。在这些资源中,信息系统运行日积月累所产生的历史数据是用户最为宝贵的业务信息数据,也是用户之所以要建立和使用信息系统的目的之一,用户最终是要使用这些数据作为其存档和分析的依据,从而为其后续的工作提供决策支持。因此无论对系统开发人员还是对用户来说,信息系统的安全与保护都是一项极为重要的工作。

一般情况下,信息系统的安全与保护工作应该考虑以下一些安全隐患。

（1）自然现象或电源不正常引起的软硬件损坏与数据破坏。

（2）人为无意或有意因素对软硬件所造成的破坏。

（3）计算机病毒侵袭所造成的软硬件损坏。

（4）操作人员的误操作所造成的系统数据损坏。

从管理的角度来考虑,为了维护信息系统的安全性,一般应该采取以下一些安全防护措施。

（1）配备齐全的安全保护设备,如 UPS 电源、稳压电源等。

（2）将企业内部局域网与 Internet 物理隔离,安装计算机防病毒软件和必要的防火墙,定期查杀计算机病毒。

（3）依照国家相关政策法规,结合用户单位的具体情况,制定信息系统安全与保护制度,加强宣传教育,提高所有参与信息系统的人员的安全保护意识。

（4）制定信息系统损害恢复预案和规程,保证在信息系统遭受破坏时能够采取迅速有效的措施进行系统恢复或补救。

（5）设计切实可靠的系统安全访问机制，包括用户身份的确认、权限的分配和操作过程的记忆等。

（6）定期对系统数据进行备份，隔离重要数据。

本节并不对系统安全保护的各个方面展开叙述，而是在分析和比较数据库管理系统提供的安全机制和信息系统设计的安全保护功能的基础上，就系统数据的安全访问机制提供一种有效的设计思路——角色授权体系。

2. 系统安全设计的意义

信息系统的安全性设计是指为了有效地控制合法用户对数据库系统数据的有效访问而规定并采取的合理的访问机制。数据库系统中的数据是用户最为宝贵的资源，对其在安全性方面进行保密性、完整性和可用性的规定，从而保证达到数据避免泄露、数据完整一致和数据对合法用户可用都是非常重要的。数据库系统的安全保护措施是否有效，访问机制是否合理有效，是评价数据库系统性能的主要性能指标之一。

3. 管理信息系统的安全性

保证信息系统数据安全的途径主要有两个方面：一是利用数据库管理系统（DBMS）所提供的、以数据库用户身份鉴定来控制的、对一个信息系统所建立的数据库数据的访问；二是通过信息系统软件设计来控制该信息系统所有合法用户对同一数据库用户数据按角色及其对应权限的受限访问。

在数据库安全设置方面往往是层层设防，主要有用户级安全控制、数据库管理系统级安全控制、操作系统安全控制和数据库安全控制等。

（1）数据库管理系统的安全性。几乎所有的数据库管理系统都提供了账户安全性管理功能，并且可以对账户的所有用户规定不同的访问权限，即数据库管理系统不同程度地提供了以数据库用户身份鉴定来控制对一个信息系统所建立的数据库数据合法访问的保护机制。除了安全性访问机制外，数据库管理系统还提供了完整性机制、并发控制和数据库恢复技术来保证数据的完整性和一致性。

在数据库安全设置方面，数据库管理系统涉及了用户级安全控制、数据库管理系统级安全控制、操作系统安全控制和数据库安全控制等。

（2）管理信息系统的安全性。管理信息系统（Management Information System，MIS）是一个由人、计算机、数据库管理系统、操作系统等组成的，能进行信息的收集、传递、存储、加工、维护和使用的系统。因此，管理信息系统的安全包含网络安全和信息安全两个部分。网络安全是指网络系统的硬件、软件及其系统中的数据不受偶然或者恶意的因素而遭到破坏、更改、泄露，系统可以连续可靠地运行，网络服务不中断。信息安全是指信息在采集、加工、存储、检索和传输过程中不被不良的外来信息入侵和防止信息的泄漏、修改和破坏，保证信息的完整性和真实性。

有些管理信息系统在访问后台数据库数据时几乎都采用数据库管理系统所提供的数据库账户来访问数据库。而面对企业内部不同的人员及其业务角色，都采用同一个账户不加区别地访问数据库，显然不能达到具体责任到人的目的。管理信息系统的安全性除了要保证数据库系统数据的保密、完整和可用等安全性之外，还要实现对管理信息系统的不同操作人员规定不同的操作权限，即对不同类型的系统使用角色，对其赋予不同的系统功能。

（3）两种安全性的差异。数据库管理系统所涉及的用户级安全控制、数据库管理系统级安全控制、操作系统安全控制和数据库安全控制等，归根结底都只是对数据库数据的访问做合法性验证，至于这些合法用户在获得对数据库的访问权限后，对数据库数据做何种操作处理，在不违反已经规定的数据完整性和一致性的前提下，数据库管理系统是不加干涉的。这显然和信息系统所完成的业务功能没有关系，对于不同操作人员的操作历史也不能详细记录，而这些内容恰恰是管理信息系统所必须记录在案的。

要实现这些功能，就只能依靠管理信息系统的功能来完成。在管理信息系统中规定不同的系统角色，而系统对不同的角色赋予不同的系统功能，从而使得不同的业务人员只能访问并操作自己角色范围以内系统权限（功能）。

因此，数据库管理系统所提供的系统安全性机制和管理信息系统所提供的系统安全性机制都是非常必要的。二者正好在用户级安全控制和系统功能级安全控制两方面取长补短，相互补充。本节叙述一种动态的管理信息系统的角色管理与授权方法。

5.5.2　角色与授权

1．角色与授权的实现策略

角色是相对于信息系统的用户而言的一种身份，通常是和信息系统所涉及的一组功能相对应的。例如，医院管理信息系统中的医生、护士、收费员等角色，他们各自都拥有对医院管理信息系统部分功能的操作权限，医生具有开处方、医嘱的功能而不具有收费的功能，护士具有执行医嘱的功能而不具有开处方的功能，收费员具有收费的功能而不具有开处方的功能等。

在信息系统中，为了便于管理操作员的需要，产生了角色及权限管理，归纳起来有下列几种授权方法。

（1）固定权限法。该方法在早期的 MIS 系统使用较多。根据开发需求，将所有权限或角色固化在系统中。其优点是程序简单、易于管理，但可扩充性差，较难适应需求的变更。

（2）多运行模块法。该方法与固定权限法类似，只是按固定权限对系统进行划分，这样子系统之间程序冗余大，一旦修改，将涉及多处，无论是开发阶段还是使用阶段，不利于模块的管理。

（3）利用操作系统控制对数据库/表的存取权限。由于其权限依赖于操作系统和数据库结构，因此系统的可移植性差，且权限管理难度大。

（4）动态角色与权限管理法。该方法能随需求而动态地定义角色，根据需要对使用者进行授权。

本小节以动态角色与权限管理为基础，将权限与菜单等同看待，设计相应的授权管理数据库，利用该库在授权的同时管理用户图形界面，使得不同角色具有相应的用户界面。同时，为了保证系统的安全运行，对该数据库的一些关键字段进行了加密。

该方法的思路是：在管理信息系统运行时，先将该系统授予的用户与数据库进行连接，这个连接过程是由管理信息系统自动完成的；然后，由用户以管理信息系统授予的用户名称与管理信息系统连接,连接成功后系统将赋予相应角色所授予的权限,权限以菜单形式体现,不同的权限显示不同的菜单,无操作权限的菜单不可见。显然,用户所输入的用户名和密码由管理信息系统所管理,与数据库管理系统无关,但其数据操作权限受管理信息系统与数据库管理系统连接用户的权限所制约。在管理信息系统中权限之间无大小,SUPER 用户是系统的第一个用户,由系统开发者授权,它的主要权限是"角色授权"和"注册用户"。每个注册的用户密码只能由用户自身改动,SUPER 可以删除其他用户的密码,删除密码过程记入系统日志中。

信息系统的功能通常都是以菜单条的形式来组织的。如果将不同的菜单条(一个底层菜单条对应一个单一功能)作为操作权限赋予已经规定的系统角色,使得用户以自己的身份登录系统后,系统按照该用户所对应的角色来显示其拥有权限的菜单,从而使用户只能看到自己拥有权限的菜单,最终达到角色授权的目的。

2. 管理信息系统角色授权的设计

1) 数据库表设计

在 MFC 程序设计中,可以利用菜单项的 MF_ENABLED 属性和 MF_DISABLED 属性设置菜单项可用或不可用,还可以通过 CMenu 类的成员函数 RemoveMenu 将用户无权操作的菜单项去掉,使其不可见。这样对于不同角色的操作员可使用不同的操作界面,从而实现用户权限控制。为了叙述简单起见,以下将菜单与对应的权限等同看待。因为权限所对应的菜单从理论上讲是树形结构,在实际应用中一般绝大部分菜单都是两层,所以可以仅考虑两层以内的授权方案。定义角色并对角色进行授权的步骤可归纳如下。

(1) 获取完整的系统菜单信息,并放置到表"权限"中。此过程在系统使用前初始化时完成。

(2) 定义角色名称,并给相应菜单的可视标记字段赋值。

(3) 在注册操作员的同时赋予其相应角色。

以上工作的主界面可用多组复选框来实现,它不仅管理用户授权,同时可以由此定义系统,由系统的第一个操作员,一般称为超级用户来完成。它的权限由系统赋予,是仅涉及操作员管理,不含与系统具体业务相关的固定权限。它可删除所有其他操作员的密码,但无权查看和修改,且所有操作被记录在系统日志中。其他每一操作员密码的修改只能由该操作员自己完成,这样,削弱了超级用户的"超级"特性。事实上,在整个系统内操作员之间不存在权限大小问题。一个系统内无特权操作员,操作员权限之间无大小之分,各尽其能,互相监督,重要操作记入系统日志。

根据以上分析,授权管理相应的逻辑数据库可设计为图 5.6 所示,各表说明如下。

- 权限:权限与系统菜单对应,因此呈树形结构。对于每一角色,对应一个访问权限集合,系统菜单的显示属性(如 Visible 和 Enabled)就是该集合的映射。
- 角色:一些操作权限的集合,与 Oracle 数据库管理系统的角色类似。由图 5.6 不难看出,操作员的权限通过角色获得,角色是权限存在的前提。这种关系(RS_4)虽然舍去了操作员直接授权的功能,但简化了授权过程,对最终用户用处较大,尤其是非计算机专业用户。
- 操作员:记录本系统注册的所有操作员信息,如标识、密码、角色、操作员姓名等。

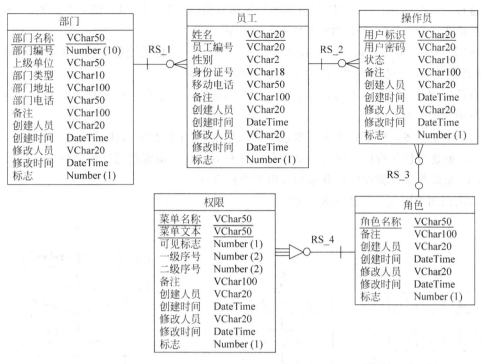

图 5.6 逻辑数据模型

- 员工：员工是系统所涉及人员，一般也是操作员。一个员工可以以多个身份进入系统，所以员工表与操作员表是一对多的，操作员必须是员工。
- 部门：一个部门具有多名员工，部门表与员工表是一对多的关系，一个员工必须属于一个部门。

2）角色与授权系统设计

角色方便了授权管理，它是某些权限的集合。角色与系统操作员有两种对应模式：一角色多操作员；一操作员多角色。

图 5.6 给出了一个信息系统角色与操作员的关系图，由图不难看出，这种对应关系，只须对菜单属性直接赋值，无须转换。例如，在一个医院计费系统中，需要收费人员，于是，可以定义一个"收银员"角色，并将其赋予相应的一些操作员，他们所看到的界面相同，也只能做该角色所对应的操作。但这并不意味着一个操作员只能以一种身份或角色操作系统，可以有多种身份，可用同一操作员在表"操作员管理"中注册不同的标识来实现，但标识要求唯一。

一操作员多角色对应关系须将图 5.6 的关系 RS_3 颠倒过来。在这种关系中涉及两种类型角色，一种是授权角色，该角色显式指定了赋予的权限，即属性为真值，表示为：

$$G = \{m^{(i)} \mid m^{(i)} \in M, m^{(i)}.visible = true, i \in I\}$$

其中，M 为所有菜单项的集合，I 是一有限自然数集合。另一种是限制授权角色：

$$R = \{m^{(i)} \mid m^{(i)} \in M, m^{(i)}.visible = false, i \in I\}$$

对于任一操作员 O，如果既有授权角色 G，又有限制授权角色 R，则最后操作权限为：

$$P(O) = \bigcup G - \bigcup R$$

这种授权模式,对菜单属性赋值顺序为先赋真值,后赋假值,用假值覆盖真值,即限制授权角色优先。Windows NT 的安全机制与此模式类似。

选用"一角色多操作员"或"一操作员多角色"授权模式依系统使用对象的计算机基础而定,一般非计算机行业的用户,选用前者,否则可选用后者。

角色授权体系分为三部分:一是相关档案的建立;二是角色的创建和授权;三是系统登录时的权限分配。

(1) 建立档案。档案的建立主要包括部门档案、员工档案和操作员档案。

(2) 创建角色与授权。包括建立角色档案和对每一个系统角色进行授权。

(3) 系统登录。实现用户登录系统时的权限分配。

其流程图如图 5.7 和图 5.8 所示。

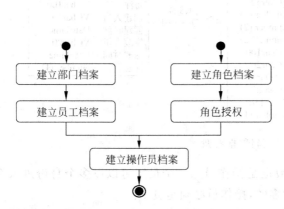

图 5.7 建立档案与角色授权操作流程

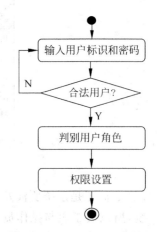

图 5.8 系统登录权限设置流程

3. 角色授权的实现

1) 创建数据库

使用 PowerDesigner 工具将图 5.6 所示的逻辑数据模型生成物理数据模型,如图 5.9 所示,选用 Oracle 10g 数据库管理系统,创建数据库用户 Amis,密码为 Amis,配置数据库网络服务名为 LemonAmis。

2) 创建系统菜单

在 VC++ 6.0 中创建基于 SDI 的工程 GrantTest,以图 5.10 所示菜单为例进行用户权限控制。主菜单中包括"文件"、"基本信息"、"系统设置"、"用户管理"菜单项。其中"文件"子菜单中包括"新建"、"打开"、"保存"和"另存为"菜单项;"基本信息"子菜单中包括"软件系统信息"、"方案信息"、"部门信息管理"和"员工信息管理"菜单项;"系统设置"子菜单中包括"质量特性设置"、"度量特性设置"和"度量标准设置"菜单项;"用户管理"子菜单中包括"操作员信息管理"和"角色授权"菜单项。

3) 创建"角色授权"对话框

创建"角色授权"对话框资源如图 5.11 所示。在该对话框左边部分使用列表框控件显示已有角色名称,管理员可以通过"添加"或"删除"按钮增加或删除角色,如图 5.12 所示。

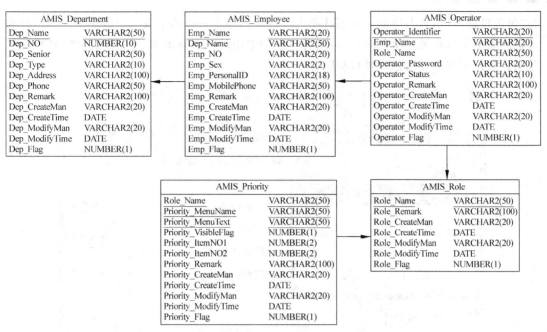

图 5.9　物理数据模型

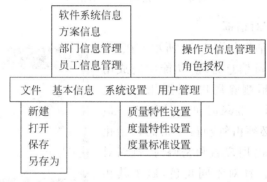

图 5.10　GrantTest 工程菜单

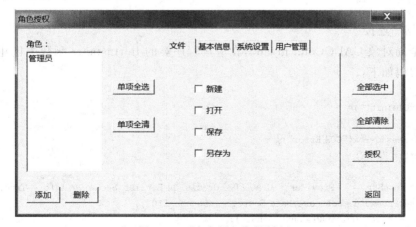

图 5.11　"角色授权"对话框

在"角色授权"对话框右边部分采用选项卡控件显示系统一级菜单及其二级菜单。当用户在角色列表框中选择某一角色时,便可对各个选项卡中的二级菜单项进行复选操作,然后通过"授权"按钮实现对该角色的授权功能。

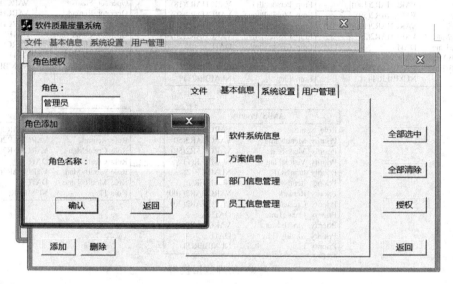

图 5.12　"角色添加"对话框

4) 创建"用户登录"对话框

系统"用户登录"对话框如图 5.13 所示。在"用户管理"菜单中的"操作员信息管理"功能中完成用户注册功能,其中还包括删除用户、设置用户角色和初始化用户密码。用户登录时可以控制用户最多 3 次输入错误,否则必须由管理员做密码初始化处理。当用户输入正确的用户名和密码时,进而对该用户的角色进行判断,针对不同角色,赋予其相应的菜单功能,即用户进入系统后具有不同的系统操作界面。

图 5.13　"用户登录"对话框

5) 数据库连接

定义全局对象 CADOConn m_ado,在应用程序类的 InitInstance 函数中创建数据库连接。示例代码如下:

```
if(!AfxOleInit())
{
    AfxMessageBox("COM Error");
    return FALSE;
}
CString ConnStr = " Provider = OraOLEDB. Oracle. 1; Persist Security Info = True; User ID =
softcase; Password = softcase; Data Source = lemonson_110";
int ret = m_ado.OnInitADOConn(ConnStr);
if(!ret) return false;
```

6）系统初始化

对 GrantTest 工程的授权模式为对菜单项属性先赋真值,后赋假值,即禁用菜单项功能。为了实现禁用功能,必须在 CMainFrame 类的构造函数中设置 m_bAutoMenuEnable＝FALSE。当系统首次运行时,由具有 SUPER 角色的用户获取系统菜单的树形结构信息。因此需定义菜单项类 CMenuItem,代码如下,并且初始化菜单项不可见,一级菜单序号和二级菜单序号都为－1。

```
class CMenuItem{
public:
    CString MenuText;
    CString MenuID;
    CString Level1;
    CString Level2;
    CString Visible;

    CMenuItem()
    {
        Level1 = " - 1";
        Level2 = " - 1";
        Visible = "0";
    }
};
```

在 CMainFrame 类中定义成员变量如下。

```
CMenuItem MenuItem[40];        //用于存储菜单信息
int Count;                     //菜单项数量,初始化值为 - 1
```

定义 CMainFrame 类的成员函数 GetMenuTextID 获取菜单项属性,包括菜单项名称、菜单项 ID,一级序号和二级序号。定义 CMainFrame 类的成员函数 MenuInit 向数据库的 AMIS_PRIORITY 表中插入用户角色为"一"的所有菜单项的初始信息,priority_flag 值为－1,示例代码如下。

```
void CMainFrame::GetMenuTextID()
{
    CString Item;
    CMenu * pMenu1 = GetMenu();
    int ID, MenuCount1 = pMenu1 - > GetMenuItemCount();
    CString temp;
    for(int i = 0; i < MenuCount1; i++)
    {
        Count++;
        pMenu1 - > GetMenuString(i, Item, MF_BYPOSITION);        //获取一级菜单
        MenuItem[Count].MenuText = Item;
        ID = pMenu1 - > GetMenuItemID(i);
        MenuItem[Count].MenuID.Format(" % d", ID);
        MenuItem[Count].Level1.Format(" % d", i);
```

```
        if(ID ==-1)                                      //有子菜单
        {
            CMenu * pMenu2 = pMenu1->GetSubMenu(i);      //获取二级菜单
            int MenuCount2 = pMenu2->GetMenuItemCount();
            for(int j = 0; j<MenuCount2; j++)
            {
                Count++;
                pMenu2->GetMenuString(j, Item, MF_BYPOSITION);
                MenuItem[Count].MenuText = Item;
                ID = pMenu2->GetMenuItemID(j);
                MenuItem[Count].MenuID.Format("%d", ID);
                MenuItem[Count].Level1.Format("%d", i);
                MenuItem[Count].Level2.Format("%d", j);
            }
        }
    }
}
```

当添加一个角色时,首先获取 AMIS_PRIORITY 表中 priority_flag 值为-1 的菜单项记录集,同时置 priority_flag 值为 0,以此作为当前角色的初始菜单项授权状态信息。然后向 AMIS_PRIORITY 表中插入该角色的所有菜单项记录集。该部分可以通过创建表 AMIS_ROLE 的插入触发器实现。

```
void CMainFrame::MenuInit()
{
    CString str = "insert into amis_priority (role_name, priority_menutext, priority_menuid,
                priority_visibleflag, priority_itemno1, priority_itemno2, priority_
                itemno3, priority_flag) values ('-', '";
    CString Insstr;
    for(int i = 0; i <= Count; i++)
    {
        Insstr = str + MenuItem[i].MenuText + "', '" + MenuItem[i].MenuID + "', " +
                MenuItem[i].Visible + ", " + MenuItem[i].Level1 + ", " +  MenuItem[i]
                .Level2 + ", " + MenuItem[i].Level3 + ", -1)";
        m_ado.ExecuteSQL(Insstr);
    }
}
```

7) 角色授权

在图 5.11 所示的"角色授权"对话框中,当选定某一角色并为其选中某个菜单项功能后,即表明具有该角色的用户登录系统后应该具有该菜单项功能。因此在"授权"按钮消息响应映射函数 OnGrant 中必须遍历所有菜单项复选框,若为选中状态,则对该菜单项在表 AMIS_PRIORITY 中设置当前选定角色的 priority_visibleflag 值为 1,否则为 0。由于在表 AMIS_ROLE 中添加一个角色时,便在表 PRIORITY 中为其添加所有菜单项,priority_visibleflag 的默认值全为 0,即对于一级菜单项默认为不可见。此时,只要某一个一级菜单项的二级菜单项有一个被授权,则该一级菜单就应该被授权为可见。

获取选定角色示例代码如下：

```
int index = m_cListRole.GetSelectionMark();
if(index ==- 1)
{
    MessageBox("请选择角色!", "提示", MB_ICONWARNING | MB_OK);
    return ;
}
CString rolename = m_cListRole.GetItemText(index, 0);
```

定义当前选项卡关联的对话框对象指针为 pdlg，依次获取选项卡中的复选框按钮并判断其选中状态，更新表 AMIS_PRIORITY 的 priority_visibleflag 值，示例代码如下：

```
CWnd * pWnd = pdlg->GetWindow(GW_CHILD);
CString sqlstr, text, visible;
int ret, flag1 = 0;
while(pWnd)
{
    CButton * pBtn = (CButton * ) pWnd;
    pBtn->GetWindowText(text);
    ret = pBtn->GetCheck();
    if(ret == 1)
    {
        visible = "1";
        flag1 = 1;
    }
    else visible = "0";
    sqlstr = "update AMIS_PRIORITY set priority_visibleflag = " + visible + " where role_
name = '" + rolename + "' and priority_menutext = '" + text + "'";
    m_ado.ExecuteSQL(sqlstr);
    pWnd = pWnd->GetWindow(GW_HWNDNEXT);
}
if(flag1)
{
    sqlstr = "update AMIS_PRIORITY set priority_visibleflag = 1 where role_name = '" +
rolename + "' and priority_menutext = '" + m_pTabname + "'";
    m_ado.ExecuteSQL(sqlstr);
}
```

由于所有菜单项的 priority_visibleflag 值初始设置全为 0，即包括一级菜单项在内。当某个一级菜单项有子菜单而且子菜单项至少有一个被授权时，该一级菜单项也应该被授权，即该一级菜单项的 priority_visibleflag 值应该设置为 1。在上面的示例代码中，flag1 即用于标识某个一级菜单项有被授权的二级菜单项。m_pTabname 表示当前选项卡名，也为相应的一级菜单项名称。

另外，当选定角色时，还应该在选项卡中显示其已有的授权状态。即在表 AMIS_PRIORITY 中获取该角色的二级菜单项名称 priority_menutext 和可见标志 priority_visibleflag，根据 priority_visibleflag 值设置选项卡中相应复选框的选中状态（示例代码略）。

8）用户菜单设置

当用户登录系统后，根据用户角色设置菜单的可见性或可用性。在 MFC 中，CMenu 类可用于菜单控制，其中成员函数 EnableMenuItem 用于激活、禁用菜单项或使其变灰。该函数原型为：

```
UINT EnableMenuItem(UINT nIDEnableItem, UINT nEnable);
```

其中参数 nIDEnableItem 指定要激活、禁用或变灰的菜单项。参数 nEnable 指定操作的类型，其取值可为下列值的组合：

- MF_BYCOMMAND：为默认值，说明参数 nIDEnableItem 表示菜单项的 ID。
- MF_BYPOSITION：说明参数 nIDEnableItem 表示菜单项的位置，第一个菜单项的位置是 0。
- MF_DISABLED：禁用菜单项，使其不能被选择但不变灰。
- MF_ENABLED：激活菜单项，使其能够被选择并由变灰状态恢复。
- MF_GRAYED：禁用菜单项，使其不能被选择并变灰。

如果该函数执行成功，则返回菜单项之前的状态（MF_DISABLED、MF_ENABLED 或 MF_GRAYED），否则返回值为 -1。

CMenu 类的成员函数 RemoveMenu 从指定菜单删除一个菜单项或分离一个子菜单。如果菜单项打开一个下拉式菜单或子菜单，RemoveMenu 不消毁该菜单或其句柄，允许菜单被重用。在调用此函数前，函数 GetSubMenu 应当取得下拉式菜单或子菜单的句柄。该函数原型为：

```
BOOL RemoveMenu( UINT nPosition, UINT nFlags );
```

其中参数 nPosition 指定被移除的菜单项，可通过 ID 指定或位置序号指定。参数 nEnable 取值为 MF_BYCOMMAND 或 MF_BYPOSITION。如果该函数执行成功，则返回值为非零值，否则为 0。

通常，若当前登录用户无权访问某个菜单项，即其 priority_visibleflag＝0 时应该设置其不可见，即从菜单条中移除该菜单项。在 MFC 中，对于两级菜单结构，如果某一级菜单项具有"Pop-up"属性，其 ID 值为 -1。但是对该菜单项通过 ID 值进行 RemoveMenu 操作会失败，而如果通过位置序号调用 RemoveMenu 函数移除菜单项则会引起其他菜单项的序号发生变化，同样不可行。因此对于 ID 值为 -1 的菜单项，只能通过位置值设置其变灰不可用，即调用 EnableMenuItem 函数，参数 nIDEnableItem 值为其在菜单中的一级序号，nEnable 值为 MF_BYPOSITION | MF_DISABLED | MF_GRAYED。对于 ID 值不为 -1 的菜单项则可使用 RemoveMenu 函数将其移除。

定义 CMainFrame 类的成员函数 SetUserMenu 实现用户授权，示例代码如下：

```
//根据用户角色设置菜单,赋假值
void CMainFrame::SetUserMenu()
{
    int i, count;
    CString level1No, menuID1, level2No, menuID2;
```

```
CMenu * mainmenu = GetMenu();
CMenu * submenu2;
//检索一级菜单项
CString Selstr = "select priority_itemno1, priority_menuid
                from amis_priority where role_name = '" + user.role +
                "' and priority_visibleflag = 0 and priority_itemno2 = - 1";
if(m_ado.GetRecordSet(Selstr))
{
    count = m_ado.GetRecordCount();
    for(i = 0; i < count; i++)
    {
        m_ado.GetCollect("priority_itemno1", level1No);
        m_ado.GetCollect("priority_menuid", menuID1);
        if(menuID1 == " - 1") mainmenu -> EnableMenuItem(atoi(level1No),
                                  MF_BYPOSITION | MF_DISABLED | MF_GRAYED);
        else mainmenu -> RemoveMenu(atoi(menuID1), MF_BYCOMMAND);
        m_ado.MoveNext();
    }
}
m_ado.Close();
//检索二级菜单项
Selstr = "select priority_itemno1, priority_itemno2, priority_menuid
        from amis_priority where role_name = '" + user.role + "'
        and priority_visibleflag = 0 and priority_itemno2!= - 1";
if(m_ado.GetRecordSet(Selstr))
{
    count = m_ado.GetRecordCount();
    for(i = 0; i < count; i++)
    {
        m_ado.GetCollect("priority_itemno1", level1No);
        m_ado.GetCollect("priority_itemno2", level2No);
        m_ado.GetCollect("priority_menuid", menuID2);
        submenu2 = mainmenu -> GetSubMenu(atoi(level1No));
        submenu2 -> RemoveMenu(atoi(menuID2), MF_BYCOMMAND);
        m_ado.MoveNext();
    }
}
m_ado.Close();
}
```

当系统启动时，在 CMainFrame::OnCreate 函数中进行初始化和用户权限设置。示例代码如下。

```
if(user.role == "super")        //系统初始化,只能执行一次
{
    GetMenuTextID();
    MenuInit();
}
SetUserMenu();
```

5.6 系统启动

5.6.1 系统配置文件

1. Oracle 网络配置文件

Oracle 网络配置主要包括 listener. ora、sqlnet. ora 和 tnsnames. ora 3 个配置文件,存储路径为 C:\oracle\product\10. 2. 0\db_1\NETWORK\ADMIN。listener. ora 是 listener 监听器进程的配置文件,一个 listener 进程为一个数据库实例提供服务。sqlnet. ora 文件用于决定查找连接字符串的方式,示例文件内容为:

```
SQLNET.AUTHENTICATION_SERVICES = (NTS)
NAMES.DIRECTORY_PATH = (TNSNAMES, EZCONNECT)
```

表示客户端首先在 tnsnames. ora 文件中查找 Oracle 用户信息,如果解析不到,将使用 EZCONNECT 进行解析。

一般 tnsnames. ora 是建立在客户机上的,在 tnsnames. ora 中定义了本地网络服务的配置信息。通过该文件中描述的连接信息,客户机就可以实现与服务器的连接。该文件默认存放位置是在 C:\oracle\product\10. 2. 0\db_1\NETWORK\ADMIN 文件夹中。文件内容样式如下:

```
LEMONSON_110 =
  (DESCRIPTION =
    (ADDRESS_LIST =
      (ADDRESS = (PROTOCOL = TCP)(HOST = 202.200.84.71)(PORT = 1521))
    )
    (CONNECT_DATA =
      (SERVICE_NAME = lemon)
    )
  )
```

其中,ADDRESS 是服务器的地址,PROTOCOL 是客户端与服务器端通信的协议,一般为 TCP,HOST 是数据库监听所在机器的机器名或 IP 地址,PORT 是 TCP/IP 使用的端口地址,SERVICE_NAME 是数据库服务名,即全局数据库名。

2. VC++ 连接数据库配置文件

数据库连接是信息系统启动的第一步工作。在此过程中应用程序必须为连接提供连接参数。Visual C++使用 ADO 访问数据库,当创建数据库连接时需要设置的连接参数主要包括 OLE DB 提供程序、数据源、用户名称和密码,还可以进行连接超时和访问权限设置。

在 Microsoft ADO Data Control 的“数据链接属性”对话框中,提供了若干预封装的标准提供程序,客户端可以通过任何 OLE DB 提供者访问和操作数据库服务器的数据。通常

可选择"Oracle Provider for OLE DB"用于 Oracle 数据库的连接。连接需要的数据源是在
"Oracle Net Configuration Assistant"工具中配置的数据库本地网络服务名。登录数据库
服务器的用户名称和密码分别是数据库管理系统中存在的数据库用户名称和密码,如
图 5.14 所示。

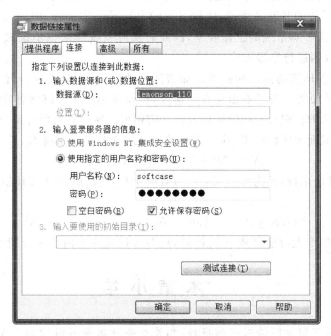

图 5.14 "数据链接属性"对话框

如果使用 ADO 库中的_ConnectionPtr 接口创建数据库连接,需要构造连接字符串,然
后调用 Connection 对象的 open 函数。例如:

```
_bstr_t strConnect = "Provider = OraOLEDB.Oracle.1;Persist Security Info = True;User ID =
softcase; Password = softcase; Data Source = lemonson_110";
m_pConnection -> ConnectionTimeout = 5;
m_pConnection -> Open(strConnect, " ", " ", adModeUnknown);
```

一般地,将这些参数存入一个文件,即系统配置 CFG 文件,并对其加密,存放在系统启
动位置或其他指定位置。由于该文件使用频度低,加密方法选择范围可以很大。

数据库授权是信息系统启动的第二步工作。连接成功后,信息系统根据用户角色对其
进行授权,授权后系统中的操作员(用户)可以进行其授权下的相应工作。当然,数据库用户
的存取权限应包括信息系统用户对数据库的存取权限的要求。由于系统使用了动态角色与
权限管理,操作员登录的认证过程是由信息系统完成的,因此,数据库用户的操作权限应是
所有信息系统操作员对数据库操作的权限并集。

5.6.2 关键字段保护

信息系统 MIS 是在数据库的基础上建立的应用软件,因此,数据库的安全直接影响着
MIS 系统的安全。数据库安全涉及操作系统和数据库管理系统本身。数据库的安全措施

之一就是对数据库加密。数据库加密分三层：操作系统层、数据库管理系统内层和数据库管理系统外层。在操作系统层,由于密钥管理问题,以及加密后无法辨认数据库中的数据关系,使数据库管理系统无法进行正常操作,因此,该层加密目前还难以实现；数据库管理系统内层加密是指数据库在物理存储之前完成加/解密工作,这种方式需要数据库系统开发商的支持；对 MIS 系统的开发者来说,比较可行的方法是外层加密,即加/解密工作在客户端完成。由于加/解密影响系统的工作效率,因此对实际系统应根据情况做到加密粒度适当,如仅对一些敏感数据进行字段加密。

显然,操作员管理表的标识和密码是加密的首选字段,而且不应分开分别加密,即将这两个字段混合同时加密。为了不影响查询速度,操作员标识字段继续使用原值,而操作员密码使用混合加密码,即标识与密码的加密数据。密钥可以使用随机数得到,并加入位置相关函数,使加密前值相同而加密后结果不同。对于位于第 i 个位置的字符 C_i,其一般变换关系为：

$$A_i = \mathrm{MODE}(F(i, \mathrm{Key}, C_i), 256)$$

其中,MODE 为求余函数,F 为变换式,A_i 为对应于 C_i 变换后的 ASCII 值,Key 为密钥。如取变换 F 为：

$$F(i, \mathrm{Key}, C_i) = \mathrm{Key} + \mathrm{ASC}(C_i) + i + 3i^3 + 5i^5$$

对于上式,由于 i 的增大可能造成 F 的超界,这时可以对式子内各项分别求余。

☞ 本 章 小 结

数据整理是为了解决随着时间的推移,相关业务数据量不断增加而导致数据库系统运行效率降低的问题。解决的方法是建立与当前数据库结构相同的历史(备份)数据库来存储过期的历史数据,并把这些数据从当前数据库中删除。在删除数据时为了避免因删除的数据量过大而导致回滚段满的错误,将删除过程分成了两步：第一步收集满足删除条件记录的伪列 ROWID,第二步使用第一步收集的伪列 ROWID 集实施数据删除。在删除过程中,为了使被删除的当前数据库的数据能同时被移动到历史数据库中,在当前数据库中创建了相应的一些触发器。通过建立以当前数据库和历史数据库中的对应表为基表的数据视图,再以此数据视图为查询数据源可实现跨库查询。

数据导出是从数据库系统中读取指定用户及指定表的表名、列名及列的数据类型等相关信息,以此构造删除和创建表的 SQL 语句,并以文本文件形式保存的过程。该文件是数据导入功能的输入数据。数据导出与导入,兼有数据备份与恢复功能,其主要目的是对信息系统进行有效的环境切换,和辅助信息系统开发阶段对数据结构的维护。

数据库系统的大文本数据可存储在数据库中,也可以存储在操作系统的文件系统中。数据库存储是将大文本数据直接以数据库管理系统的大文本数据类型存储到数据库中,而文件存储则是将大文本数据存储在文件中,数据库中只存储对应文件的一些特征信息。对于访问包含大文本记录次数多,但访问大文本数据本身次数又不多的一些操作,使用文件存储方式既不影响访问效率,又兼顾了涉及大文本的功能。

角色是权限的集合。通过角色授权可以简化操作员的授权过程,也避免了同角色用户授权不一致性的情况发生。将权限与对应系统菜单等同看待,通过对系统菜单项的可视属性的设置来实现动态授权,可提高系统的适应性和程序的重用性。

系统启动分两步：数据库连接和系统授权。在数据库连接阶段，信息系统是数据库管理系统的一个用户；在系统授权阶段，操作信息系统的人员是信息系统所管理的用户，也是最终用户。

✅ 思　考　题

1. 数据整理主要解决什么问题？简述其实现的主要思想。

2. 简述触发器编程的限制条件。

3. 在进行数据转存过程中，为什么不能给历史数据库创建触发器？

4. 在使用伪列进行数据整理过程中，为什么要求其他用户停止使用信息系统？

5. 数据导入与导出的设计思想是什么？它与数据库管理系统的数据导入与导出功能有什么区别？

6. 常见的大文本数据存储方法有哪几种？它们分别应用在什么情况下？

7. 简述角色与授权的设计思想。

8. 简述管理信息系统的启动步骤与相关类型用户的关系。

第6章

算法设计

算法是计算机科学的重要分支之一，是程序设计和软件开发的基础。在一个大型软件系统的开发中，设计出有效的算法将起到决定性作用。本章结合具体的应用实例介绍一些典型的算法，包括汉诺塔游戏算法、数字拼图游戏算法、点对点网络通信算法和通用试题库组卷算法。汉诺塔游戏算法是使用递归方法的典型代表，该游戏算法的学习有助于理解递归调用方法；数字拼图游戏出题算法采用逆序法思想，以保证所出的数字拼图题目有解；点对点网络通信算法提供了一种合理布局网络节点、有效提高通信效率的方法；通用试题库组卷算法可根据题目类型比例和难度系数等条件抽取符合要求的试题并进行组卷，这样不仅有效地提高了出题效率，而且提高了所出试题的合理性。

教学要求

(1) 掌握汉诺塔游戏的递归方法；

(2) 掌握数字拼图游戏出题算法和优化算法；

(3) 了解 P2P 技术及并发通信机制；

(4) 了解通信树的相关定义及 P2P 网络通信算法；

(5) 了解试题库组卷算法及随机取数算法。

重点和难点

(1) 递归方法；

(2) 数字拼图游戏出题算法；

(3) 数字拼图游戏优化算法；

(4) P2P 网络通信算法；

(5) 试题库组卷算法。

6.1 汉诺塔游戏算法

6.1.1 递归方法

在算法分析与设计中，常常用到递归方法。递归是指在定义自身的同时又出现了对自身的调用。如果一个函数在其定义体内直接调用自己，则称其为直接递归函数；如果一个函数经过一系列的中间调用语句，通过其他函数间接调用自己，则称其为间接递归函数。递归调用并不是无终止地自身调用，而是有限次、有终止地调用。通常通过条件判断语句来控制,只有在满足某一条件时,才继续递归调用,否则就终止调用。

递归方法可以把复杂问题逐层分解,最后将其划分为规模较小的问题,直接解决,然后再逐层返回。在实际算法分析与设计中,使用递归方法往往使函数的定义或算法的描述简洁而且易于理解。有些数据结构如树形结构,由于其本身的结构特点,特别适合用递归方法。

当一个问题蕴含了递归关系且结构比较复杂时,采用递归调用可以使程序变得简洁,增强程序的可读性。但递归调用本身是以牺牲存储空间为前提的,因为每一次递归调用都要保存相关的参数和变量。同样,递归本身也不会加快执行速度,还会或多或少地增加时间开销,所以只有必要的时候才使用递归方法。

6.1.2 汉诺塔游戏求解算法

益智游戏作为人类社会发展和创新的必然产物,已经被越来越多的人所重视。它寓教于乐,以轻松愉快的方式让人们在娱乐中学习,在学习中娱乐,在快乐中锻炼思维能力。益智游戏不仅提供了一个提高智力、社交、情感和体力等方面能力的机会,而且是一种特殊的学习方式。

汉诺塔游戏是益智类游戏的一个代表,该游戏是一个古典数学问题,是一个用递归方法解题的经典例子。汉诺塔问题可描述为:有 3 个分别命名为 A、B、C 的塔座,在塔座 A 上插有 N 个大小各不相同、从小到大编号为 1、2、…、N 的圆盘,且圆盘必须按照自下而上,由大到小叠放(图 6.1)。要求将塔座 A 上的 N 个圆盘借助塔座 C 移至塔座 B 上,并仍然按同样顺序叠放,圆盘移动时必须遵循如下规则。

(1) 每次只能移动一个圆盘。

(2) 任何时刻都不能将一个较大的圆盘压在较小的圆盘之上。

(3) 在满足规则(1)和(2)的基础上,圆盘可以插在 A、B 和 C 中的任一塔座上。

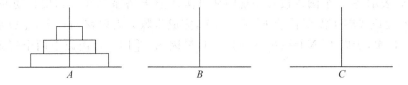

图 6.1 汉诺塔问题初始状态

可以用递归思想分析该问题,当 $N=1$ 时,问题比较简单,只需将编号为 1 的圆盘从塔座 A 直接移至塔座 B,不需要使用辅助塔座 C。当 $N>1$ 时,需要使用辅助塔座 C,可先将 $N-1$ 个较小的圆盘按照移动规则从塔座 A 移至塔座 C,然后将剩下的编号为 N 的最大的圆盘移至 B,最后再将 $N-1$ 个圆盘按照移动规则从塔座 C 移至塔座 B。这样,N 个圆盘的移动问题可以转化为 $N-1$ 个圆盘的移动问题,又可以递归地按照上述方法操作。其具体移动算法如下。

步骤 1,将塔座 A 上的 $N-1$ 个较小的圆盘按照移动规则借助塔座 B 移至塔座 C 上。

步骤 2,将塔座 A 上剩下的一个编号为 N 的最大圆盘移至塔座 B 上。

步骤 3,将塔座 C 上的 $N-1$ 个较小的圆盘借助塔座 A 按照移动规则移至塔座 B 上。

用函数 Hanoi(N,A,B,C)实现将塔座 A 上的 N 个圆盘(状态如图 6.1 所示)按照移动

规则借助塔座 C 移到塔座 B 上,最终圆盘必须按照自下而上,由大到小的方式叠放在塔座 B 上。用函数 $\text{Move}(N,A,B)$ 实现将塔座 A 上编号为 N 的圆盘移至塔座 B 上。汉诺塔问题的求解程序如下:

```
//汉诺塔函数
//-------------------------------------------------------------------
//功能：将塔座 A 上的 N 个圆盘按照移动规则借助塔座 C 移到塔座 B
//说明：全局变量 count 为移动的次数
//-------------------------------------------------------------------
void hanoi(int n, char A, char B, char C)
{
        if(n == 1)      //当圆盘数目为 1,直接将圆盘移至塔座 B
        {
            move(n, A, B);
            count++;
        }
        else
        {
            hanoi(n-1, A, C, B);
            move(n, A, B);
            count++;
            hanoi(n-1, C, B, A);
        }
}
void move(int n, char A, char B)
{
        cout << "第 " << n << " 个盘子: " << A << "-->" << B << endl;
}
```

用 $F[N]$ 表示将 N 个圆盘按移动规则从塔座 A 移至塔座 B 至少需要移动的次数,由移动步骤易知,完成步骤 1 需要移动 $F[N-1]$ 次,完成步骤 2 需要移动一次,完成步骤 3 需要移动 $F[N-1]$ 次,所以 $F[N]=2F[N-1]+1$,又因为 $F[1]=1$,由以上两个等式可以推出 $F[N]=2^N-1$。

6.2　数字拼图游戏算法

数字拼图游戏是一种益智休闲小游戏,其游戏规则比较简单,易于上手。它不仅具有很强的趣味性,而且具有较为广泛的适用人群,其中儿童和学生占大多数。早期是制作成数字拼图拼板玩具,后来逐步出现在各类电子词典里。

6.2.1　数字拼图游戏概述

数字拼图游戏就是用一个数字代替图形中的一小块,把错乱的数字位置关系按先行后列的顺序,从小到大借助空格单元依次排列在二维矩形网格各单元格中。图 6.2 就是一个 3×3 数字拼图游戏完成界面。

为了保证计算机所出的游戏题有解,采用逆序法,即将游戏的目的界面(完成界面)作为逆序法的初始界面,从目的界面开始随机地移动一些步数,再把移动后的这个界面作为游戏的初始界面,这样可以保证每一个初始界面都是可解的。经过一定步数的移动后,可以到达目的界面。综上所述,数字拼图游戏的关键在于出题算法和消除直接或间接重复移动算法的设计。

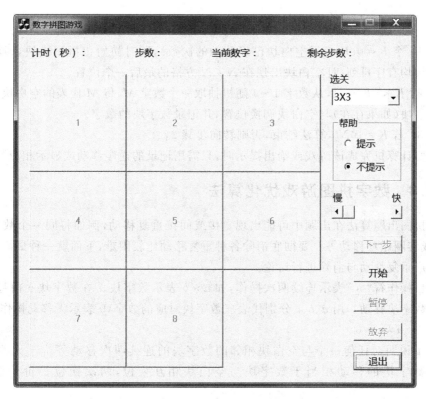

图 6.2　3×3 数字拼图游戏完成界面

6.2.2　数字拼图游戏出题算法

游戏中唯一的空白块可以向多个方向移动,如果空白块与边相邻则可以向 3 个方向移动,如果空白块与角相邻则可以向两个方向移动,否则可以向 4 个方向移动,即向上、向下、向左、向右移动。用数字 1~4 分别表示 4 个移动方向,抽取 1~4 的随机数可以确定空白块下一步的移动方向,通过记录每次抽取的随机数,便可知空白块的移动轨迹。另一种记录游戏轨迹的方法是记录非空白块的移动过程。如图 6.3(a)~图 6.3(d)的变化过程记录为 {8 5 2}。从图 6.3(d)开始按记录逆序移动便回到了图 6.3(a)。

从理论上讲抽取随机数的次数越多,所出的游戏题目数字分布越好。抽取次数可以大致考虑如下:让空白块在外圈转一圈需要 $4N-4$ 次移动,将块 1 移到对角处需要 $(4N-4)\times(2N-2)$ 次移动,对于 N 阶矩阵有 $N/2$ 个正方形回路,因此,抽取随机数的数量应为 $C\times N^3$。通过测试,常数 $C=10$ 较合理。

对于 $N\times N$ 规模的数字拼图游戏,数字拼图出题算法如下。

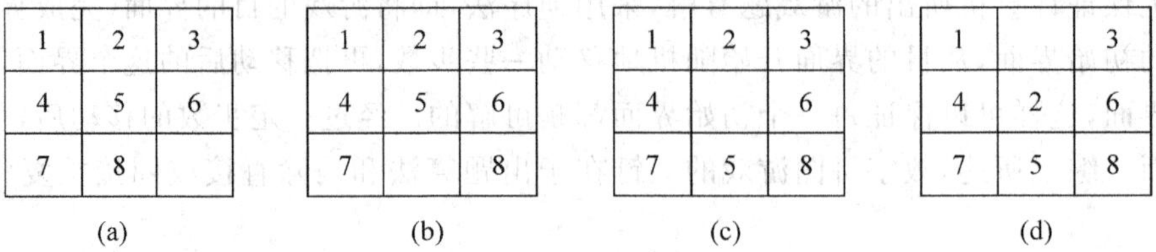

图 6.3　3×3数字拼图游戏变化轨迹

步骤1：令 $K \Leftarrow 0$（K 表示空白块已经移动的次数），同时初始化拼图模块，即将拼图的各数字模块均有序排列，且空白块出现在 $N \times N$ 方格的最后一个位置。

步骤2：$K \Leftarrow K + 1$，从数字 1~4 随机抽取一个数字 M，将 M 代表的空白块移动方向对应的数字块（如果存在）与空白块调换位置，并记录数字块的数字。

步骤3：若 $K = 10N^3$，算法结束，否则转向步骤2。

当需要计算机完成该游戏或给出提示时，只需用记录的逆序移动或显示相应数字即可。

6.2.3　数字拼图游戏优化算法

数字拼图出题算法在出题中可能出现直接或间接重复移动，例如将同一个数字连续移动多次，或转圈循环移动等。要彻底消除各种重复移动比较困难，下面就一种最简单和常见的"田"字形重复移动与消除进行讨论。

用双目操作符"＊"表示连续两次操作，如 $a*b$ 表示数字块 a 在数字块 b 前移动，且之间无其他数字块移动。用 a、b、c 分别代表三数字块对应的数字，0 表示无移动操作。

公式1　$a*a = 0$

公式1说明对任何一个与空白块相邻的数字块的连续两次移动等价于无移动，因为每一次对数字块的移动相当于数字块与空白块相互换位，两次换位等价于没有任何移动。

公式2　$a*b*c*a*b*c = c*b*a*c*b*a$

公式2等式两侧的操作说明数字块 a、b、c 和空格块构成"田"字形，左边从一个方向将所有方格移动了半圈，而等式右边从相反方向也移动了半圈，两侧结果相同。如图6.4(a)表示移动前的形状，图6.4(b)和图6.4(c)表示等式左侧的移动过程，图6.4(d)和图6.4(e)表示等式右侧的移动过程。

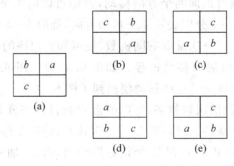

图 6.4　公式2左右两侧移动过程

由公式 1 和公式 2 可以对"田"字形重复移动进行有效的化简。

例 6-1 对"田"字形按一个方向移动 3 次等价于按相反方向移动 1 次,移动过程如图 6.5 所示,图 6.5(a)为起始状态,图 6.5(b)~图 6.5(d)为从起始状态开始按顺时针方向移动 3 次的变化过程,图 6.5(e)为从起始状态开始按逆时针方向移动 1 次变化过程,图 6.5(d)与图 6.5(e)相同。事实上,根据公式 1 和公式 2 有:

$$a*b*c*a*b*c*a*b*c = c*b*a*(c*b*a*a*b*c) = c*b*a$$

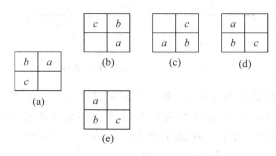

图 6.5 "田"字形等价移动过程

例 6-2 对"田"字形按一个方向移动一周等价于无移动。即

$$a*b*c*a*b*c*a*b*c*a*b*c = 0$$

或

$$c*b*a*c*b*a*c*b*a*c*b*a = 0$$

对于数字拼图中任意一个单元格经过若干步移动后回到原位置,它向上移动步数等于向下移动步数,同样,向左移动步数等于向右移动步数,因此单元格要回到原位必须经过偶数步移动。当单元格从起始位置沿回路无重复地移动一周时,该单元格的移动步数等于回路单元格个数,所以,构成回路单元格个数一定为偶数。对于这种构成回路的 N 个单元格,有 $N-1$ 个数字块在周期性移动中形成的数字序列,记作 $G = a_1 * a_2 * \cdots * a_{n-1}$;将数字块的逆移动序列,记作 $\overline{G} = a_{n-1} * \cdots * a_2 * a_1$。

公式 3 对于移动步数等于单元格个数的周期性移动:

$$G*G*\cdots*G = \overline{G}*\overline{G}*\cdots*\overline{G}$$

其中,序列 G 和逆序列 $\overline{G}$ 数目均为 $N/2$ 个。

公式 3 左侧说明序列 G 沿回路朝一个方向移动半圈,右侧逆序列 $\overline{G}$ 沿回路朝相反方向也移动半圈,两侧结果相同。由公式 3 易得,序列 G 重复循环移动 N 次相当于无移动,即 $G*G*\cdots*G = 0$。公式 3 可看做是对公式 2 的推广。当回路单元格数目为 4 时,公式 2 成为公式 3 的特例。当然,在数字游戏出题算法中,回路单元格数目 N 越大,数字移动轨迹符合公式 3 的概率越小。

对于单元格数目为奇数的情况,在一次周期性移动中,必然有若干个单元格重复移动,所以,数字块移动步数大于单元格数目,造成数字序列规律性不明显,但也不排除有规律的情况。下面举例说明奇数单元格数字块移动情况。

例 6-3 对于单元格数目为 9 的情况,数字块移动过程如图 6.6 所示。图 6.6(a)为起始状态,图 6.6(b)~图 6.6(g)为从起始状态开始移动经过 6 次变化回到起始状态。图 6.6(a)~图 6.6(b)状态变化的数字块移动序列为 $a*b*c*d*e*f*g*h$;图 6.6(b)~图 6.6(c)状态变化的数字块移动序列为 $f*e*d*a$;那么,图 6.6(a)~图 6.6(g)状态变化的数字块

移动序列为 $a*b*c*d*e*f*g*h*f*e*d*a*b*c*a*d*e*g*h*f*g*e*d*b*c*a*b*d*e*h*f*g*h*e*d*c$,该序列规律性不明显。

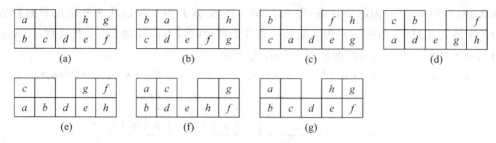

图 6.6　9 单元格数字移动过程

例 6-4　对于单元格数目为 5 情况,数字块移动过程如图 6.7 所示,图 6.7(a)为起始状态,图 6.7(c)、(e)、(g)从起始状态开始按顺时针方向移动 3 次变化过程,图 6.7(b)、(d)、(f)为移动过程的中间状态,数字块移动序列为 $d*b*a*c*b*d*d*a*c*b*a*d*d*c*b*a*c*d$,根据公式 1 和公式 3 易得:

$$d*b*a*c*b*d*d*a*c*b*a*d*d*c*b*a*c*d = 0$$

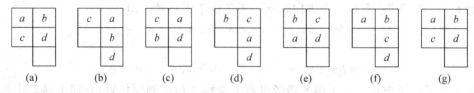

图 6.7　5 单元格数字移动过程

下面介绍的数字拼图游戏优化算法仅对 $N(\geqslant 2)$ 阶中的"田"字形重复移动过程有效。根据公式 1 和公式 2,优化算法如下:

步骤 1　令 I⇐1　　　　//记录存入字符串数组变量 SNO 的下标变量,即字符串数
　　　　　SNO[1]⇐" "　　//为了减少判别而添加的一个空字符串

步骤 2　D⇐移动数字块对应的字符串方式的数字;

步骤 3　如果 D = " "则算法结束
　　　　否则,如果 D = SNO[I],则{ I⇐I-1 转步骤 2 }
　　　　否则,{如果 I < 6 则转步骤 2};

步骤 4　如果 SNO[I-5] = D 且 SNO[I-5] = SNO[I-2]且
　　　　SNO[I-4] = SNO[I-1]且 SNO[I-3] = SNO[I]则//见图 6.8
　　　　{
　　　　　　SNO[I-5]⇐SNO[I]
　　　　　　SNO[I-4]⇐SNO[I-1]
　　　　　　SNO[I-3]⇐SNO[I-2]
　　　　　　SNO[I-2]⇐SNO[I-5]
　　　　　　SNO[I-1]⇐SNO[I-4]
　　　　　　I⇐I-1
　　　　}
　　　　转步骤 2。

a	b	c	a	b	c
I-5	I-4	I-3	I-2	I-1	I

图 6.8 "田"字形优化示意图

6.3 点对点网络通信算法

6.3.1 P2P 网络通信概述

点对点(Peer to Peer,P2P)技术使网络上的通信变得更容易、更直接,已成为目前计算机网络通信研究领域的一个热点。在传统的客户机/服务器模式中,服务器为网络中各用户提供服务并管理整个网络,是整个网络的核心。当服务器遇到故障时,整个网络将会瘫痪,而 P2P 模式使网络中的节点直接交换信息,从而避免了这个问题的产生。在 P2P 网络中,每个节点的地位都是相同的,具备客户端和服务器双重特性,可以作为服务使用者或服务提供者。P2P 的优点在于不但降低了硬件设备的投入成本,而且还消除了中央服务器因信息转发而引起的瓶颈效应,同时也可以有效地利用网络中对等节点的闲置资源。

目前,P2P 被广泛地应用于技术领域,极大地提高了网络的信息、带宽和计算资源的利用率。网络上 P2P 商业软件层出不穷,例如,PPLive 就是一款用于互联网上大规模视频直播的共享软件。实现了观看用户越多,播放就越流畅的特性,整体服务质量大幅度提高。大家最熟悉的代表性产品是各类 BT(Bit Torrent)下载软件,其基本原理是利用 P2P 技术,突破了服务器与客户机概念,使所有下载计算机也为其他下载机器提供服务,好像在网络中有多台服务器,因此,下载人数越多,下载速度就越快。

P2P 主要是指网络上各节点间地位的平等性和相互无关性,节点间可以直接通信、共享资源或协同工作等。P2P 计算模式在功能特性上意味着运行于网络中某台主机的软件与网络中其他主机上运行的应用软件具有统一的交互接口。它具有下述几方面的特点。

(1) 消除客户机和服务器两者之间的差别,使参与网络的主机地位平等,每台主机既可以提出服务请求,也可以提供处理服务,彼此之间无依赖关系,也就是参与网络的主机的身份随需求而变化,需要服务就是客户机,提供服务就是服务器。

(2) 网络体系结构松散灵活,运行于 P2P 网络中的主机不再需要固定的网络地址和永久的网络连接,主机可以随时进出网络,其活动不再受固定网络地址的限制。

(3) 网络信息分布在多台主机上,任意两台主机之间可以直接进行通信,通过平等的相互协同实现资源共享。

(4) P2P 网络通信的交互协作较复杂,特别是在一个覆盖全球的网络环境中,往往需要通过某些智能软件方可实现自主协同。

在计算机网络中,网络节点受场地分布和通信环境等一系列因素的影响,任意两节点的通信代价是不同的,即通信权值不同。另外,网络节点由于受 CPU、内存等硬件设施的影响,造成节点自身的通信能力不同,即节点通信连接数不同。从通信权值和节点连接数两个主要因素考虑,可将 P2P 通信模型分为 4 种:等权值单连接通信模型、不等权值单连接通信模型、等权值多连接通信模型和不等权值多连接通信模型。本小节针对这 4 种不同模型研究 4 种不同算法。

6.3.2 并发通信规则与定义

从 P2P 通信的角度看,现实中的网络连通是网状结构,但是在实际通信过程中,可按照以下 3 种方式组织通信:线形结构、星形结构和分层结构。若分层结构的分层数为 1 时(根节点为第 0 层),就变成了星形结构;若分层结构的层数等于节点数目减 1 时,就变成线形结构。因此,分层结构可以看成是星形结构和线形结构的扩展,星形结构和线形结构则是分层结构的特例。下面所介绍的通信结构是树形结构,属于分层结构。通信树算法是将网状结构从逻辑上抽象为树形结构并按其结构组织通信,不改变原网络物理模型。在树形通信结构中,网络节点的位置、通信权值的分布以及网络层次的划分要根据具体的算法而定。不同的通信算法所确定的树形不同,按照不同的树形组织通信,通信时间也不同。通信时间是衡量通信算法性能的重要指标。

结合实际需要,可对通信树的通信规则规定如下。

(1) 一个节点同一时间只能和其他另外一个节点进行通信,不能与多个节点同时通信。

(2) 在通信树中,两个通信的节点一定是父子关系,并且任意两节点之间的主体通信任务是相同的。

(3) 第一个节点 v_1 为通信源节点,对于任意一个非叶节点,当它收到数据时,先向第一棵左子树的根节点发送数据,发送完后再向第二棵左子树的根节点发送数据,直至发送到该节点的右子树的根节点。

(4) 当所有的叶节点收到数据时,通信结束。

该通信方式有以下优点。

(1) 由于采取分层通信方式,通信节点之间是父子关系,减少了不必要数据的重复传送判别,可避免产生数据冗余。

(2) 引入并发通信机制,并发通信不仅依赖于通信源节点,而且已经得到数据的节点也可以作为通信源,因此通信效率高。

定义 1 对于通信树中的节点,把右子树的叶节点称为通信支路终节点。

定义 2 从通信源节点 v_1 开始通信直到某一个通信终节点 v_m 收到数据为止,经过的边 $(e_1,\cdots,e_i,\cdots,e_{L_m})$ 称为通信终节点 v_m 的通信支路,L_m 为该支路所经过边的个数。

定义 3 通信终节点 v_m 的通信支路权值之和为通信终节点 v_m 的支路通信时间,记作 $f_{v_m}(t)$,则

$$f_{v_m}(t) = w(e_1) + \cdots + w(e_i) + \cdots + w(e_{L_m})$$

其中,$w(e_i)$ 是边 e_i 上的权值($1 \leqslant i \leqslant L_m$)。

定义 4 一个具有 N 个节点的通信树,从通信源节点 v_1 开始通信直至最后一个通信终节点收到数据所用的时间称为并发通信时间,用 $f(t)$ 表示,根据定义可知 $f(t) = \max\{f_{v_m}(t)\}$。

定义 5 用 $f_A(t)$ 表示一个拥有 N 个节点通信树的累计通信时间,则

$$f_A(t) = \sum_{i=1}^{N-1} w(e_i)$$

6.3.3 等权值单连接通信树算法

1. 通信树构造算法

由于分层通信结构经分组后通信结构是树形结构,因此将节点之间构成的数据通信称为通信树。用符号"[ ]"表示取整操作,设数据通信参与节点数为 N,等权值通信树构造算法如下。

步骤1,当节点数 $N \leqslant 3$ 时,选其中一节点(源节点)作为树的根节点,其余节点作为叶节点,通信树构造结束。

步骤2,当节点数 $N > 3$ 时,将 N 个节点分为两部分,将源节点放入第二部分,第一部分由 $[(N+1)/2]$ 个节点构成树的第一个子树,它的父节点是第二部分 $N-[(N+1)/2]$ 个节点构成的树的根节点。

步骤3,对于子树内的构造转步骤1,直至构造结束。

图 6.9(a)是按照上述算法构造的9节点通信树。在图 6.9(b)中,方框内数字表示相连两节点进行通信的时间段,例如,节点 v_1 与节点 v_2 间的方框数字为1,表示在第1时间段内节点 v_1 向节点 v_2 发送数据。节点 v_3 与节点 v_5 间的方框数字为4,表示在第4时间段内节点 v_3 向节点 v_5 发送数据。

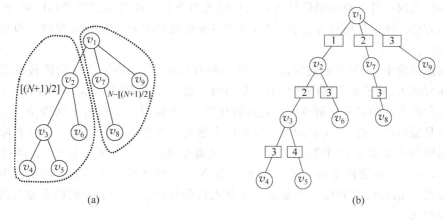

图 6.9　9节点等权值通信树

2. 时间分析

定理1 N 节点通信树并发通信时间不超过累计通信时间,即 $f(t) \leqslant f_A(t)$。

证明:根据定义知,通信树的并发通信时间是由最大的支路通信时间决定的,其时间是该支路的权值之和。而累计通信时间则是 $N-1$ 个权值之和,易得 $f(t) \leqslant f_A(t)$。

当通信树深度为 $N-1$ 时或者通信树深度为1时,也就是说,通信树的通信支路只有一条,通信树的并发通信时间等于该支路的通信时间,在这种情况下,整个通信过程无并发现象,因此通信树的并发通信时间等于通信树的累计通信时间。通信树并发通信时间小于累计通信时间的原因是并发通信机制的引入,即在同一时间内多个通信任务同时执行。为此,对通信树引入并发度概念,即同一时间内执行通信任务的最大数目 N。

用 w 表示两节点之间的权值,$\lceil X \rceil$ 表示大于或等于 X 的最小整数。

定理 2 N 节点等权值通信树并发通信时间 $f(t) = w\lceil \log_2 N \rceil$。

证明:节点数目 N 满足:$2^{\lceil \log_2 N \rceil - 1} \leqslant N \leqslant 2^{\lceil \log_2 N \rceil}$,根据并发通信规则知,经过第 1 个时间段后,两个节点收到数据,经过第 2 个时间段后,2^2 个节点收到数据,以此类推,第 $\lceil \log_2 N \rceil$ 个时间段后,所有的节点都收到数据。易得 $f(t) = w\lceil \log_2 N \rceil$。

定理 3 N 节点等权值通信树并发度 $C_d = \max\{N - 2^{\lceil \log_2 N \rceil - 1}, 2^{\lceil \log_2 N \rceil - 2}\}$。

证明:根据并发通信规则知,在第 $\lceil \log_2 N \rceil - 1$ 个时间段内,$2^{\lceil \log_2 N \rceil - 2}$ 个节点向其他 $2^{\lceil \log_2 N \rceil - 2}$ 个节点发送数据,在第 $\lceil \log_2 N \rceil$ 个时间段内,$N - 2^{\lceil \log_2 N \rceil - 1}$ 个节点向其余的 $N - 2^{\lceil \log_2 N \rceil - 1}$ 个节点发送数据,再结合并发度概念易得 $C_d = \max\{N - 2^{\lceil \log_2 N \rceil - 1}, 2^{\lceil \log_2 N \rceil - 2}\}$。

对于有 N 个节点的等权值通信树,其数据通信效率为 $O(\ln N)$ 阶,而线形结构和星形结构的通信效率均为 $O(N)$ 阶。

6.3.4 不等权值单连接通信树算法

1. 通信树表示方法

在实际通信过程中,通信节点受场地分布和通信环境等一系列因素的影响,节点之间通信权值是不同的。另外,网络节点的连接关系也比较复杂,尤其是在通信节点数目较大的情况下,因此,选取一种合理的通信分析方法显得尤为重要。针对通信树通信时间分析,引入孩子兄弟方法。通信树用该方法表示后,能够清晰地反映出并发通信过程以及节点之间通信先后次序。

在数据结构中,孩子兄弟表示法是树的一种存储结构,是将树形结构转换成二叉树存储。具体方法为,对于通信树的每个节点附加两个指针域,分别指向该节点的第一个左子树的根节点和该节点的右邻兄弟节点。这样转化后,二叉树根节点的右子树为空。二叉树的叶子节点是通信终节点,二叉树的叶子节点的个数等于通信支路的总数。二叉树叶子节点所在的层数与该支路边的个数的差值为 1。从通信源节点 v_1 到叶节点 v_m 经过的路径 $(e_1, \cdots, e_i, \cdots, e_{L_m})$ 是通信支路。在二叉树中,节点 v_i 在转化成二叉树前的通信树中的父节点称为节点 v_i 的通信父节点。节点 v_i 右子树的边的权值是 v_i 的右子树的节点与其通信父节点之间的权值。

通信树图 6.10(a)用孩子兄弟方法表示转化成相应的二叉树如图 6.10(b)所示。在图 6.10(b)中,节点 v_1 无右子树。节点 v_2、v_3、v_4 的通信父节点为 v_1,节点 v_7、v_8 的通信父节点为 v_5。二叉树的叶节点 v_4、v_6、v_8 为通信支路终节点。有 3 条通信支路,节点 v_4 的通信支路为 (e_1, e_2, e_3),节点 v_6 的通信支路为 (e_1, e_2, e_5),节点 v_8 的通信支路为 (e_1, e_4, e_6, e_7)。根据定义 3 知,节点 v_4、v_6、v_8 的支路通信时间 $f_{v_4}(t)$、$f_{v_6}(t)$、$f_{v_8}(t)$ 分别为:

$$f_{v_4}(t) = w(e_1) + w(e_2) + w(e_3)$$

$$f_{v_6}(t) = w(e_1) + w(e_2) + w(e_5)$$

$$f_{v_8}(t) = w(e_1) + w(e_4) + w(e_6) + w(e_7)$$

2. 支路优先通信树算法

根据通信的实际情况,把通信网络抽象为一个带权的完全图 $G = (V, E, W)$,V 是节点

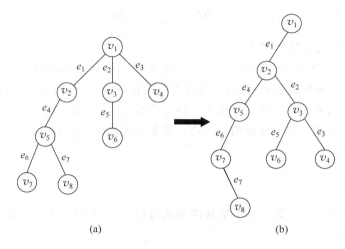

图 6.10　通信树转化成孩子兄弟表示法

集，E 是边集，W 是权值集。节点 v_i 到节点 v_j 通信权值等于节点 v_j 到节点 v_i 通信权值，节点 v_i 到节点自身的通信权值为 0。权值矩阵 M 是一个对角线上所有元素为 0 的对称矩阵：

$$M = [w(v_i, v_j)] = \begin{bmatrix} 0 & w(v_1, v_2) & \cdots & w(v_1, v_{n-1}) & w(v_1, v_n) \\ w(v_2, v_1) & 0 & \cdots & w(v_2, v_{n-1}) & w(v_2, v_n) \\ \cdots & \cdots & \cdots & \cdots & \cdots \\ w(v_{n-1}, v_1) & w(v_{n-1}, v_2) & \cdots & 0 & w(v_{n-1}, v_n) \\ w(v_n, v_1) & w(v_n, v_2) & \cdots & w(v_n, v_{n-1}) & 0 \end{bmatrix}$$

其中，$w(v_i, v_j)$ 表示节点 v_i 到节点 v_j 的通信权值，$w(v_i, v_j) = w(v_j, v_i), 1 \leqslant i, j \leqslant n$。于是

$$E = \{(v_1, v_2), \cdots, (v_1, v_{n-1}), (v_1, v_n), (v_2, v_3), \cdots, (v_2, v_{n-1}), (v_2, v_n), \cdots, (v_{n-1}, v_n)\}$$

$$W = \{w(v_1, v_2), \cdots, w(v_1, v_{n-1}), w(v_1, v_n), w(v_2, v_3), \cdots, w(v_2, v_{n-1}), w(v_2, v_n), \cdots, w(v_{n-1}, v_n)\}$$

用集合 V_T 和 E_T 分别表示通信树 T 的节点集和边集，集合 V_C 和 E_C 作为构造通信树过程中的候选节点集和边集。$\overline{V_T}$ 是 V_T 的补集，即 $\overline{V_T} \bigcup V_T = V, \overline{V_T} \bigcap V_T = \varnothing$。通信树的节点数目为 N。不失一般性，用 v_1 表示通信源节点，支路优先通信树的构造算法如下：

步骤 1，令 $V_T = \{v_1 | v_1 \in V\}, E_T = \varnothing$

求 v_1 的左子树候选节点 $\overline{v}_1 \in \overline{V_T}$，满足 $w(v_1, \overline{v}_1) = \min\limits_{\overline{v}_k \in \overline{V_T}} \{w(v_1, \overline{v}_k)\}$

置 $V_T \Leftarrow V_T \bigcup \{\overline{v}_1\}, E_T \Leftarrow E_T \bigcup \{(v_1, \overline{v}_1)\}$

步骤 2，置 $V_C = \varnothing, E_C = \varnothing$

步骤 3，$\forall v_i \in V_T (i \neq 1)$，如果节点 v_i 的右子树为空，先求 v_i 的通信父节点 $v_j \in V_T$，然后再求 v_i 的右子树候选节点 $\overline{v}_j \in \overline{V_T}$，满足 $w(v_j, \overline{v}_j) = \min\limits_{\overline{v}_k \in \overline{V_T}} \{w(v_j, \overline{v}_k)\}$

置 $V_C \Leftarrow V_C \bigcup \{\overline{v}_j\}, E_C \Leftarrow E_C \bigcup \{(v_i, \overline{v}_j)\}$

步骤 4，$\forall v_i \in V_T (i \neq 1)$，如果节点 v_i 的左子树为空，求 v_i 的左子树候选节点 $\overline{v}_i \in \overline{V_T}$，满足 $w(v_i, \overline{v}_i) = \min\limits_{\overline{v}_k \in \overline{V_T}} \{w(v_i, \overline{v}_k)\}$

置 $V_C \Leftarrow V_C \bigcup \{\overline{v}_i\}, E_C \Leftarrow E_C \bigcup \{(v_i, \overline{v}_i)\}$

步骤 5,求 $\bar{v}_m \in V_C$,$(v_m, \bar{v}_m) \in E_C$,满足 $f_{\bar{v}_m}(t) = \min\limits_{\bar{v}_i \in V_C}\{f_{\bar{v}_i}(t)\}$

置 $V_T \Leftarrow V_T \bigcup \{\bar{v}_m\}$,$E_T \Leftarrow E_T \bigcup \{(v_m, \bar{v}_m)\}$

步骤 6,如果 V_T 中节点的个数小于 N,转向步骤 2,否则,构造结束。

以节点 v_1 作为通信树的根节点,沿其所关联的边,找与其权值最小的边,把与该边相连节点看做候选节点,并计算出这些候选节点的支路通信时间,以支路通信时间最小值为目标函数,最终确定此次加入的节点和相应的边。重复上述操作,直至所有节点均已在通信树中存在,则构造结束。

3. 算法举例

图 6.11 给出了一个支路优先通信树的构造过程,节点数目为 5。M 是完全图 G 中各节点之间的权值矩阵。

$$M = \begin{bmatrix} 0 & 2 & 1 & 3 & 4 \\ 2 & 0 & 3 & 4 & 6 \\ 1 & 3 & 0 & 1 & 2 \\ 3 & 4 & 1 & 0 & 5 \\ 4 & 6 & 2 & 5 & 0 \end{bmatrix}$$

M 中各个元素的大小表示节点之间通信权值的大小。M 为对称矩阵,说明任意两节点之间相互通信无论谁作为通信起始点,是不影响通信代价的。

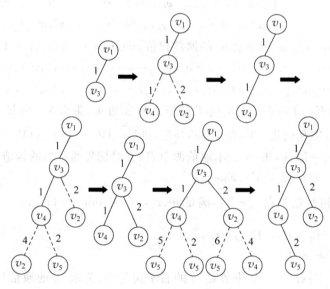

图 6.11   支路优先通信树的构造过程

在图 6.11 中,虚线表示候选边,虚线相连的叶节点为候选节点。先选与 v_1 相连的权值最小的节点 v_3 加入通信树,再从 v_1 的左子树节点 v_3 开始遍历该通信树。节点 v_3 的右子树为空,找与 v_3 的通信父节点 v_1 相连的权值最小的节点 v_2,v_2 为候选节点,(v_3, v_2) 为候选边,节点 v_3 的左子树为空,找与 v_3 相连的权值最小的节点 v_4,v_4 为候选节点,(v_3, v_4) 为候选边,候选节点 v_2、v_4 的支路通信时间分别为 3、2。所以,应选择候选节点 v_4 和候选边

(v_3, v_4)加入通信树。这时,通信树中的节点数目为 3,重复上述操作,即可得到节点数目为 5 的通信树,具体的步骤如图 6.11 所示,其还原过程如图 6.12 所示。

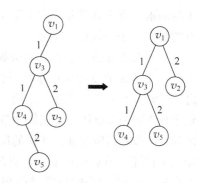

4. 时间分析

定理 4 并发通信时间 $f(t)$ 满足:
$$w_{min}\lceil \log_2 N \rceil \leqslant f(t) \leqslant f_A(t)$$
其中 $w_{min} = \min\{w(e_i)\}$。

证明:节点数目 N 满足:$2^{\lceil \log_2 N \rceil -1} \leqslant N \leqslant 2^{\lceil \log_2 N \rceil}$,根据并发通信规则知,至少要经过 $\lceil \log_2 N \rceil$ 个时间段后,所有节点才能收到数据。所以,$\lceil \log_2 N \rceil \leqslant \max\{L_m\}$,于是有

图 6.12 二叉树还原成通信树

$$w_{min}\lceil \log_2 N \rceil \leqslant w_{min} \times \max\{L_m\}$$
$$\leqslant w(e_1) + \cdots + w(e_i) + \cdots + w(e_{L_m})$$
$$\leqslant \max\{f_{L_m}(t)\} = f(t)$$

由定理 1 有
$$w_{min}\lceil \log_2 N \rceil \leqslant f(t) \leqslant f_A(t)$$

支路优先算法构造的通信树当节点数目 N 增大时,并发通信时间并不会剧增,而是处于相对稳定的值,变化幅度较小。其原因一是随着 N 增大,该算法所选出的权值比较小,并且最大权值和最小权值很接近;原因二是并发通信机制引入,并发通信不仅依赖于通信源节点,而且已经得到数据的节点也可以作为通信源,所以通信源数目随着 N 的增大而递增,并发通信时间增加缓慢,甚至缩短。

用 Depth(T)表示通信树 T 的深度。等权值通信树用孩子兄弟方法表示后变成二叉树,该二叉树的前 Depth(T)-1 层节点构成的树形是一个满二叉树,也就是说除最后一层外其余每一层节点的个数均达到最大。在等权值情况下,支路优先算法构造的通信树与等权值通信树相同,也就是等权值通信树是支路优先算法通信树的一种特例,因此通信时间相同。

6.3.5 等权值多连接通信树算法

1. 算法描述

在 P2P 通信网络中,网络节点由于受 CPU、内存等硬件设施以及网络带宽等因素的影响,造成节点的通信能力不同。为此,引入节点通信连接数的概念,即节点同时能与其他节点通信的最大数目,这个参数的大小直接影响到该节点所能支持的最大通信连接数目,它反映了节点同时处理点对点通信的能力,是衡量节点通信能力的一个重要指标。

用 $l(v_i)$ 代表节点 v_i 的最大通信连接数,多连接通信树模型通信规则如下。

(1)一个节点同一时间可与另外多个节点进行通信,通信的节点数目不超过该节点的最大通信连接数。

(2)在通信树中,两个通信节点一定是父子关系,并且任意两节点之间的主体通信任务是相同的。

(3)节点 v_1 为通信根节点,对于任意一个非叶节点 v_i,当它收到数据后,先向前 $l(v_i)$ 棵

子树的根节点发送数据,再向后 $l(v_i)$ 棵子树的根节点发送数据,以此类推,直至发送到该节点的最后一个子树的根节点。

(4) 当所有的叶节点收到数据时,通信结束。

由于考虑节点通信连接数,将通信树转化成孩子兄弟表示方法后,二叉树中除了根节点之外,所有节点均表示为节点簇。把同时得到通信数据并且其通信父节点也在同一簇的节点集划为同一节点簇。节点簇中节点的个数,不超过通信父节点簇中所有节点的通信连接数之和。把节点簇所处在二叉树的层数,称为该节点簇中任一节点 v_i 的深度。记作 $\text{Level}(v_i)$,即二叉树任一节点簇中所有节点的深度必然相等。任一节点 v_i 的深度 $\text{Level}(v_i)$ 表示该节点在第 $\text{Level}(v_i)$ 个时间段后收到通信数据。因此,根节点的深度等于 0,叶节点的深度等于并发通信时间 $f(t)$。

定义 6 从根节点开始发送通信数据,到节点 v_i 获得通信数据所用的时间称为节点 v_i 获得数据时间,记作 $f_{v_i}(t)$。

由定义 6 知节点 v_i 获得数据所用时间 $f_{v_i}(t)$ 等于节点 v_i 在二叉树中的深度 $\text{Level}(v_i)$,即 $f_{v_i}(t)=\text{Level}(v_i)$。

定义 7 在整个通信过程中,节点 v_i 作为通信源发送数据的次数称为节点 v_i 的通信工作量,记作 $\text{Task}(v_i)$。

对于通信规模为 N 个节点的通信树,要使所有节点都拥有通信数据,必须完成 $N-1$ 次发送任务,因此

$$N-1 = \sum_{i=1}^{N} \text{Task}(v_i)$$

如果节点 v_i 的通信工作量 $\text{Task}(v_i)$ 为 0,那么该节点 v_i 在整个通信过程中,不承担发送任务,只接收数据。

定义 8 通信源的节点数目总和与通信规模 N 的比值称为通信树节点使用率,记作 Ur,即

$$Ur = \frac{\text{Num}(\{v_i \mid \text{task}(v_i) > 0\})}{N}$$

其中,$\text{Num}(X)$ 表示集合 X 中元素的个数。

根据通信的实际情况,把通信网络抽象为图 $G=(V,E,L)$,V 是节点集,E 是边集,L 是节点通信连接数集合,$L=\{l(v_1),l(v_2),\cdots,l(v_i),\cdots,l(v_n)\}$。如果在通信过程中节点 v_i 的通信连接数达到其最大值 $l(v_i)$,称该节点满连接通信。如果所有节点在整个通信过程中均处于满连接状态通信,称该通信过程为满通信过程。在通信过程中,希望节点 v_i 的通信连接数尽可能接近甚至等于 $l(v_i)$。在多连接通信树模型中,除了通信支路终节点的通信父节点的通信连接数有可能达不到其最大值外,其余节点均处于满连接通信状态,即通信连接数达到最大值。

为方便起见,选取集合 L 中最大值所对应的节点为通信根节点,用 v_1 表示。在实际通信中,哪个节点拥有通信数据是固定的,则是不可选的。因此,在通信任务开始之前,该节点将其通信数据首先发送给通信根节点 v_1。用集合 V_T 和 E_T 分别表示通信树 T 的节点集和边集,$\overline{V_T}$ 是 V_T 的补集,即 $\overline{V_T} \cup V_T = V$,$\overline{L_T}$ 是 L_T 的补集,即 $\overline{L_T} \cup L_T = L$。用 $f(t)$ 表示通信树完成通信任务所用的并发通信时间,多连接通信树构造算法如下。

步骤 1,将集合 L 中 $l(v_i)(1 \leqslant i \leqslant n)$ 由大到小排序 $\{l(v_1),l(v_2),\cdots,l(v_n)\}$
令 $V_T=\{v_1|v_1 \in V\}$,$E_T=\varnothing$,$L_T=\{l(v_1)|l(v_1) \in L\}$

因此，$\overline{L_T}=\{l(v_2),l(v_3),\cdots,l(v_n)\}$

置 $V_{Tmp}\Leftarrow V_T,f(t)=0$

步骤 2，依次遍历 V_{Tmp} 中的节点 v_i，$\forall v_i\in V_{Tmp}$，从有序集合 $\overline{L_T}$ 中选取 $\mathrm{Min}\{\mathrm{Num}(\overline{L_T}),l(v_i)\}$ 个值所对应的节点 $\{v_1^i,\cdots,v_k^i,\cdots,v_{l(v_i)}^i\}$，其中 $v_k^i\in\overline{V_T}$，v_k^i 作为节点 v_i 通信子节点。

置 $V_T\Leftarrow V_T\bigcup\{v_1^i,\cdots,v_k^i,\cdots,v_{l(v_i)}^i\}$

$E_T\Leftarrow E_T\bigcup\{(v_i,v_1^i),\cdots,(v_i,v_k^i),\cdots,(v_i,v_{l(v_i)}^i)\}$

$L_T\Leftarrow L_T\bigcup\{l(v_1^i),\cdots,l(v_k^i),\cdots,l(v_{l(v_i)}^i)\}$

步骤 3，$f(t)=f(t)+1$

步骤 4，如果 $\mathrm{Num}(V_T)<N$，$V_{Tmp}\Leftarrow V_T$，转向步骤 2；否则，构造结束。

以通信连接数最大的节点 v_1 作为通信树的根节点，选取通信连接数次大的 $l(v_1)$ 个节点加入通信树，作为根节点 v_1 的通信子节点，此时通信树中节点数目为 $l(v_1)+1$，依次遍历 V_T 中的节点 v_i，重复上述操作，直至所有节点均已在通信树中，则构造结束。将构造的通信树转化成孩子兄弟表示法，可发现节点的通信连接数随二叉树深度的增加而减小。在二叉树中，根节点的通信连接数最大，叶节点的通信连接数最小。

多连接通信树构造过程简单、规范、便于实现。该算法主要采用贪婪思想，优先选取通信连接数大的节点加入通信树，这样在下次通信过程中，该节点可以承担较大的通信工作量。因此，该算法能够最大限度发挥节点的通信能力，使整个通信过程无间歇并发通信。

2. 通信性能分析

定理 5 节点 v_i 承担的通信工作量 $\mathrm{Task}(v_i)\leqslant l(v_i)[f(t)-\mathrm{Level}(v_i)]$。

证明：节点 v_i 要承担通信工作，必须先拥有通信数据。由定义 6 可知，节点 v_i 在 $f_{v_i}(t)$ 时间段后获得通信数据。因此，在后 $f(t)-f_{v_i}(t)$ 个时间段内，节点 v_i 通信连接数达到最大值 $l(v_i)$，处于满连接通信，所承担的通信工作量 $\mathrm{Task}(v_i)=l(v_i)[f(t)-f_{v_i}(t)]$。但是，在第 $f(t)$ 时间段，即最后一个时间段内，如果没有收到通信数据的节点小于 $l(v_i)$，那么，节点 v_i 在最后一个时间段内，通信连接数没有达到 $l(v_i)$，而等于剩余节点的个数。综上所述，节点 v_i 承担的通信工作量 $\mathrm{Task}(v_i)\leqslant l(v_i)[f(t)-f_{v_i}(t)]$，由定义 6 可知，$\mathrm{Task}(v_i)\leqslant l(v_i)[f(t)-\mathrm{Level}(v_i)]$。

由定理 5 可知，节点所承担的通信工作量不仅与节点的通信连接数最大值有关，而且还与节点所处二叉树层数有关。因此，根节点的通信工作量最大，深度大的节点承担的通信工作量相应减少，对于二叉树中的叶节点通信工作量为 0，即不向其他节点发送数据。

定理 6 N 节点通信树并发度 $C_d=\max\{\mathrm{Task}(f(t)-1),\mathrm{Task}(f(t))\}$。

证明：根据并发度的定义，即同一时刻执行通信工作量的最大数目。若用 $\mathrm{Task}(t)$ 表示通信树第 t 时间段内完成通信工作量。在多连接通信树中，只有 $f(t)-1$ 或者 $f(t)$ 时间段内，通信工作量最大。因此，$C_d=\max\{\mathrm{Task}(f(t)-1),\mathrm{Task}(f(t))\}$。

当各节点通信连接数均为 1 时，$\mathrm{Task}(f(t)-1)-2^{\lceil\log_2 N\rceil-2}$，$\mathrm{Task}(f(t))=N-2^{\lceil\log_2 N\rceil-1}$，因此，$C_d=\max\{N-2^{\lceil\log_2 N\rceil-1},2^{\lceil\log_2 N\rceil-2}\}$。这说明等权值单连接通信树算法证明结果是该定理节点通信连接数等于 1 的特例。

图 6.13 给出了多连接通信树性能参数模拟结果。图 6.13 中 X 轴方向表示节点数目，

分别为 5、10、30、50、80、100、150、200、250、300。图 6.13(a)中 Y 轴表示通信时间,图 6.13(b)中 Y 轴表示节点使用率,图 6.13(c)中 Y 轴表示通信并发度。在图 6.13 中,两条虚线的节点通信连接数分别取值为 1 和 3。实线表示不等连接数结果,其通信连接数等于 3、2 和 1 的节点数量分别为 1、3 和剩余节点。

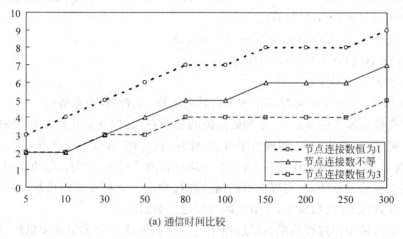

(a) 通信时间比较

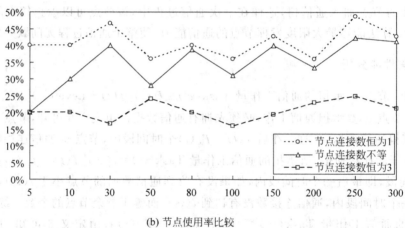

(b) 节点使用率比较

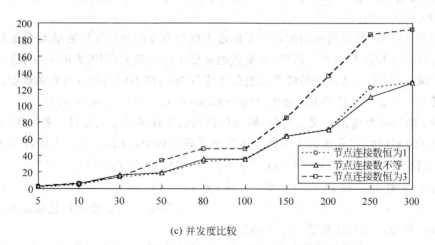

(c) 并发度比较

图 6.13　等权值多连接通信树性能参数比较

从图 6.13(a)可看出,并发通信时间随节点数目 N 的增加并不会急剧增加,而是处于相对平稳的值,变化幅度较小。其原因是引入并发通信机制,通信不仅依赖于通信根节点,而且已经得到数据的节点也可以作为通信源;另外,通信连接数等于 3 的并发通信时间始终不超过通信连接数等于 1 的并发通信时间。因此,对于相同规模的通信任务,通信连接数越大,并发通信时间越小。其原因是随通信连接数的增大,节点承担的通信工作量增大,在通信规模不变的情况下,并发通信时间相应缩短;并发通信时间则处于通信连接数恒为 1 和 3 的并发通信时间之间。

图 6.13(b)实验结果表明,对于相同规模的通信任务,节点使用率随通信连接数的增大而下降。也就是说,完成相同规模的通信任务,多连接通信树作为通信源的节点数目不多于单连接通信树所使用的源节点。

图 6.13(c)实验结果表明,并发度在大多数情况下随节点连接数的增加相应的增加,但是也不排除随节点连接数的增加而降低的情况,如图 6.13(c)所示,在 $N=250$ 的情况下,节点连接数等于 1 的并发度高于不等连接数的并发度。另外,并发度随节点数目 N 的增加而急剧增加。

当所有节点的通信连接数都为 1 时,通信树的并发通信时间为 $\lceil \log_2 N \rceil$。

大量的模拟实验结果表明,多连接通信树算法优于单连接通信树算法。另外,对于一个通信节点集合,只要有少数几个较大连接数的节点,那么其并发通信时间就会与全部恒为较大连接数的节点集合的并发通信时间很接近,尤其对于规模较大的通信更是如此。这一现象表明,在一个通信节点集中,只需配备少数几个具有较大连接数的高端设备,通信时间将会大幅度减少。

6.3.6　不等权值多连接通信树算法

对于不等权值多连接通信模型,有 3 种通信树算法,权值优先通信树算法(WFI)、连接数优先通信树算法(JFI)和综合因子通信树算法(FIN)。经过对实验结果分析,综合因子通信树算法对各种通信权值都有较好的通信效率。算法的具体实现过程见参考文献。

6.4　通用试题库组卷算法

6.4.1　试题库组卷概述

在教学过程中,考试是考察教学成果的重要手段之一。试题库系统的开发不仅可以减轻教师繁重而又重复的选题、编辑、整理工作,而且使得试题的收集和管理自动化和标准化,为计算机辅助教学及学校计算机管理的进一步实施创造了条件,有利于教学质量的提高,因此试题库系统的研究已经成为近年来教育系统中一个较引人注目的课题。

国际上对题库的定义、优点和评价指标体系做了认真的研究,并对建库理论、建库工具、题库结构和题库校正等做了探讨。在建库理论方面,心理测量专家们提出了各种理论模型和参数估计方法,并探索各种理论模型在实践中的应用条件与实例。国外大型题库的建设从第二次世界大战后开始,如今发达国家的考试专业机构都根据自己承担的职能建立了大型题库,没有题库的考试机构很难体现出其应有的专业性。由于基于计算机的考试的蓬勃发展和题库研究的不断深入,美国心理协会(APA)在 1986 年出版了关于如何开发、使用计算机化考试以及解释考分的指南,并成为事实标准。投入实际使用的例子有:1982 年采用远距离教育方式的美国学院(American College)开始用计算机进行测验,当时被称为"点播测验(EOD)",学员可以在认为准备好的任何时候参加某一门功课的考试;1993 年 ETS 实现了计算机适应性 GRE 考试;从 1994 年开始,美国护理证书考试全在计算机上进行。目前,国外许多大型测验出版机构、地区教育主管部门、地区学校以及工业和专业资格认证机构都以某种测量理论为指导建立题库、编制试卷等进行各种有关研究。

我国的题库研究和应用发展活跃。华东师范大学、北京师范大学、江西师范大学等高校都有人在进行教育度量理论应用于题库建设方面的研究。北京师范大学电子系已完成了"七五"科技攻关项目"面向大专 CAI 开发环境工具"的子项目"通用题库生成系统的研究"硕士论文,并通过由机电部组织的技术鉴定;清华大学和北京理工大学分别主持完成了国家教育科学"七五"项目"具有中国特色的高等教育评估制度的研究与实践"子课题中高校工科"大学物理"和"高等数学"两门课程的试题库系统。作为我国最大规模的对外考试类别,汉语水平考试(HSK)也在积极探索建立计算机题库的可能性,并以此为基础实现计算机化的考试。另外,国家教育委员会考试中心还主持召开了有关题库理论和应用的研讨会,并且组织编写了相关文献,为我国题库事业的发展打下了一定的基础。

随着计算机事业在我国的纵深发展,题库在我国的应用也越来越广泛。很多地方和单位结合自己的学科教学、职业培训和职业技能鉴定等实际需要,纷纷建成了一批题库。然而,在所有以"题库"命名的计算机软件中,有相当一部分都仅仅是以题目为管理对象的数据库功能的简单扩展,总体水平不高。与国际水平相比,我国题库建设的理论和实践都还有一段差距。

试题库系统一般以科目管理、题库管理、组卷、系统设置和成卷管理 5 个部分为主线,辅以打印查询有机结合形成一个统一的系统。功能结构图如图 6.14 所示。

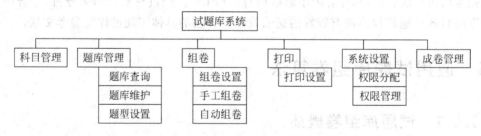

图 6.14　试题库系统功能结构图

主要模块的功能介绍如下。

(1) 科目管理模块。实现对多门科目、题型以及知识点的管理。

(2) 题库管理模块。可以实现对题库的维护,包括试题的添加、删除、修改以及对试题内容、答案和知识点等其他信息的编辑;还可以查看现有题库的有关汇总信息,如题库中现有题目按照各种条件(难度系数、题型)的分布情况。

(3) 组卷模块。主要完成试卷的生成和输出工作,同时对以前的试卷实施管理,如对以前的试卷样本可以查询试卷的题量、总体难度系数、题型等。

（4）系统设置模块。包括用户权限管理和权限分配。

6.4.2 组卷算法

组卷是试题库系统的重要环节，它是根据一定的组卷策略，从现有题库中抽取出符合条件的试题组成试卷的过程。所谓组卷算法，就是从题库中选取满足要求试题的方法和技巧。深入研究组卷算法是获得优秀试卷的途径。

自动组卷过程的步骤如下。

（1）设定试卷难度系数、主体比例、组卷题型以及各题型题目数量以及分数。

（2）根据以上参数，以试题难度系数符合正态分布为原则，计算每道题目的难度系数。

（3）根据每道题目的难度系数，结合试卷应包含的知识点等限制条件，在题库中符合条件的试题中随机抽取一题存放在临时试卷中。

（4）对临时试卷进行必要的修改，生成最终试卷。

本小节介绍的组卷算法就是步骤（2）中如何根据试卷难度系数、主体比例以及组卷的题型设置来计算每道题目的难度系数。

本系统中试题的难易程度分为 9 个等级：极难、很难、难、较难、中等、较容易、容易、很容易、极容易。等级与其权值的关系如表 6.1 所示。

表 6.1 难度等级与权值关系表

等级	极容易	很容易	容易	较容易	中等	较难	难	很难	极难
权值	0	1/8	2/8	3/8	4/8	5/8	6/8	7/8	1

试卷的平均难度系数为：

$$\bar{w} = \sum_{i=1}^{M} w_i s_i \bigg/ \sum_{i=1}^{M} s_i$$

其中试题数量为 M，第 i 道题的分值为 s_i，相应的权值（难度系数）为 w_i，$1 \leqslant i \leqslant M$。试卷的难度系数为 $0.125 \sim 0.875$ 之间的任意值。

假定难度系数的分布情况为 $\alpha_1, \alpha_2, \cdots, \alpha_i, \cdots, \alpha_n$（目前分为 9 个等级，即 $n=9$），$1 \leqslant i \leqslant n$。用 α 表示目标难度系数，即希望所组试卷难度系数为 α；r 表示目标主体比例，即目标难度系数所占比例为 r。

当 $\alpha = \alpha_i (2 \leqslant i \leqslant n-1)$ 时，难度系数为 α_i 的题在整个试卷中所占比例为 r。设难度系数为 $\alpha_1, \alpha_2, \cdots, \alpha_{i-1}$ 的题在整个试卷中所占比例为 x，则难度系数为 $\alpha_{i+1}, \cdots, \alpha_n$ 的题在整个试卷中所占的比例为 $1-r-x$。

在难度系数小于 α 的一侧（如图 6.15 所示的左侧），难度系数为 α_j 的题在整个试卷中所占的比例为 $xrr_j (1 \leqslant j \leqslant i-1)$，其中

$$r_{j-k} = \begin{cases} (1-r)^k & k = 1, 2, \cdots, j-2 \\ \dfrac{1}{r}(1-r)^k & k = j-1 \end{cases}$$

在难度系数大于 α 的一侧（如图 6.15 所示的右侧），难度系数为 α_j 的题在整个试卷中所占的比例为 $xrr_j (i+1 \leqslant j \leqslant n)$，其中

$$r_{j+k} = \begin{cases} (1-r)^k & k = 0,1,\cdots,n-1-j \\ \dfrac{1}{r}(1-r)^k & k = n-j \end{cases}$$

为使难度系数更接近 α，令

$$xr(\alpha_{i-1}r_{i-1} + \cdots + \alpha_2 r_2 + \alpha_1 r_1) + \alpha_i r + (1-r-x)r(\alpha_{i+1}r_{i+1} + \alpha_{i+2}r_{i+2} + \cdots + \alpha_{n-1}r_{n-1} + \alpha_n r_n) = \alpha_i$$

得

$$x = \frac{(1-r)(\alpha_i/r - \alpha_{i+1}r_{i+1} - \alpha_{i+2}r_{i+2} - \cdots - \alpha_{n-1}r_{n-1} - \alpha_n r_n)}{\alpha_1 r_1 + \alpha_2 r_2 + \cdots + \alpha_{i-1}r_{i-1} - \alpha_{i+1}r_{i+1} - \cdots - \alpha_n r_n}$$

也就是说，当上式成立时，难度系数为 α_i 的题抽取比例为 $xrr_i (1 \leqslant i \leqslant n)$，确定的目标难度系数为 α。

对于 $\alpha_i < \alpha < \alpha_{i+1} (2 \leqslant i \leqslant n-1)$ 时，可分别计算 $\alpha = \alpha_i$ 和 $\alpha = \alpha_{i+1}$ 的相应比例，即难度系数为 $\alpha_1, \alpha_2, \cdots, \alpha_i, \alpha_{i+1}, \cdots, \alpha_n$ 的题的各自抽取比例，然后通过线性插值方法计算 α 相应的难度系数的比例。目标系数 α 与等级难度系数的位置关系如图 6.15 所示。

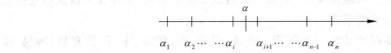

图 6.15　目标系数与等级难度系数位置关系

在本系统中，$n=9$，目标主体比例为 r，$\alpha = \alpha_i (2 \leqslant i \leqslant n-1)$ 的取值与 r_i、x、各离散点 α 的抽取比例关系表如表 6.2～表 6.4 所示。

表 6.2　α 的取值与 r_i 的关系表

α	r_1	r_2	r_3	r_4	r_5	r_6	r_7	r_8	r_9
1/8	$1/r$	—	1	$1-r$	$(1-r)^2$	$(1-r)^3$	$(1-r)^4$	$(1-r)^5$	$(1-r)^6/r$
2/8	$(1-r)/r$	1	—	1	$1-r$	$(1-r)^2$	$(1-r)^3$	$(1-r)^4$	$(1-r)^5/r$
3/8	$(1-r)^2/r$	$1-r$	1	—	1	$1-r$	$(1-r)^2$	$(1-r)^3$	$(1-r)^4/r$
4/8	$(1-r)^3/r$	$(1-r)^2$	$1-r$	1	—	1	$1-r$	$(1-r)^2$	$(1-r)^3/r$
5/8	$(1-r)^4/r$	$(1-r)^3$	$(1-r)^2$	$1-r$	1	—	1	$1-r$	$(1-r)^2/r$
6/8	$(1-r)^5/r$	$(1-r)^4$	$(1-r)^3$	$(1-r)^2$	$1-r$	1	—	1	$(1-r)/r$
7/8	$(1-r)^6/r$	$(1-r)^5$	$(1-r)^4$	$(1-r)^3$	$(1-r)^2$	$1-r$	1	—	$1/r$

表 6.3　α 的取值与 x 的关系表

α	x
1/8	$(1-r)(2r_3+3r_4+4r_5+5r_6+6r_7+7r_8+8r_9-1/r)/(2r_3+3r_4+4r_5+5r_6+6r_7+7r_8+8r_9)$
2/8	$(1-r)(3r_4+4r_5+5r_6+6r_7+7r_8+8r_9-2/r)/(3r_4+4r_5+5r_6+6r_7+7r_8+8r_9-r_2)$
3/8	$(1-r)(4r_5+5r_6+6r_7+7r_8+8r_9-3/r)/(4r_5+5r_6+6r_7+7r_8+8r_9-r_2-2r_3)$
4/8	$(1-r)(5r_6+6r_7+7r_8+8r_9-4/r)/(5r_6+6r_7+7r_8+8r_9-r_2-2r_3-3r_4)$
5/8	$(1-r)(6r_7+7r_8+8r_9-5/r)/(6r_7+7r_8+8r_9-4r_5-r_2-2r_3-3r_4)$
6/8	$(1-r)(7r_8+8r_9-6/r)/(7r_8+8r_9-r_2-2r_3-3r_4-4r_5-5r_6)$
7/8	$(1-r)(8r_9-7/r)/(8r_9-r_2-2r_3-3r_4-4r_5-5r_6-6r_7)$

表 6.4 α 的取值与离散点 α_i 抽取比例的关系表($R=1-r,Q=1-r-x$)

α	α_1	α_2	α_3	α_4	α_5	α_6	α_7	α_8	α_9
1/8	x	r	Qr	QrR	QrR^2	QrR^3	QrR^4	QrR^5	QR^6
2/8	xR	xr	r	Qr	QrR	QrR^2	QrR^3	QrR^4	QR^5
3/8	xR^2	xrR	xr	r	Qr	QrR	QrR^2	QrR^3	QR^4
4/8	xR^3	xrR^2	xrR	xr	r	Qr	QrR	QrR^2	QR^3
5/8	xR^4	xrR^3	xrR^2	xrR	xr	r	Qr	QrR	QR^2
6/8	xR^5	xrR^4	xrR^3	xrR^2	xrR	xr	r	Qr	QR
7/8	xR^6	xrR^5	xrR^4	xrR^3	xrR^2	xrR	xr	r	Q

例如,在用户组卷时,假设组卷目标难度系数为 α,r 取值为 0.75,即每次计算时靠近目标系数的题目占 75%,其余占 25%。按照难度等级与权值关系表以及上面的公式,可以计算出 x 和 α_1、α_2、$\cdots$、α_9 对应的抽取比例。$\alpha=1/8$、$\cdots$、7/8 时 α_i 对应的抽取比例如表 6.5 所示,其比例分布如图 6.16 所示。

表 6.5 α 取值与 α_i 抽取比例关系表

α 取值 \ α_i	α_1	α_2	α_3	α_4	α_5	α_6	α_7	α_8	α_9	x
	0	1/8	2/8	3/8	4/8	5/8	6/8	7/8	1	$\perp$
抽取比例 α_2	0.1429	0.7500	0.0803	0.0201	0.0050	0.0013	0.0003	0.0001	0.0000	0.1429
α_3	0.0323	0.0968	0.7500	0.0908	0.0227	0.0057	0.0014	0.0004	0.0001	0.1290
α_4	0.0079	0.0236	0.0944	0.7500	0.0931	0.0233	0.0058	0.0015	0.0005	0.1259
α_5	0.0020	0.0059	0.0234	0.0938	0.7500	0.0938	0.0234	0.0059	0.0020	0.1250
α_6	0.0005	0.0015	0.0058	0.0233	0.0931	0.7500	0.0944	0.0236	0.0079	0.1241
α_7	0.0001	0.0004	0.0014	0.0057	0.0227	0.0908	0.7500	0.0968	0.0323	0.1210
α_8	0.0000	0.0001	0.0003	0.0013	0.0050	0.0201	0.0803	0.7500	0.1429	0.1071
9/16	0.0013	0.0037	0.0146	0.0586	0.4216	0.4219	0.0589	0.0148	0.0050	—

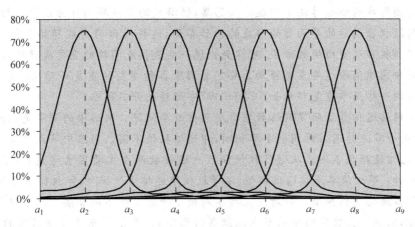

图 6.16 目标难度系数取值分布

对于目标系数 $\alpha=9/16$,设 4/8 所占的抽取比例为 y,则 5/8 所占的抽取比例为 $1-y$,根据 $4y/8+5(1-y)/8 = 9/16$,得 $y = 0.5000$,α_1 对应的抽取比例为 0.0013,以此类推,结果如表 6.5 所示。

6.4.3　随机数抽取

计算出每题的难度系数后,下一步就是在题库符合条件的题目中随机选出一题放入临时试卷中,因此就要用到随机数的取数算法。

Rand 函数返回的随机数(确切地说是伪随机数)实际上是根据递推公式计算的一组数值,当序列足够长时,这组数值近似满足均匀分布。如果计算伪随机序列的初始数值(称为种子)相同,则计算出来的伪随机序列就是完全相同的。这个特性被有的软件利用于加密和解密。加密时,可以用某个种子数生成一个伪随机序列并对数据进行处理;解密时,再利用种子数生成一个伪随机序列并对加密数据进行还原。这样,对于不知道种子数的人要想解密就需要多费些事了。

随机取数是组卷的重要部分。首先打开所要抽取的试题库,然后产生随机数,按照所需试题量抽取试题。各类型试题逐次完成抽取工作,抽取的试题放入一个单独的试题库内,该库即为试卷库。

随机数的要求是根据种子不同,产生的随机数也不一样。为此,选取了计算机系统当前时间(以毫秒为单位)作为种子,由于每次组卷可能发生在不同的时间,因此可以利用此方法产生随机数。

☞ 本 章 小 结

算法是解决问题的方法或过程,是程序运行的思想,是程序设计的基础。算法的好坏直接影响程序的优劣。

汉诺塔游戏算法采用递归调用方法把复杂的问题逐层分解,最后将其划分为规模较小的问题加以解决,使求解过程简单化。

数字拼图游戏的出题算法采用逆序法思路,将游戏的完成界面作为出题的初始界面,将经过一系列随机移动后的界面作为游戏的初始界面,这样所出的游戏题均有解。在出题过程中采用了随机移动空白块的方法,可能会出现一些直接或间接的重复或循环移动的现象,在游戏出题中应该消除这些重复移动。要完全消除各种类型的重复移动比较困难,但消除发生概率高的一些简单重复移动如"日"和"田"字形移动并不困难。

点对点网络通信算法研究网络数据群发通信效率问题。网络中的节点是以网状形式连通的,任意两个节点的通信时间也不尽相同,即通信权值不同。网络中节点自身通信能力不同,即节点通信连接数不同。从通信权值和节点连接数两个主要因素考虑,可将 P2P 通信模型分为 4 种:等权值单连接通信模型、不等权值单连接通信模型、等权值多连接通信模型和不等权值多连接通信模型。针对这 4 种不同模型研究 4 种不同算法。算法以并发通信时间短为目标,从逻辑上将网络中的节点组织成树形结构,其根节点是数据通信的源节点,依次向各子树的根节点传输数据,各子树的根节点收到数据后再向自己的子树根节点传输数据,直到整个通信树的每一个节点都收到数据,通信过程结束。整个通信过程并发通信,因此通信效率高。

通用试题库组卷算法将试题库中的试题难度分成 9 个等级:极难、很难、难、较难、中等、较容易、容易、很容易和极容易。根据试题的难度系数和分值可以计算出试卷的综合难度系数；相反，根据试卷的目标难度系数及目标主体比例，通过一定的随机抽取和组卷过程可以得到接近目标难度系数的试卷。

思　考　题

1. 简述递归的基本思想。

2. 试举出使用递归方法(汉诺塔例子除外)的例子。

3. 试给出数独游戏的出题和解题算法，并编程实现。数独游戏规则如下。

(1) 将一个正方形分成 3×3 的格子，每个格子称为一个“区”，将每个区再分成 3×3 的小格子。

(2) 用 1～9 之间的数字填满空格，一个格子只能填入一个数字。

(3) 每个数字在每一行、每一列和每一区只能出现一次。

图 6.17 是一个数独游戏题目，图中空白部分需按照上面的规则填写。

	1	2	8	3				4
6					5			1
		5	9				8	2
3				9		5	6	
		8			6	1		
	2	6	5	7				3
4	3				9	8		
8			6					9
2				8	3	4	1	

图 6.17　数独游戏题目

4. 在数字拼图游戏中，通过记录数字块或空白块的移动过程都可以反映块的移动轨迹。试比较两种记录方法的优缺点。

5. 在数字拼图游戏出题算法中，分别计算“日”字形和“田”字形重复移动出现的概率(不考虑块位于边和角情况)。

6. 在支路优先通信树算法中，为什么引入孩子兄弟表示方法？用该方法表示后有什么优点？

7. 使用支路优先通信树通信与线形结构或星形结构通信缩短通信时间的原因是什么？

8. 经过组卷算法所组的试卷的综合难度系数是否与目标难度系数相等，为什么？

第7章

医院管理信息系统

医院作为一个特殊的医疗服务实体,担任着重要的社会职能。医院的管理水平和服务质量无论是对医院自身还是对患者,甚至对整个社会都会产生影响。在信息化社会的今天,创建一个符合医院管理业务实际的、高质量的医院管理信息系统(Hospital Management Information System,HMIS)几乎已经成为提高医院管理水平和服务质量不可缺少的途径。

本章所讨论的案例是一个职工医院的管理信息系统。系统针对该医院的实际业务流程,以医院的财务运转过程为主线,结合药品、器材在医院的流通过程,以及门诊患者、住院患者的就诊过程,叙述了医院各个主要工作环节的信息化管理。

教学要求

(1) 了解管理信息系统开发过程;

(2) 了解需求获取方法;

(3) 掌握快速查询方法;

(4) 了解处方复制作用及实现方法;

(5) 掌握产生连续流水号的方法。

重点和难点

(1) 管理信息系统开发过程;

(2) 快速查询;

(3) 连续流水号的产生。

7.1 发展现状

1. 国外发展现状

计算机网络和数据库技术以及管理信息系统的发展和逐步完善,给医院管理信息系统的创建提供了良好的条件。医院管理信息系统利用计算机存储、处理来管理大量的医院日常业务信息,为医院所属各部门提供病人就医信息和行政管理信息。医院日常业务信息包括财务信息、病人医疗信息和行政管理信息,其特点在于日常处理的信息量大,并且涉及的科室较多,业务流程比较繁杂。传统的人工管理方式严重影响了医院的工作效率和服务质量。建立医院管理信息系统可以减轻人员劳动强度,提高医院的管理服务水平,从而使医院获得更好的社会效益与经济效益。

国外发达国家医院管理信息系统从产生到发展至今已有 30 多年的历史,并且研发出了一些比较成功的系统。如盐湖城 LDS(Latter Days Saints)医院的 HELP 系统、麻省总医院的 COSTAR(Computer Stored Ambulatory Record)系统、退伍军人管理局的 DHCP(Decentralized Hospital Computer Program)系统等都在其医院管理中发挥着重要的作用。美国的 HMIS 产生于 20 世纪 60 年代,其发展过程经历了 3 个阶段。在第一个阶段(20 世纪 60 年代初至 1972 年),医院管理系统的功能主要集中在财务收费管理、住院病人和门诊病人管理等医院行政管理的功能上,很少涉及医疗信息的处理功能。因此 1972 年 Collen 的报告称美国迄今为止连一个成功的全面医院管理的计算机系统都没有。到了第二个阶段(1972—1985 年),在继续完善行政管理信息化的同时,已经进入了医疗信息的处理领域,如病人医疗信息处理系统等。到 1985 年,美国全国医院统计数据表明,100 张床位以上的医院 80% 实现了计算机财务收费管理,70% 的医院可支持病人挂号登记和行政事务管理,25% 的医院有了较完整的医院管理信息系统。在第三个阶段(1985 年至今),研究重点已经深入到病人床边系统(Bedside Information System,BIS)、医学影像处理(Picture Archiving and Communication System,PACS)、病人计算机化病案(Computer Based Patient Record,CPR)、统一的医学语言系统(Unified Medical Language System,UMLS)等方面。

目前国外 HMIS 已经将医院行政管理、财务收费管理、病人管理、药品库存管理、医学影像处理、统一的医学语言系统等功能逐步纳入到其系统功能之内。医院管理信息系统正向智能化和集成化的方向发展。

2. 国内发展现状

我国医院管理信息系统研发工作从 20 世纪 80 年代初开始,至今只有 30 多年的历史。其中经历了单机单任务、多机多任务及微机网络一体化 3 个阶段。其发展水平与国外医院管理信息系统相比还比较落后,目前除了在财务信息、药品库存信息、病人管理信息等方面的功能日趋完善外,在病人医疗信息处理、医学影像处理等方面的功能还要做大量的工作。

随着我国医疗体制和医疗保险制度的改革与推行,医院运行模式需要从"病人—医院"的二元关系改变为"病人—医院—医险机构—政府监督"的多元关系。大量有关病人的诊断、治疗、费用信息需要在医院内部和其他部门之间传递。这将是一件难以用手工完成的繁杂任务,必须依赖于功能完善的医院管理信息系统。

进入 20 世纪 90 年代以来,国内的一些医院,尤其是一些发展较快的地区的医院,都在迫切地从国内外市场上寻求一套适合本医院自身管理需要、适应本地区医疗市场实际需求、有中国特色的医院管理信息系统,以提高医院自身的竞争力。卫生部也在全国范围内以各个医院的信息系统为基础,建立和逐步完善我国的医疗信息网络即"金卫"工程,并逐步与"金桥"、"金卡"等国民经济信息网络相连接。趋于这种形势,本着从"大处着眼,从小处着手,循序渐进"的原则,我国的医院信息系统正逐步向有中国特色、功能全面完善的管理系统发展。

3. 信息系统开发过程

一个管理信息系统的建设从系统规划开始到交付使用,需经过可行性分析、业务分析、需求分析、系统分析、系统设计(包括界面设计)和系统实现与测试整个过程。

可行性研究也称为可行性分析,是指在系统项目正式开发之前,先投入一定的精力,通过一套原理和准则,分别从经济、技术和社会等方面对系统的必要性、可能性、合理性以及系统所面临的重大风险进行分析和评价,最后得出系统是否可行的结论。

业务分析主要是对现行组织系统的功能和工作流程进行调查和分析,为新系统的需求分析作准备。业务分析的目的是分析和认识现行组织系统,其具体任务是:在系统分析员的主持下,由开发人员和用户一起,对现行组织系统的目标、组织机构、职能作用、业务流程、管理模型进行深入分析,以建立起反映现行组织系统的业务模型,为新系统的开发奠定基础。业务分析的主要工作包括业务调查、组织目标分析、组织机构分析、组织职能分析、业务及流程分析、实体分析和管理模型分析。

需求是对系统应该具备的目标、功能、性能等要素的综合描述。需求分析(Requirement Analysis)就是调查用户对新开发的信息系统的需求和要求,结合组织的目标、现状、实力和技术等因素,通过深入细致的分析,确定出合理可行的信息系统需求,并通过规范的形式描述需求的过程。需求分析一般应该包括信息系统目标分析、需求结构分析、功能分析、性能分析、风险分析和需求验证等内容,涉及需求调查、需求分析、需求验证和需求描述等步骤。

在需求分析过程中,开发人员需要将注意力转移到即将开发的信息系统上来,要充分尊重用户的意见,理解用户从系统使用者的角度所提出的需求;充分认识需求分析工作的重要性和复杂性;充分重视需求的全面性和合理性,并从系统开发的技术角度分析这些需求。所有这些工作都需要系统分析员综合考虑组织的目标、业务现状、技术条件和投资能力等因素,以便确定出合理、可行的信息系统需求。

系统实现是把信息系统的设计模型转变为可以交付测试的信息系统的过程。系统测试是在信息系统开发过程中,通过确定的方法,从信息系统模型和软件代码中发现并排除潜在错误,以得到能可靠运行的信息系统的过程。

本章按照软件开发流程介绍医院管理信息系统的开发过程,引导读者进一步掌握开发信息系统的方法和思路。下面介绍需求分析、系统分析和系统设计,有关可行性研究、业务分析和系统实现与测试不在此介绍。

7.2　需求分析

7.2.1　需求获取

在信息系统建设过程中,尤其是在需求分析阶段,长期困扰开发者的一个问题是:用户不能准确或全面地提出系统需求,导致系统建设进度停滞不前。需求获取过程不能过多地依靠用户,因为用户水平参差不齐,而且可能不熟悉计算机应用的有关问题。要根本解决该问题,必须依靠系统开发者自身,在与用户充分沟通的基础上,开发者应站在用户的角度考虑软件的操作和使用,即开发者要学会替用户进行需求分析。

在替用户进行需求分析的过程中,主要可以从以下几个方面着手。

(1) 首先按信息系统建设的思路来引导用户,了解欲建立的信息系统解决用户的相关业务问题时所采用的方式,让用户理解信息系统工作模式与其手工工作模式的区别和对应关系,力求说服用户,信息系统的建设对其企业管理水平和经济效益的提高是必要的。

(2) 必要时可以先按照用户最初对信息系统的描述和开发者对信息系统的理解,建立一个能够反映用户企业业务的信息系统软件原型,用户可以通过这个信息系统软件原型的运行过程和运行模式进一步理解信息系统的运行特点和解决实际业务问题的模式。

(3) 如果开发者以前有过开发同类型信息系统的经历,那么最好能够带领用户去观摩以前开发和应用比较成功的信息系统,这样不但可以使用户加深对信息系统运行特点和解决实际业务问题的模式的理解,而且同时可以影响用户,使其倾向于开发者建设信息系统的思维模式,为说服用户提供一些有力的论据。

(4) 有时还会出现用户对计算机功能的理解不够客观的情况,有的用户认为计算机拥有一定的智能,从而能够解决一些现阶段还不能解决的问题,对信息系统的功能期望值过高。此时应该耐心地向用户讲解现阶段计算机发展的水平,能够解决的问题和不能够解决的问题,以及解决问题所采用的模式等知识,争取说服用户放弃一些不切合实际的要求。

建设信息系统的目的是要使得用户企业的业务信息化,而一个企业的业务通常是非常复杂的,这就要求信息系统的建设者在系统建设过程当中的任何一个环节都能够非常全面地考虑所有问题,即要做到"思维严密、考虑周全"。

在信息系统开发过程中,大多数用户对计算机知识了解不够,他们不可能按照信息系统解决实际业务问题的模式提出比较规范、全面和严谨的需求。这要求开发者能够从用户对业务的非规范描述中去概括、整理、补充,最后得到规范、全面和严谨的需求说明。在这个过程中要求开发者具备严谨的工作作风和严密的思维方式。

例如,医院门诊就医是职工医院计费系统的重要环节,涉及的人员有患者、医生、护士、门诊收费员、药房发药员等。对于这个业务环节,医院相关的业务人员把其业务流程描述为:挂号、就诊开处方、划价、交费、取药、治疗。相关的特殊情况有当患者出现过敏反应及其他一些不可预料的情况时,患者有可能要求退药。那么作为开发者必须对这个过程进行全面分析,采取严密的思维方式,全面地考虑到各种可能出现的情况。

(1) 手工划价的过程在信息系统的管理模式中由信息系统自动完成。

(2) 患者在未交费之前不能取药。

(3) 患者在退药时必须到退药窗口交回欲退药品,并得到药房发药员在信息系统中的操作和确认。

(4) 患者在退药之前不能退款。

(5) 患者在退款之后不能再次取药。

以上仅罗列了医院门诊就医业务环节中需要考虑的特殊情况,旨在引起读者注重培养自己在进行信息系统开发时养成严谨的工作作风和采用严密思维方式的主动性。

7.2.2 系统目标

确定系统目标就是根据企业发展的总目标,结合企业的现状以及信息系统建设的相关因素,确定出系统建设的目标。信息系统建设目标一般由总目标和多层次子目标构成的一个树状目标体系组成。子目标是对总目标的分解和细化,总目标是对子目标的概括和综合。系统目标的确定对于整个系统建设的过程有着非常重要的指导意义,它对系统开发的各个阶段都有着航标和指挥棒的作用,系统开发人员应该充分重视和企业的管理人员,尤其是企业的决策人员进行充分的交流,以正确确定系统建设的目标。

医院作为一个特殊的服务实体,其业务流程和相关人员的从业习惯都会因医院的不同而存在差异,加之我国目前的医院管理信息系统建设的现状是各个医院各自为政,所以要在整个行业中建立一个统一适用的医院管理信息系统几乎是不可能的。本章案例是一个职工医院信息系统建设过程的一部分。职工医院和社会医院相比较,其业务的复杂性要大一些,所以以此系统建设过程作为案例更加适合本书的目的。

通过与医院的相关业务人员特别是各科室主管以及医院的决策者进行充分的交流,得出该职工医院管理信息系统建设的总体目标是以医院的局域网和信息中心数据库服务器等资源为基础软硬件平台,建立能够正确反映医院基本业务流程的功能完整、反应快速、高质量的医院管理信息系统,从而达到提高医院管理水平和服务质量的目的。具体各子目标如下。

(1) 根据医院的组织目标、使命和组织的发展方向,为了提高医院的整体管理水平和服务质量,建立对医院所有主干业务提供全面信息化管理的功能齐全、业务覆盖面广、技术先进、使用方便的医院管理信息系统。

(2) 对医院的部门、人员、工作量核算、药品及医疗器材资料档案、供应商档案、费用名称档案、病房及床位档案、临床诊断资料档案等医务信息提供全面的信息化管理。

(3) 对内部职工患者的资料档案、社会医疗统筹基金、内部医疗补贴基金和医疗信息提供全面的信息化管理;对外部社会就诊患者不建立档案而只提供医疗信息管理。

(4) 对药品及医疗器材的采购、药库到药房、药房到药库、药房到药房和药房到住院科室或者到门诊患者的所有流通过程提供全面的信息管理。

(5) 对门诊患者从挂号开始,经过就诊、检查、开处方、划价、交费、取药,最后治疗和处置的就医过程提供全面的信息管理。

(6) 对住院患者从开住院通知单开始,经过交住院押金、入院、安排病房和床位、检查、医生下临时医嘱和长期医嘱、护士审核和执行医嘱、每日的治疗和处置、每日的护理、手术、每日的押金监控和催款,到患者痊愈后出院和结算的整个住院就医过程提供全面的信息管理。

(7) 对医院的门诊收费、住院收费、药品及医疗器材供应商的货到付款和内部科室及个人工作量的财务核算过程以及工资和奖金发放提供全面的信息管理。

(8) 对整个医院管理信息系统的运行过程都要记录其操作时间和操作人员,对医疗责任事故和院内责任事故提供监控和管理。

(9) 对整个医院业务运行信息正确地产生日报表、月报表、季报表和年报表等统计报表。

(10) 对整个医院业务运行的所有历史数据按设定时长保存,定期对数据库进行整理(转存),使得系统的执行历史能够随时查询。

7.2.3　系统需求

1. 需求调查

根据与用户的交流、协商,结合该医院的目标,可以将该医院的功能划分为药库管理、药房管理、财务管理、门诊就医管理、住院就医管理、放射及检验管理和医务信息管理模块。每一功能可以进一步细分为许多子功能,如图 7.1 所示。具体功能的详细介绍如表 7.1 所示,各功能与医院各部门的对应关系如表7.2所示。

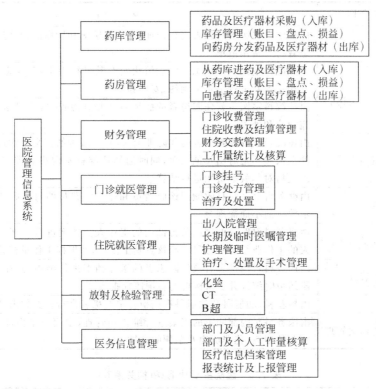

图 7.1 医院功能结构

表 7.1 医院功能介绍

序号	功能名称	说　明
1	采购入库	由药库招标采购药品及医疗器材,形成药库入库单,审核后药品正式入库
2	药品出库至药房	由药房填写请领单至药库,药库审核后形成药库出库单,返回到药房后形成药房入库单,药房审核后以出入的数量形成药房的库存,并相应减去药库的库存
3	门诊药房划价与发药	由门诊药房对患者处方进行划价,并审核患者已经交费的处方后给患者发药,同时减去该药房的库存
4	住院药房发药	由住院药房对住院科室的药品统计清单进行审核后给住院科室发药,并减去相应的该药房的库存
5	库存盘点	由药库、各药房在固定的时间对各自的药品及医疗器材的库存数量进行盘点,并在允许的损耗范围内进行损益管理
6	门诊挂号与收费	由门诊收费室应患者要求进行挂号,并对已经划价的处方进行收费
7	门诊检查、治疗与开处方	由门诊医生对就诊患者进行检查,并视患者具体情况开检查单,最后根据检查结果对症下药开处方,同时就患者病情做相应的治疗
8	患者入院	患者由住院处办理入院手续,到住院科室接受病房、床位安排、入院常规护理和检查
9	临时医嘱	由住院科室医生就患者病情开出的只执行一次的医嘱
10	长期医嘱	由住院科室医生就患者病情开出的可以多日执行的医嘱

续表

序号	功能名称	说　明
11	日常护理	由护士根据医嘱对患者进行护理,并根据医嘱和所做的护理进行计费,出具患者每日费用清单
12	手术	由住院科室医生根据患者的病情决定对其进行手术,并在患者同意的情况下和手术室进行手术的预约、安排和实施
13	住院检查、治疗与处置	由住院科室医生就住院患者的病情对其开具检查单,并根据检查的结果实施治疗和处置
14	住院收费与结算	由住院处收取住院患者的住院押金,每日对患者的押金余额进行监控,并在押金余额不足时出具催款单,同时通知住院科室向患者催交押金;在患者出院后对其就医费用进行结算
15	财务交款	由财务科会计每日收缴门诊收费员和住院收费员的每日收费,并给予其一定数额的小面额现金
16	部门及人员管理	由医务科对医院的部门及各部门的工作人员档案进行管理,根据部门和个人的工作业绩与财务科一起核算其工作量,并根据工作量核算奖金
17	医疗档案管理	由医务科对门诊患者及住院患者的医疗档案进行维护,并在每个核算时间段结束时统计并上报医院的各项医疗报表
18	检查	由检验科、功能科和放射科根据检查单对患者进行检查并出具检查结果
19	内部患者档案管理	由医务科对内部职工的档案进行维护和管理,主要包括内部职工的医疗统筹金的划拨、花费历史及余额的监控

表 7.2　医院主要功能/机构关系表

业务名称＼部门	医务科	财务科	门诊职能科室	住院职能科室	药剂科	检验科	功能科	放射科
采购入库		☆			★			
药品出库至药房		☆			★			
门诊药房划价与发药		☆			★			
住院药房发药		☆			★			
库存盘点	★				★			
门诊挂号与收费	★		☆					
门诊检查、治疗与开处方			★			☆	☆	☆
患者入院	★		☆	★				
临时医嘱				★				
长期医嘱				★				
日常护理		☆		★				
手术				★	☆	☆	☆	☆
住院检查、治疗与处置				★		☆	☆	☆
住院收费与结算		★	☆					
财务交款		★						
部门及人员管理	★							
医疗档案管理	★	☆	☆	☆	☆	☆	☆	☆
检查						★	★	★
内部患者档案管理	★							

说明:★表示该部门主要功能,☆表示与该部门有关系的功能。

2．功能需求

（1）能够正确反映医院内部的部门、人员、药品资料、药品供应商、内部患者以及外部患者等档案信息。

（2）能够正确反映药品从入库开始，经过分发给药房，药房间调配，最后发到患者手中的过程；能够处理因正常损耗（如中药的风干和西药的意外破碎）所造成的药品损失。

（3）能够正确反映门诊患者从挂号开始，经过开处方、交费、取药、检查、治疗等整个就诊过程；能够处理因特殊原因造成的患者退药和退款等情况。

（4）能够正确反映住院患者从入院开始，经过交住院押金、检查、医生下医嘱（包括长期医嘱和临时医嘱）、护士审核医嘱、执行医嘱并计费、治疗，到最后患者出院并结算的整个过程；能根据每日医嘱自动生成和打印输液单和每日费用清单；能够处理因医生或护士的误操作所造成的无效医嘱。

（5）能够正确反映医院的财务核算过程，包括药品入库时的入库后付款、门诊收费员和住院处收费员的收费、门诊收费员和住院处收费员向财务科交费、药品损耗所造成的费用；能够根据各科室和个人的工作量核算部门和个人酬金。

（6）具有与社保系统的接口，使社保系统根据患者的就诊信息正确地将所发生的费用按比例扣除。

（7）能够根据医院的具体管理要求和上级管理部门的要求正确产生日报表、月报表、季报表和年报表等统计报表。

（8）能够时刻监控系统的所有用户，正确记录所有用户的操作历史信息，以便在出现责任事故时有据可查。

3．性能需求

（1）系统的界面设计友好，操作方便、灵活，要具有联机提示和帮助学习功能，使得一般职工通过简单培训就可以熟练地使用系统。

（2）要求系统除统计报表和大数据量查询之外的所有功能的反应速度一般保持在数秒之内。

（3）所有业务均实现电子化管理，代替原有的手工处方、票据、医嘱、检查单据、病历和所有报表。

（4）系统具有高可靠性和容错能力，不能出现系统丢失患者、药品、医疗器材、处方、医嘱、费用等所有操作历史信息的情况。

（5）系统要具有医院要求的安全检查机制和保密机制，非法用户不能登录和使用系统，系统的各级使用者和各个角色都只允许查看自己权限之内的系统信息。

（6）系统的开发应尽量使用医院现有的网络及计算机等硬件资源，不能造成不必要的投资。

（7）所有的历史数据按设定时长保存，在一定周期内清理一次数据库，使得系统的操作历史能够随时查询。

7.2.4 结构分析

需求结构是按照信息系统目标、职能和需求的相关性,从总体上把信息系统的需求划分成为若干个需求包,由这些需求包相互关联构成信息系统的需求模式,它是对需求的一种有效的组织方法。确定信息系统需求结构的依据是信息系统的目标、组织职能和需求的相关性。通常用包图来描述信息系统的需求结构。

该医院管理信息系统的功能目标共划分为七大部分:药库管理、药房管理、门诊就医管理、住院就医管理、放射及检验管理、财务管理和医务信息管理。这 7 个功能包构成系统的第一层需求包。可按照自顶向下,逐步细化的方法和策略对每一个功能包进行进一步细化,构成系统的第二层需求包。其系统需求包如图 7.2 所示。

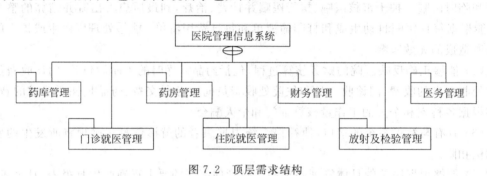

图 7.2 顶层需求结构

下面以药库管理功能为例,对其功能包进行分解,如图 7.3 所示。

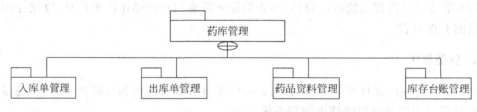

图 7.3 药库管理功能包

7.2.5 功能分析

信息系统功能是信息系统应该具有的效能和作用,也是信息系统呈现给用户的直观效果。用户通过信息系统所提供的功能来认识、使用和评价信息系统,通过信息系统功能的使用来完成自己的业务工作,所以功能分析是需求分析的重要内容。功能分析的依据是信息系统的目标,它来源于用户需求,通常采用用例分析的手段,通过参考组织的功能模型,形成用信息系统功能模型描述的功能分析结果。

信息系统功能模型是描述信息系统功能的一组用例图和对用例说明的用例字典,它通过信息系统参与者与信息系统的交互过程,反映出信息系统应该具有的功能。

该医院业务的参与者(除患者外)如图 7.4 所示。对该医院信息系统的需求结构的功能包逐层进行分解,可以得到如图 7.5 所示的功能用例图(此处只给出了两个用例)。图 7.6 是对药库管理中的入库功能的分解,图 7.7 是入库单录入的用例说明。

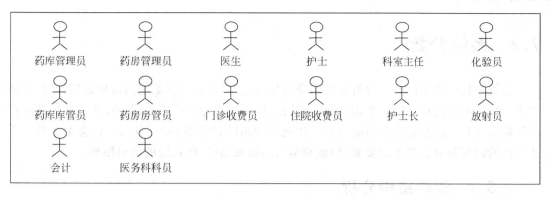

图 7.4　医院业务参与者

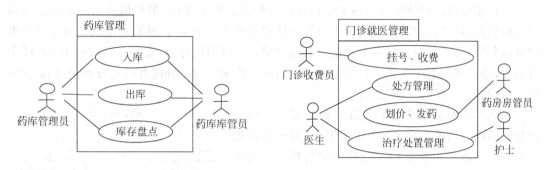

图 7.5　分解的顶层部分功能用例图

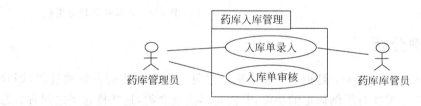

图 7.6　药库入库管理功能用例图

药库管理::入库单录入

编号：　01-01

所在包：药库入库管理

参与者：药库管理员，药库库管员。

说明：　录入人员根据招标的采购清单，录入清单中所有的采购药品及医疗器材。其中录入每一
　　　　项时都可分别采用鼠标操作或键盘快捷键操作，并提供按照药品及医疗器材资料档案中
　　　　的拼音码快速查找录入。

图 7.7　入库单录入用例说明

　　需求分析的主要工作除了包括要确定信息系统的目标、结构和功能之外，还需要进行风
险分析。风险是可能给信息系统带来威胁或损失的各种潜在的因素。在信息系统开发和运
行的过程中，这些潜在的因素有可能发生或者暴露出来，成为信息系统开发和使用的障碍。
所以，及早地发现信息系统中存在的各种风险，并采取应对措施，对成功开发信息系统具有
重要的意义。有关风险分析本章不予讨论。

7.3　系统分析

系统分析是在系统业务分析和需求分析的基础上,站在信息系统内部的角度,从抽象的概念层次上确定信息系统的要素、构成和结构,得出信息系统的分析模型,并为系统设计提供依据的过程。信息系统分析的主要工作包括逻辑结构分析、用例分析和概念类分析。系统分析的结果是对信息系统要素、构成和结构的抽象描述,即系统的逻辑模型。

7.3.1　逻辑结构分析

信息系统的逻辑结构是从抽象的概念层次和功能需求角度,根据信息系统的需求结构确定的信息系统模型结构,它由多个分析包按照组成关系或者依赖关系构成。可以对分析包进行分解,高层分析包由多个低层分析包组成。可以层层分解,直到分析包的功能已经十分清楚,并且规模适中为止。信息系统逻辑结构分析主要包括分解并确定分析包、确定分析包之间的相互关系两方面的工作。

图 7.2 和图 7.3 给出了医院管理信息系统的总体逻辑结构分析的结果和对"药库管理"分析包的第一层分解。图 7.8 给出了图 7.3"药库管理"中"入库单管理"分析包的第二层分解结果。其他分析包的分解过程可仿照完成。

图 7.8　入库单管理分析包

7.3.2　用例分析

用例分析(Use-Case Analysis)是指从概念层次上对每一个用例进行分析的过程,即要从概念层次上分析为了实现对用例规定的功能,共需要哪些概念类,这些概念类之间有着怎样的关系,以及各概念类之间所需交互的信息。用例分析的结果通常用表示用例概念类结构的用例分析类图,或者反映各概念类之间动态交互信息的用例分析协作图来描述。下面给出"药库入库单录入"业务的用例分析类图。

"药库入库单录入"是药品及医疗器材在医院内部流通的第一步,它是根据招标采购清单录入药品及医疗器材进入药库的药库入库操作功能。它所涉及的边界类是"入库单界面",实体类有"药品及医疗器材"、"供应商"、"药库管理员"、"药库库管员",控制类有"选择供应商"、"增加采购条目"、"删除采购条目"、"修改采购条目"、"保存入库单"、"打印入库单"。提取的概念类见图 7.9,用例分析类图见图 7.10。

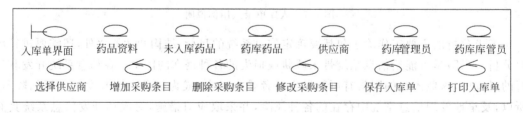

图 7.9　"药库入库单录入"概念类图

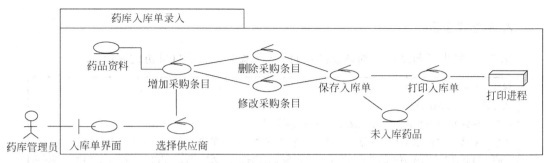

图 7.10 "药库入库单录入"用例分析类图

7.3.3 概念类分析

概念类分析(Conception Class Analysis)是对所提出的各概念类的职责、属性、关系和特殊需求进行分析的过程。概念类的职责分析是对概念类在信息系统中的责任和作用进行的分析;属性分析是对概念类所具有的特性或特征进行的分析;关系分析是对概念类之间存在的关联、聚合、泛化和依赖关系进行的分析;特殊需求分析是对某些概念类所具有的不同于其他同类概念类的特殊需求,尤其是特殊性能需求进行的分析。通常用由概念类目录和概念类条目组成的概念类字典对概念类分析的结果进行描述。

1. 概念类目录

医院管理信息系统的概念类目录如表 7.3 所示,其中的概念类条目编号的规则是:第一位表示概念类所属的顶层分析包,用字母表示,其中的对应关系如表 7.4 所示;第二位表示概念类的类型,其中 1 表示实体类,2 表示边界类,3 表示控制类;最后两位表示概念类的序号。

表 7.3 医院管理信息系统的概念类目录

概念类名称	说　明	条目编号
入库单界面	药库库管员与系统的操作界面	A-2-01
选择供应商	选择药品及医疗器材的供应商	A-3-01
增加采购条目	增加录入入库单中的药品及医疗器材条目	A-3-02
删除采购条目	删除多余或录入错误的条目	A-3-03
修改采购条目	修改已录入的错误条目	A-3-04
保存入库单	保存已经录入完成的入库单	A-3-05
打印入库单	打印入库单	A-3-06
药品资料	记录药品及医疗器材的档案信息	A-1-01
未入库药品	已经录入到入库单中但未经审核的药品及医疗器材	A-1-02
供应商	药品及医疗器材的供应商	A-1-03
药库库管员	可以进行药库出入库除审核以外所有操作的人员	A-1-04

表 7.4 分析包与对应字母对照表

分析包名称	字　母	分析包名称	字　母
药库管理	A	药房管理	B
门诊就医管理	C	住院就医管理	D
医务管理	E		

2. 概念类条目

图 7.11 列出了药品资料的概念类条目,其他概念类的条目可仿此完成。

```
编号:A-1-01
概念类名称:药品资料
职责:存放医院所用的所有药品及医疗器材的档案信息
属性:编码,名称,拼音码,规格,包装,分类,甲乙类,批发单位,零售单位,换算量
说明:该概念类存放所有药品类的公用信息。它是未入库药品、入库药品、出库药品的公共超类,同时也
     是入库单录入、出库单录入、开处方和开医嘱等控制类的快速检索信息来源
特殊需求:
    ▪ 范围:包括医院所有的用药和医疗器材
    ▪ 容量:每个对象约为 300 字节,约为 2000 个药品及医疗器材对象
    ▪ 更新频率:系统运行之初建立,永不删除,在必要时进行维护
访问频率:系统运行时平均访问 60 次/小时,高峰期约 500 次/小时
```

图 7.11 药品资料的概念类条目

7.4 系统设计

系统设计是在系统分析的基础上,综合考虑系统的实现环境和系统的效率、可靠性、安全性和适应性等非功能性需求,对系统分析的进一步深化和细化的过程,其目的是给出能够指导信息系统实现的设计方案。系统设计的主要工作包括系统平台设计、结构设计、数据库设计、详细设计和系统功能界面设计 5 个方面。

信息系统平台是信息系统开发和运行的环境,包括计算机及其相关设备、计算机网络、系统软件和支撑软件。信息系统平台设计需要根据信息系统设计要求,通过对技术和市场的综合分析,确定出网络结构、设备选型和软件平台方案等。系统结构设计包括信息系统拓扑结构设计、计算模式设计和软件结构设计 3 个方面的工作。下面讨论医院信息系统的软件结构设计,有关信息系统平台设计、拓扑结构设计和计算模式设计部分在此不再赘述。

7.4.1 系统软件结构

信息系统的软件结构是由信息系统软件的各子系统按照确定的关系构成的结构框架,一般呈现多层次结构模式。子系统是对软件进行分解的一种中间形式,也是组织和描述软件的一种方法。由多个子系统构成信息系统软件,每一个子系统中包括多个用例设计、类和接口。软件结构设计就是把软件分解成多个子系统,并确定各子系统及其接口之间的相互关系。

1. 系统软件结构

该医院管理信息系统的软件结构如图 7.12 所示,各子系统软件结构可参照其进行设计。

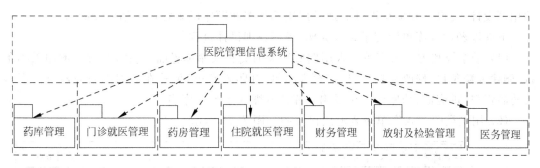

图 7.12　系统软件结构

2. 系统支撑结构

经过仔细分析,在该医院管理信息系统的软件结构中,中间件层用于系统建模、数据库设计建模、数据库接口、系统界面设计及搭建 C/S 开发和工作平台,操作系统采用 Windows 7,网络通信协议采用 TCP/IP。其软件系统支撑结构如图 7.13 所示。

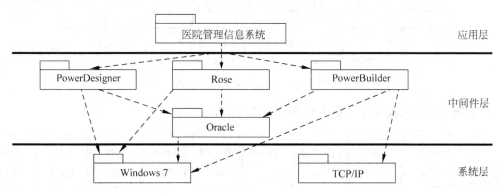

图 7.13　医院管理信息系统软件系统支撑结构

数据库设计是指根据业务需求、信息需求和处理需求,确定信息系统的数据库结构、数据库操作和数据一致性约束的过程。数据库是信息系统的基础和核心,数据库设计的质量将直接关系到信息系统开发的优劣和成败。数据库设计一般要经过需求分析、概念设计和物理设计等步骤。该医院管理信息系统的数据库表分为以下几类。

(1) 档案表:用于存储系统中要频繁使用的档案资料,如药品资料档案、供应商档案、部门档案、员工档案等数据。

(2) 业务表:用于存储医院相关业务运行的所有数据,如处方、医嘱等数据。

(3) 系统表:用于存储管理信息系统非业务功能所需的数据,如系统角色、权限分配等数据。

(4) 历史数据表:用于存储经过数据转存后需要保存的系统过期数据。

7.4.2　系统详细设计

详细设计是对软件结构中已经确定的各个子系统内部的设计,包括每一个子系统内部的用例设计、类设计和关系设计。通常用用例类图和顺序图来描述详细设计的结果。

下面以药库入库单管理子系统为例,描述详细设计过程。

(1)子系统和类。入库单录入用例所涉及的类有入库单界面、选择供应商、增加采购条目、删除采购条目、修改采购条目、保存入库单、打印入库单,另外在数据库服务器节点还涉及药品资料、供应商、药库库管员及出入库流水账4个数据库表。

(2)用例类图。入库单录入的用例类图如图7.14所示。

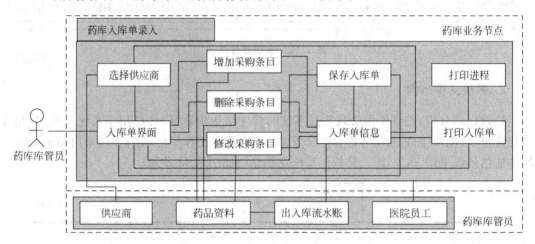

图7.14　入库单录入用例类图

(3)顺序图。入库单录入的顺序图如图7.15所示。

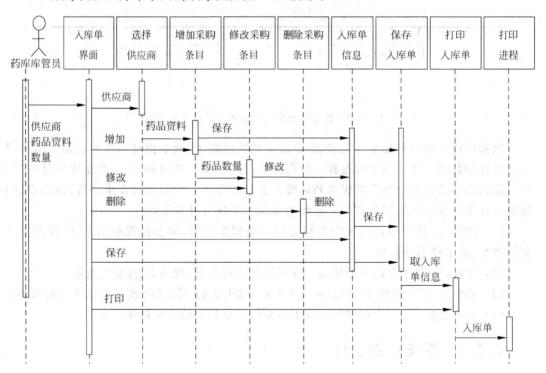

图7.15　入库单录入顺序图

7.4.3 系统功能界面设计

用户功能界面是对用户与系统之间进行交互所采用的方式、途径、内容、布局和结构的总称,有时也称其为人机交互界面、人机接口。信息系统是通过用户功能界面向用户展示其功能和内容的,用户也只能通过用户功能界面来感知、认识、把握和使用信息系统。用户功能界面通常有输入界面、输出界面和输入输出界面。

用户功能界面设计是信息系统设计的一项非常重要的内容。要求系统设计人员根据信息系统的设计目标,在需求分析文档的基础上进行严格设计,使系统能够合理、有效、安全地反映信息系统的功能和作用。

根据该医院所提供的手工处方、票据、病历和报表以及医院相关人员对系统操作界面的要求,结合系统需求分析说明书,对医院管理信息系统的功能界面设计尽可能地采用人性化的设计思路,方便用户对系统的理解和使用。图7.16是该系统以调试身份登录系统主界面的主要部分。

图 7.16 系统主界面

在系统设计的基础上,根据设计模型编码实现信息系统,最后测试、验收和移交信息系统。系统编码、测试、验收和移交的工作往往需要较长的时间,有时还会出现多次反复的过程,而正式使用之后还需要大量的维护工作。

7.5 典型功能设计

7.5.1 药品名称快速查询

在医院系统中,医生开处方是最常用的操作之一。在开处方过程中需要频繁检索药品名称以及药品的相关信息,因此,使用行之有效的快速检索方法十分重要。汉语拼音一般用户都应该熟悉,但按全拼检索字符数量多,且容易出错;按汉字第一个拼音字母检索(简称 Z1 方法),可能会出现相同字母不同药品的现象。由于药品本身存在同名称异单位问题,而这时只能将该情况的药品认为是不同药品,因此,在检索前须将所有药品按名称每个汉字的第一个拼音字母排序。用 Z1 方法检索时将指示条放在第一个满足条件的记录上,由医生在其后挑选。例如,检索 10♯装牛黄解毒片,本来应输入"NHJDP",但输入到"NHJ"时指示条已到达目标记录,如图 7.17 所示;如果检索 60♯装牛黄解毒片时,只须将指示条下移一行即可。

按拼音码检索药品　　拼音码[NHJ]　　245

拼音	药品名称	分类	甲乙类	批发单位	零售单位	换算量	批发余量	单价
MYLSXZCG	马应龙麝香痔疮膏(10g)	西药	甲类	支	支	1	32.0	4.60
NHB	诺和笔	器械	自费	套	套	1	1.0	266.80
NHBZT	诺和笔针头	西药	自费	盒	支	1	20.0	19.55
NHJDP	**牛黄解毒片(10#)**	**中成药**	**甲类**	**板**	**片**	**10**	**4.0**	**0.04**
NHJDP	牛黄解毒片(60#)	中成药	甲类	盒	片	60	42.0	0.03
NHJDRJN	牛黄解毒软胶囊(0.4g×12#)	西药	自费	盒	粒	12	0	0.96
NHL30RBX	诺和灵30R笔芯(100iu×3ml)	西药	乙类	支	支	1	129.0	72.45
NHLNBX	诺和灵N笔芯(300iu×3ml)	西药	甲类	支	支	1	30.0	65.55
NHLP	诺和龙片(1mg×30#)	西药	乙类	盒	粒	30	142.0	2.61
NHLRBX	诺和灵R笔芯(100iu×3ml)	西药	乙类	支	支	1	16.0	71.30
NHR30TC	诺和锐30特充	西药	自费	支	支	1	42.0	103.50
NKSMZSY	尼可剎米注射液(1.5ml(0.375g)×10支)	西药	甲类	盒	支	10	5.9	0.12
NMDPP	尼莫地平片(20mg×50#)	西药	甲类	瓶	片	50	10.0	0.03
NPSJN	奈普生胶囊(125mg×20#)	西药	乙类	瓶	片	20	4.8	0.14
NQDPP	尼群地平片(0.01g×100#)	西药	甲类	瓶	片	100	27.0	0.02
NSRG	尿素软膏(10g)	西药	甲类	盒	盒	1	26.0	0.81
NXM	凝血酶(500u)	西药	自费	支	支	1	6	10.35
NXTJN	脑心通胶囊(0.4g×36#)	中成药	自费	瓶	粒	36	23.0	0.73
PEMP	扑尔敏片(4mg×100#)	西药	甲类	瓶	片	100	13.4	0.00
PKWRG	皮康王软膏(7g)	西药	乙类	支	支	1	33.0	5.75
PLBXP	普鲁本辛片(15mgX100#)	西药	乙类	瓶	片	100	2.8	0.06
PSDP	潘生丁片(25mg×100#)	西药	甲类	瓶	片	100	9.0	0.03

选取　　**取消**

图 7.17　药品名称快速检索

1. 列表框检索

在快速检索对话框上放置一个编辑框控件 IDC_JPM,用于输入检索拼音,一个列表框控件 IDC_LIST_QUERY,用于显示被检索数据及相关信息,并设置该列表框控件的"Single selection"属性。在 MFC ClassWizard 中为 IDC_JPM 添加消息"EN_CHANGE"的响应函数 OnChangeJpm。当编辑框中的内容发生改变时就会产生"EN_CHANGE"消息。为 IDC_LIST_QUERY 控件添加 CListCtrl 类型的成员变量 m_cListQuery。不设置"选取"按钮的"Default button"属性。

在 OnChangeJpm 函数中,首先获取编辑框的输入数据,然后调用 FindString 函数在列表框中进行查找。如果 FindString 函数返回值不为−1,则代表找到条目在列表框中的索引值。再调用 SetItemState 函数设置该条目所在行为选中状态,并且调用 SetSelectionMark 函数设置选中标记。EnsureVisible 函数确保被选中的行(项)是可见的,如果被选中的行(项)不在控件窗口内,就会发生滚动。示例代码如下:

```
void CXXXDlg::OnChangeJpm()
{
    UpdateData(true);
    m_sJpm.MakeUpper();
    index = FindString(m_cListQuery, m_sJpm, -1);        //在列表框中按拼音查找条目索引
    if(index != -1)
    {
        m_cListQuery.SetItemState(index, VIS_SELECTED|LVIS_FOCUSED,
                                  LVIS_SELECTED|LVIS_FOCUSED);
        m_cListQuery.SetSelectionMark(index);
        //确保被选中的行可见,如果被选中行不在控件窗口内,就会发生滚动
        m_cListQuery.EnsureVisible(index, TRUE);
    }
}
```

定义对话框成员函数 FindString 用于在列表框中按拼音查找条目索引,示例代码如下:

```
int CXXXDlg::FindString(CListCtrl & list, LPCTSTR str, int startIndex)
{
    CString field;
    int out = -1, index;

    if(startIndex < 0) index = 0;
    else index = startIndex + 1;

    for(; index < list.GetItemCount(); index++)
    {
        field = list.GetItemText(index, 0);              //0 表示第 1 列
        field.MakeUpper();
        if(field.Find(str) == 0)                         //找到
        {
            out = index;
            break;
        }
    }
    return out;
}
```

Z1 快速查询也可以在其他查询中使用,但需要替换查询窗口中的数据窗口内容,如按患者姓名查询。

2. 在列表框中选取数据

当用户按拼音简码在编辑框进行部分输入时,若存在相应记录,便可以在列表框中看到相应选中条。此时输入焦点仍在编辑框中,用户还可以继续进行输入实现精确查找。当要获取选中行数据时,便可按回车键进行选定确认,此时在列表框中对选中行高亮度显示,并

且输入焦点转至列表框。这时用户若进行"Enter"操作或单击"选取"按钮,便可进一步对选取的数据进行处理。而有时当多个条目存在相同检索字段时,还需要通过上下方向键进行选定。因此,还需要对 Enter 键、Up 键和 Down 键的"WM_KEYDOWN"消息定义响应函数。

在 MFC 中,如果对话框中某一按钮具有"Default button"属性,即对话框有默认按钮,当用户按下 Enter 键时则会执行默认按钮的响应函数。否则,如果对话框没有默认按钮,即使对话框中没有 OK 按钮,OnOK 函数也会自动被调用。CDialog 的 OnOK 虚函数默认功能是调用基类的 OnOK 函数,关闭对话框。因此在这里必须重定义 OnOK 函数,将输入焦点设置为列表框。示例代码如下:

```
void CJpmQueryDlg::OnOK()
{
    if(GetDlgItem(IDC_JPM) == GetFocus())         //设置列表框获取焦点
        m_cListQuery.SetFocus();
}
```

当列表框获得焦点时,用户可以使用方向键进行上下选择,也可以使用 Esc 键使焦点回到编辑框中,以及进行回车操作将选中行插入到对应数据库表中,同时刷新主窗口列表框中的数据。为此程序需要判断用户按键并做出响应,此时需要重载 CWnd 类的虚拟函数 PreTranslateMessage(),该函数是标准窗口的消息预处理响应函数,默认的实现是完成加速键的翻译。通过重载它可以处理键盘和鼠标消息,示例代码如下:

```
BOOL CXXXDlg::PreTranslateMessage(MSG * pMsg)
{
    if( pMsg->message == WM_KEYDOWN && GetDlgItem(IDC_LIST_QUERY) == GetFocus())
    {
        int Count = m_cListQuery.GetItemCount();
        POSITION pos = m_cListQuery.GetFirstSelectedItemPosition();
        index = m_cListQuery.GetNextSelectedItem(pos);

        switch( pMsg->wParam ){
        case VK_UP:          //按下 Up 键
            index-- ;
            if(index == -1) return false;
            m_cListQuery.SetItemState(index, LVIS_SELECTED|LVIS_FOCUSED,
            LVIS_SELECTED|LVIS_FOCUSED);
            m_cListQuery.SetSelectionMark(index);
            m_cListQuery.EnsureVisible(index, TRUE);
            break;
        case VK_DOWN:        //按下 Down 键
            index++;
            if(index == Count) return false;
            m_cListQuery.SetItemState(index, LVIS_SELECTED|LVIS_FOCUSED,
```

```
            LVIS_SELECTED|LVIS_FOCUSED);
        m_cListQuery.SetSelectionMark(index);
        m_cListQuery.EnsureVisible(index, TRUE);
        break;
    case VK_RETURN:        //按下 Enter 键
        Insert ();
        break;
    case VK_ESCAPE:        //按下 Esc 键
        GetDlgItem(IDC_JPM) -> SetFocus();
        break;
    }
    return true;
    }
    return CDialog::PreTranslateMessage(pMsg);
}
```

当按下 Up 键或 Down 键时,修改选中行在列表框中的索引值,并设置选中行高亮显示。如果用户需要在编辑框中重新输入,可以按 Esc 键使输入焦点设置为编辑框。当按下 Enter 键时调用 Select 函数进行数据处理,例如获取当前选中行第 i 列的数据为:

```
CString data = m_cListQuery.GetItemText(index, i);
```

另外,在对话框中按 Esc 键时默认会关闭对话框,而通过在 PreTranslateMessage 进行重写就可以屏蔽 Esc 键。在上面的代码中,当按下 Esc 键时,重新设置输入焦点为编辑框,可以很方便地切换用户输入位置。

7.5.2　处方复制

一直以来,最大程度地方便用户的使用和提高用户的操作效率,始终是系统开发人员努力追求的系统设计目标。

在医院信息系统的门诊处方业务管理中,开处方是处方信息管理的一个重要环节,也是医院门诊业务中最为耗时、劳动量最大和劳动强度最高的业务环节。在手工操作环境下,所有医生每天不得不手工书写数十份甚至更多处方,即使前后两个患者的病情和用药情况完全一致,医生也必须手工抄写主体内容完全相同的处方。但在以计算机为主要工具的医院信息管理系统环境下,如果能够充分发挥计算机信息快速复制的功能,对于医生开处方的效率提高无疑是一个极受欢迎的设计策略。

对历史信息的存储和快速检索是信息系统的一个主要特点。在医院管理信息系统中,所有的门诊已开处方都可以按照患者、医生、疾病等信息分类进行快速检索和复制,达到提高医生开处方的效率的目的。

在如图 7.18 所示的开西药处方的功能界面中,若患者的病情能够使用以往已经开过的处方,或者可以使用以往已开处方中的大部分用药,就可以单击"选处方"按钮,并在如图 7.19 所示的选取处方类型的提示窗口中选取相应的处方类型,该类处方的基本信息以分行浏览的格式显示,如图 7.20 所示。医生可以从中选取一个与就诊患者病情相同或相似的处方,将其各项药品的名称、用法与用量等所有信息复制到就诊患者的当前处方中,然后再根据患者的具体病情对处方进行调整,图 7.18 的前两项是本次通过开处方功能增加的项目,后五项是通过处方复制功能增加的项目。

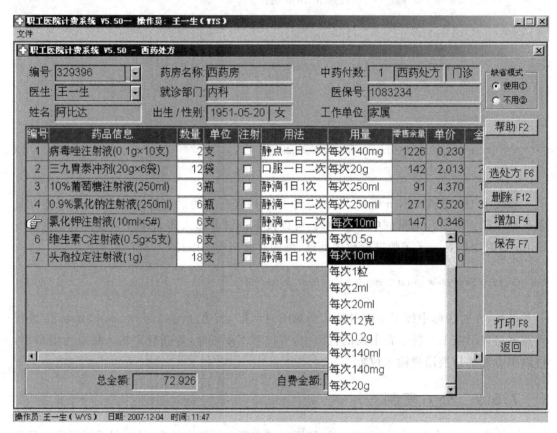

图 7.18　西药处方

图 7.19　选取处方类型

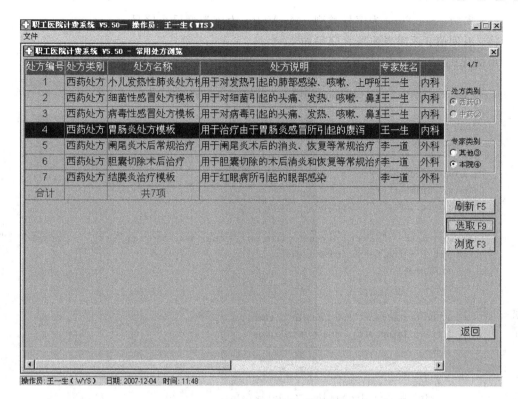

图 7.20　处方模板浏览和选取处方

7.5.3　连续流水号的产生

在一些业务中,要求单据的流水号是连续的,即中间不能产生断号。如在医院流程中的发票不能产生断号,这不仅是为了统计工作的方便,更主要是各种管理制度所要求的原因。但在实际操作中可能有多个打印发票人员在同时在线操作,每个操作人员在打印发票时已得到了相应的发票流水号,但因某种原因打印发票操作员未完成操作而离线,就必然产生断号现象。为此,专门设计一个数据库表保存已使用过的流水号的最大值,一条记录对应一种类型的流水号,由一个专门的函数控制。当多个操作员同时操作时,一般地说,先操作的先结束操作,所以先操作的分配的序号小,但实际分配的最终流水号是,先结束操作的流水号小。这样,可能出现操作时流水号与结束时最终流水号不同的情况发生,这种情况发生时应向操作人员显示相应的信息。

流水号控制函数有 GetCounter、Set Counter 两个,其功能和作用如下。

1. GetCounter

(1) 函数原型:

```
unsigned long GetCounter(CString SquType, unsigned long MinValue);
```

(2) 功能:取 SquType 类型当前最大序号加 1,并作为下一个最大序号。

（3）参数：SquType 为序号类型；MinValue 为该类型最小序号。

（4）返回值：返回当前最大序号加 1。

示例代码如下：

```
unsigned long GetCounter(CString SquType, unsigned MinValue)
{
    long inc = 0;
    CString temp;

    SquType.MakeLower();
    SquType.TrimLeft();
    if(SquType.IsEmpty()) SquType = "test";

    CString sqlstr = "select squ_counter from soft_sequenceman where squ_key = '" + SquType + "'";
    BOOL ret = m_Ado.GetRecordSet(sqlstr);
    m_Ado.Close();
    if(ret)
    {
        m_Ado.GetCollect("squ_counter", temp);
        if(temp.IsEmpty())  inc = MinValue;
        else
        {
            inc = atoi(temp);
            inc = MinValue >++ inc? MinValue : inc;
        }
    }
    return inc;
}
```

2. SetCounter

（1）函数原型：

```
unsigned long SetCounter(CString SquType, unsigned long MinValue);
```

（2）功能：设置 SquType 类型当前序号加 1，若 SquType 为新增类型，则设置序号值为 MinValue。

（3）参数：SquType 为序号类型；MinValue 为该类型最小序号。

（4）返回值：成功时返回当前序号加 1，否则返回 -1。

（5）说明：该函数包含数据库提交操作。

示例代码如下：

```
unsigned long SetCounter(CString SquType, unsigned long MinValue)
{
    CString temp;
    long inc = 0;
    CTime time;
```

```
time = CTime::GetCurrentTime();
CString timestr = time.Format("%Y-%m-%d %H:%M:%S");

SquType.MakeLower();
SquType.TrimLeft();
if(SquType.IsEmpty()) SquType = "test";

CString sqlstr = "select squ_counter from soft_sequenceman where squ_key = '" + SquType + "'";
BOOL ret = m_Ado.GetRecordSet(sqlstr);

if(ret)
{
    m_Ado.GetCollect("squ_counter", temp);
    if(temp.IsEmpty())
    {
        inc = MinValue;
        temp.Format("%d", inc);
        sqlstr = "INSERT INTO soft_sequenceman(squ_key, squ_counter, squ_updatedate)
VALUES ('" + SquType + "', " + temp + ", '" + timestr + "')";
    }
    else
    {
        inc = atoi(temp);
        inc = MinValue>++inc? MinValue : inc;
        temp.Format("%d", inc);
        sqlstr = "UPDATE soft_sequenceman SET squ_counter = " + temp + ", squ_
updatedate = '" + timestr + "'WHERE squ_key = '" + SquType + "'";
    }
    BOOL ret2 = m_Ado.ExecuteSQL(sqlstr);
    if(ret2) return inc;
    else return -1;
}
}
```

☞本 章 小 结

医院管理信息系统是为更好地完成医院的组织目标、提高医院的管理水平和服务质量所开发的管理信息系统。一个管理信息系统的建设从系统规划开始到交付使用,需经过可行性分析、业务分析、需求分析、系统分析、系统设计(包括界面设计)和系统实现与测试整个过程。需求分析需要对医院的业务进行详细调查,采用严谨的工作作风和严密的思维方式替用户进行需求分析,进而确定医院管理信息系统的总目标和各具体子目标,得出系统的功能需求和性能需求;系统分析需要根据需求分析的结果对系统的逻辑结构进行抽象和分解,并对各功能子包进行用例分析和概念类分析;系统设计是在确定系统软件结构和支撑结构的基础上,对软件结构中各个子系统进行的内部设计,包括类、用例类图、顺序图设计和系统功能界面设计等,其中系统功能界面设计要采用人性化的设计思路,尽量和用户的手工业务过程保持一致的界面风格。整个系统的建设过程采用 UML 语言进行系统建模。

　　采用对排序数据定位方式实现药品名称快速查询功能,该功能主要应用于医院的药库、药房的药品出入库和医生开处方、医嘱业务。处方复制功能对已开处方及处方模板的数据进行复制,添加到新开处方中,从而提高开处方的效率。连续流水号的产生功能对于医院门诊业务和住院业务都是必要的,系统为此专门设计一个数据库表来保存已使用过的流水号的最大值,从而保证了流水号的连续性。

思　考　题

1. 信息系统开发经过哪些过程?
2. 需求分析主要包括哪些工作? 如何较准确地获得用户需求?
3. 简要说明结构分析和功能分析的含义和主要工作。
4. 系统分析主要包括哪些内容? 各自的主要工作和分析的结果是什么?
5. 简述系统设计的含义和主要工作。
6. 进行系统功能界面设计的原则的主要内容是什么?
7. 按名称快速查询的设计思路是什么? 它的优点是什么?
8. 处方复制功能的作用是什么?
9. 在连续流水号的产生过程中,如何保证先结束的事务流水号最小?
10. 以自己所在的单位或学校为例,开发一个人事或学生学籍管理系统。

第 8 章

大数据分析

　　大数据是近年来计算机研究热点。本章讲述大数据的基本概念、特点、处理方法。大数据一般具有 4V 的特点,针对大数据的处理方法可以归纳为传统统计分析处理方法和机器学习方法两种。机器学习方法是使用计算机处理大数据的有力工具,聚类分析、神经网络、决策树和关联分析是机器学习的常用方法。推荐系统是建立在大数据挖掘基础上的一种高级智能平台,它可利用电子商务网站向客户提供商品信息和建议,从而帮助用户购买产品。本章以墨西哥餐厅数据为例,讲述了推荐系统的基本原理、设计过程和实现方法。

教学要求

(1) 了解大数据的特点、传统处理方法和机器学习方法;

(2) 了解推荐系统及常用算法;

(3) 了解推荐系统设计实践过程。

重点和难点

(1) 大数据的定义、特点;

(2) 推荐系统实现流程。

8.1 大数据概述

　　大数据(Big Data,Mega Data)是指那些需要利用新处理方法才能通过数据体现出更强决策力、洞察力和流程优化能力的海量、高增长率和多样化的信息资产。

　　维克托·迈尔-舍恩伯格及肯尼斯·库克耶编写的《大数据时代》中,大数据一般具有4V 特点:Volume(大量)、Velocity(高速)、Variety(多样)、Value(价值)。

　　大数据技术的战略意义不在于掌握庞大的数据,而在于对这些含有意义的数据进行专业化处理,进而体现庞大数据背后的价值。换言之,如果把大数据比作一种产业,那么这种产业实现盈利的关键,在于提高对数据的"加工能力",通过"加工"实现数据的"增值"。

　　从技术上看,大数据与云计算的关系就像一枚硬币的正反面一样密不可分。大数据必然无法用单台的计算机进行处理,必须采用分布式架构。它的特色在于对海量数据进行分布式数据挖掘,但它必须依托云计算的分布式处理、分布式数据库和云存储、虚拟化技术。

　　随着云时代的来临,大数据也吸引了越来越多的关注。《著云台》的分析师团队认为,大数据通常用来形容一个组织创造的大量非结构化数据和半结构化数据体,这些数据体在下载到关系型数据库用于分析时会花费过多时间和金钱。大数据分析常和云计算联系到一起,因为实时的大型数据集分析需要像 MapReduce 一样的框架来向数十、数百或其至数千台计算设备分配工作。

大数据需要借助特殊的技术方法,以便使大量的数据在可容忍时间内得到有效的处理。适用于大数据的技术包括大规模并行处理(MPP)数据库、数据挖掘、分布式文件系统、分布式数据库、云计算平台、互联网和可扩展的存储系统。

8.1.1　大数据的特点

数据分析需要从纷繁复杂的数据中发现规律并提取新的知识,是大数据价值挖掘的关键。经过数据的计算和处理后,所得的数据便成为数据分析的原始数据,根据所需数据的应用需求对数据进行进一步的处理和分析,最终找到数据内部隐藏的规律或者知识,从而体现数据的真正价值。

大数据的分析技术必须紧密围绕大数据的特点开展,只有这样才能确保从海量、冗杂的数据中得到有价值的信息。大数据的特点如下。

1. 数据体量巨大

大数据通常指 10TB(1TB＝1024GB)规模以上的数据量。之所以产生如此巨大的数据量,一是由于各种仪器的使用,使用户能够感知到更多的事物,从而这些事物的部分其至全部数据就可以被存储下来;二是由于通信工具的使用,使人们能够全时段的联系,机器-机器(M2M)方式的出现,使得交流的数据量成倍增长;三是由于集成电路价格降低,使很多电子设备都拥有了智能模块,因而这些智能模块的使用过程中依赖或产生大量的数据存储。

2. 流动速度快

数据流动速度一般是指数据的获取、存储以及挖掘有效信息的速度。计算机的数据处理规模已从 TB 级上升到 PB 级,数据是快速动态变化的,形成流式数据是大数据的重要特征,数据流动的速度快到难以用传统的系统去处理。

3. 数据种类繁多

随着传感器种类的增多以及智能设备、社交网络等的流行,数据类型也变得更加复杂,不仅包括传统的关系数据类型,也包括以网页、视频、音频、E-mail、文档等形式存在的未加工的、半结构化的和非结构化的数据。

4. 价值密度低

数据量呈指数增长的同时,隐藏在海量数据的有用信息却没有相应比例增长,反而使获取有用信息的难度加大。以视频为例,连续的监控过程,可能有用的数据仅有一两秒。大数据“4V”特征表明其不仅仅是数据海量,对于大数据的分析将更加复杂、更追求速度、更注重实效。

8.1.2 大数据的传统处理方法

统计分析是一种典型的、常用的以数学模型为基础的数据分析方法。它运用统计方法及与分析对象有关的知识,以定量、定性相结合的角度上进行的研究活动。它是继统计设计、统计调查、统计整理之后的一项十分重要的工作,是在前几个阶段工作的基础上通过分析从而达到对研究对象更为深刻的认识。它又是在一定的选题下,集分析方案的设计、资料的搜集和整理而展开的研究活动。系统、完善的资料是统计分析的必要条件。

运用统计方法、定量与定性的结合是统计分析的重要特征。随着统计方法的普及,不仅统计工作者可以从事统计分析工作,各行各业的工作者都可以运用统计方法进行统计分析。只将统计工作者参与的分析活动称为统计分析的说法严格说来是不正确的。提供高质量、准确而又及时的统计数据和高层次、有一定深度、广度的统计分析报告是统计分析的产品。从一定意义上讲,提供高水平的统计分析报告是统计数据经过深加工的最终产品。

统计分析可以分为以下 5 个步骤。

(1) 描述要分析的数据的性质。

(2) 研究基础群体的数据关系。

(3) 创建一个模型,总结数据与基础群体的联系。

(4) 证明(或否定)该模型的有效性。

(5) 采用预测分析来预测将来的趋势。

由于占大数据主要部分的非结构化数据,往往模式不明且多变,因此难以靠传统人工建立数学模型去挖掘深藏其中的知识。

8.1.3 大数据分析的机器学习方法

1. 聚类分析

聚类分析(Cluster Analysis)也称为群集分析,是对于统计数据分析的一门技术,在许多领域受到广泛应用,包括机器学习,数据挖掘,模式识别,图像分析以及生物信息。聚类是把相似的对象通过静态分类的方法分成不同的组别或者更多的子集(Subset),这样让在同一个子集中的成员对象都有相似的一些属性,常见的包括在坐标系中更加短的空间距离等。一般把数据聚类归纳为一种非监督式学习。

数据聚类算法可以分为结构性或者分散性。结构性算法利用以前成功使用过的聚类器进行分类,而分散型算法则是一次确定所有分类。

1) 结构性聚类

结构性算法可以从上至下或者从下至上双向进行计算。从下至上算法从每个对象作为单独分类开始,不断融合其中相近的对象。而从上至下算法则是把所有对象作为一个整体分类,然后逐渐细分。

分割式聚类算法是一次性确定要产生的类别,这种算法也已应用于从下至上聚类算法。

基于密度的聚类算法是为了挖掘有任意形状特性的类别而发明的。此算法把一个类别视为数据集中大于某阈值的一个区域。DBSCAN 和 OPTICS 是两个典型的算法。

2）分散性聚类

K-means算法表示以空间中 k 个点为中心进行聚类，对最靠近它们的对象归类。算法归纳如下。

（1）选择聚类的个数 k。

（2）任意产生 k 个聚类，然后确定聚类中心，或者直接生成 k 个中心。

（3）对每个点确定其聚类中心点。

（4）再计算其聚类新中心。

（5）重复以上步骤直到满足收敛要求（通常就是确定的中心点不再改变）。

该算法的最大优势在于简洁和快速。劣势在于对于一些结果并不能够满足需要，因为结果往往需要随机点的选择非常巧合。

2. 神经网络

神经网络是一种由大量的节点（或称为"神经元"、"单元"）和之间相互连接构成的运算模型。每个节点代表一种特定的输出函数，称为激励函数（Activation Function）。每两个节点间的连接都代表一个对于通过该连接信号的加权值，称为权重（Weight），这相当于人工神经网络的记忆。网络的输出随着网络的连接方式、权重值和激励函数的不同而不同。而网络自身通常都是对自然界某种算法或者函数的逼近，也可能是对一种逻辑策略的表达。

它的构筑理念是受到生物（人或其他动物）神经网络功能的运作启发而产生的。人工神经网络通常是通过一个基于数学统计学类型的学习方法（Learning Method）得以优化，所以人工神经网络也是数学统计学方法的一种实际应用，通过统计学的标准数学方法能够得到大量的可以用函数来表达的局部结构空间，另一方面在人工智能学的人工感知领域，通过数学统计学的应用可以来处理人工感知方面的决定问题（也就是说通过统计学的方法，人工神经网络能够拥有类似人一样具有简单的决定能力和简单的判断能力），这种方法比起正式的逻辑学推理演算更具有优势。

神经网络是一个能够学习、并且总结归纳的系统，也就是说它能够通过已知数据的实验运用来学习和归纳总结。人工神经网络通过对局部情况的对照比较（而这些比较是基于不同情况下的自动学习和解决实际问题的复杂性所决定的），它能够推理产生一个可以自动识别的系统。与之不同的基于符号系统下的学习方法，也具有推理功能，只是建立在逻辑算法的基础上，也就是说其推理的基础是需要有一个推理法则的集合。

一种常见的多层结构的前馈网络（Multilayer Feedforward Network）由输入层、输出层与隐藏层三部分组成。

（1）输入层（Input Layer）：众多神经元（Neuron）接受大量非线形输入信息。输入的信息称为输入向量。

（2）输出层（Output Layer）：信息在神经元链接中传输、分析、权衡，形成输出结果。输出的信息称为输出向量。

（3）隐藏层（Hidden Layer）：简称"隐层"，是输入层和输出层之间众多神经元和链接组成的各个层面。隐层可以有多层，惯例上只用一层。隐层的节点（神经元）数目不定，但数目越多神经网络的非线性越显著，从而神经网络的强健性（Robustness）更显著。惯例上会选输入节点 1.2～1.5 倍的节点。

神经网络的类型已经演变出很多种,这种分层的结构也并不是对所有的神经网络都适用。

3. 决策树

决策树(Decision Tree)由一个决策图和可能出现的结果(包括资源成本和风险)构成,用来创建到达目标的规划。决策树是一个利用像树一样的图形或决策模型进行决策支持的工具,包括随机事件结果、资源代价和实用性。它是一个显示算法的方法。决策树经常在运筹学中使用,特别是在决策分析中,它帮助确定一个能最可能达到目标的策略。如果在实际中,决策不得不在没有完备知识的情况下被在线采用,那么,该决策树应该将平行概率模型作为最佳的选择模型或在线选择模型算法。决策树的另一个使用是作为计算条件概率的描述性手段。

决策树法的决策程序如下。

(1) 绘制树状图,根据已知条件排列出各个方案和每一方案的各种自然状态。

(2) 将各状态概率及损益值标于概率枝上。

(3) 计算各个方案期望值并将其标于该方案对应的状态节点上。

(4) 进行剪枝,比较各个方案的期望值,并标于方案枝上,将期望值小的去掉(即劣等方案剪掉),所剩的最后方案为最佳方案。

相对于其他数据挖掘算法,决策树在以下几个方面拥有优势。

(1) 决策树易于理解和实现,人们在通过解释后都有能力去理解决策树所表达的意义。

(2) 对于决策树,数据的准备往往是简单或者是不必要的。其他的技术往往要求先把数据一般化,比如去掉多余的或者空白的属性。

(3) 能够同时处理数据型和常规型属性。其他的技术往往要求数据属性的单一。

(4) 决策树是一个白盒模型。如果给定一个观察的模型,那么根据所产生的决策树很容易推出相应的逻辑表达式。

(5) 易于通过静态测试来对模型进行评测。表示有可能测量该模型的可信度。

(6) 在相对短的时间内能够对大型数据源做出可行且效果良好的结果。

决策树很擅长处理非数值型数据,这与神经网络只能处理数值型数据比起来,就免去了很多数据预处理工作。甚至有些决策树算法专为处理非数值型数据而设计,因此当采用此种方法建立决策树同时又要处理数值型数据时,反而要做把数值型数据映射到非数值型数据的预处理。

4. 关联分析

关联规则是数据挖掘的一个重要课题,用于从大量数据中挖掘出有价值的数据项之间的相关关系。关联规则解决的常见问题如:"如果一个消费者购买了产品 A,那么他有多大机会购买产品 B?"以及"如果他购买了产品 C 和 D,那么他还将购买什么产品?"。正如大多数数据挖掘技术一样,关联规则的任务在于减少潜在的大量杂乱无章的数据,使之成为少量的易于观察理解的静态资料。关联式规则一般不考虑项目的次序,而仅考虑其组合。

关联规则有以下常见分类。

(1) 根据关联规则所处理的值的类型:如果考虑关联规则中的数据项是否出现,则这种关联规则是布尔关联规则(Boolean Association Rules);如果关联规则中的数据项是数量型的,这种关联规则是数量关联规则(Quantitative Association Rules)。

(2) 根据关联规则所涉及的数据维数:如果关联规则各项只涉及一个维,则它是单维关联规则(Single-dimensional Association Rules);如果关联规则涉及两个或两个以上维度,则它是多维关联规则(Multi-dimensional Association Rules)。

(3) 根据关联规则所涉及的抽象层次:如果不涉及不同层次的数据项,得到的是单层关联规则(Single-level Association Rules);在不同抽象层次中挖掘出的关联规则称为广义关联规则(Generalized Association Rules)。

常用的关联分析算法有 Apriori 演算法、F-P 算法和 Eclat 算法等。

8.2 推荐系统

目前,世界范围内绝大多数企业将大数据分析的重点放在推荐系统上,同时推荐系统也是进行大数据分析的有力工具。推荐系统一般基于各种智能算法,借助数据挖掘技术,提取大数据中呈现的各种指标隐含的信息模式,从而产生个性化的推荐结果。以便针对实时决策需求的日益增长,为企业及个人用户处理实时性较强的信息。随着智能移动设备的日益普及,其应用场景遍及各行各业。淘宝、优酷、美团等一些知名电商,都充分利用了推荐系统对网络客户进行交叉销售。

个性化推荐是根据用户的兴趣特点和购买行为,向用户推荐用户感兴趣的信息和商品。随着电子商务规模的不断扩大,商品个数和种类快速增长,顾客需要花费大量的时间才能找到自己想买的商品。这种浏览大量无关的信息和产品过程无疑会使淹没在信息超载问题中的消费者不断流失。为了解决这些问题,个性化推荐系统应运而生。个性化推荐系统是建立在海量数据挖掘基础上的一种高级商务智能平台,以帮助电子商务网站为其顾客购物提供完全个性化的决策支持和信息服务。

8.2.1 背景简介

互联网技术的迅速发展使得大量的信息同时呈现在人们面前,传统的搜索算法只能呈现给所有的用户一样的排序结果,无法针对不同用户的兴趣爱好提供相应的服务。信息的爆炸使得信息的利用率反而降低,这种现象被称为信息超载。个性化推荐,包括个性化搜索,被认为是当前解决这个问题最有效的工具之一。推荐问题从根本上说是代替用户评估它从未看过的产品,这些产品包括书、电影、CD、网页,甚至可以是饭店、音乐、绘画等。个性化推荐系统通过建立用户与信息产品之间的二元关系,利用已有的选择过程或相似性关系挖掘每个用户潜在感兴趣的对象,进而进行个性化推荐。高效的推荐系统可以挖掘用户潜在的消费倾向,为众多的用户提供个性化服务。

8.2.2 推荐系统中的常用方法

推荐方法是整个推荐系统中最核心、最关键的部分,很大程度上决定了推荐系统性能的优劣。目前,主要的推荐方法包括基于内容推荐、协同过滤推荐、基于关联规则推荐、基于效用推荐、基于知识推荐和组合推荐。其最基本的推荐流程如图 8.1 所示。

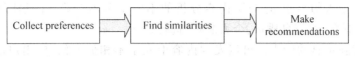

图 8.1　基本的推荐流程

由图 8.1 可以发现,一般的推荐流程可分为收集信息、比较相似度、产生推荐 3 个步骤。

1. 基于内容推荐

基于内容的推荐(Content-based Recommendation)是信息过滤技术的延续与发展,它是建立在项目的内容信息上做出的推荐,而不需要依据用户对项目的评价意见,更多地需要用机器学习的方法从关于内容的特征描述的事例中得到用户的兴趣资料。在基于内容的推荐系统中,项目或对象是通过相关的特征的属性来定义,系统基于用户评价对象的特征,学习用户的兴趣,考察用户资料与待预测项目的相匹配程度。用户的资料模型取决于所用学习方法,常用的有决策树、神经网络和基于向量的表示方法等。基于内容的用户资料是需要有用户的历史数据,用户资料模型可能随着用户的偏好改变而发生变化。

基于内容推荐方法的优点如下。

(1) 不需要其他用户的数据,没有冷启动问题和稀疏问题。

(2) 能为具有特殊兴趣爱好的用户进行推荐。

(3) 能推荐新的或不是很流行的项目,没有新项目问题。

(4) 通过列出推荐项目的内容特征,可以解释为什么推荐那些项目。

(5) 已有比较好的技术,如关于分类学习方面的技术已相当成熟。

缺点是要求内容能容易抽取成有意义的特征,要求特征内容有良好的结构性,并且用户的口味必须能够用内容特征形式来表达,不能显式地得到其他用户的判断情况。

2. 协同过滤推荐

协同过滤推荐(Collaborative Filtering Recommendation)技术是推荐系统中应用最早和最为成功的技术之一。它一般采用最近邻技术,利用用户的历史喜好信息计算用户之间的距离,然后利用目标用户的最近邻居用户对商品评价的加权评价值来预测目标用户对特定商品的喜好程度,系统从而根据这一喜好程度来对目标用户进行推荐。协同过滤最大优点是对推荐对象没有特殊的要求,能处理非结构化的复杂对象,如音乐、电影。

协同过滤是基于这样的假设:为一用户找到他真正感兴趣的内容的好方法是首先找到与此用户有相似兴趣的其他用户,然后将他们感兴趣的内容推荐给此用户。其基本思想非常易于理解,在日常生活中,往往会利用好朋友的推荐来进行一些选择。协同过滤正是把这一思想运用到电子商务推荐系统中来,基于其他用户对某一内容的评价来向目标用户进行推荐。

基于协同过滤的推荐系统可以说是从用户的角度来进行相应的推荐,并且是自动的。即用户获得的推荐是系统从购买模式或浏览行为等隐式获得的,不需要用户努力地找到适合自己兴趣的推荐信息,如填写一些调查表格等。

和基于内容的过滤方法相比,协同过滤具有如下的优点。

（1）能够过滤难以进行机器自动内容分析的信息，如艺术品、音乐等。

（2）共享其他人的经验，避免了内容分析的不完全和不精确，并且能够基于一些复杂的，难以表述的概念（如信息质量、个人品味）进行过滤。

（3）有推荐新信息的能力。可以发现内容上完全不相似的信息，用户对推荐信息的内容事先是预料不到的。这也是协同过滤和基于内容的过滤一个较大的差别，基于内容的过滤推荐很多都是用户本来就熟悉的内容，而协同过滤可以发现用户潜在的但自己尚未发现的兴趣偏好。

（4）能够有效地使用其他相似用户的反馈信息，较少用户的反馈量，加快个性化学习的速度。

虽然协同过滤作为一种典型的推荐技术有其相当的应用，但协同过滤仍有许多的问题需要解决。最典型的问题有稀疏问题（Sparsity）和可扩展问题（Scalability）。

3. 基于关联规则推荐

基于关联规则的推荐（Association Rule-based Recommendation）是以关联规则为基础，把已购商品作为规则头，规则体为推荐对象。关联规则挖掘可以发现不同商品在销售过程中的相关性，在零售业中已经得到了成功的应用。管理规则就是在一个交易数据库中统计购买了商品集 X 的交易中有多大比例的交易同时购买了商品集 Y，其直观的意义就是用户在购买某些商品的时候有多大倾向去购买另外一些商品。比如购买牛奶的同时很多人会同时购买面包。

算法的第一步关联规则的发现最为关键且最耗时，是算法的瓶颈，但可以离线进行。其次，商品名称的同义性问题也是关联规则的一个难点。

4. 基于效用推荐

基于效用的推荐（Utility-based Recommendation）是建立在对用户使用项目的效用情况上计算的，其核心问题是怎么样为每一个用户去创建一个效用函数，因此，用户资料模型很大程度上是由系统所采用的效用函数决定的。基于效用推荐的好处是它能把非产品的属性，如提供商的可靠性（Vendor Reliability）和产品的可得性（Product Availability）等考虑到效用计算中。

5. 基于知识推荐

基于知识的推荐（Knowledge-based Recommendation）在某种程度上可以作为一种推理（Inference）技术，它不是建立在用户需要和偏好基础上推荐的。基于知识的方法因它们所用的功能知识不同而有明显区别。效用知识（Functional Knowledge）是一种关于一个项目如何满足某一特定用户的知识，因此能解释需要和推荐的关系，所以用户资料可以是任何能支持推理的知识结构，它可以是用户已经规范化的查询，也可以是一个更详细的用户需要的表示。

6. 组合推荐

由于各种推荐方法都有优缺点，因此在实际中，组合推荐（Hybrid Recommendation）经常被采用。研究和应用最多的是内容推荐和协同过滤推荐的组合。最简单的做法就是分别用基于内容的方法和协同过滤推荐方法去产生一个推荐预测结果,然后用某方法组合其结果。尽管从理论上有很多种推荐组合方法,但在某一具体问题中并不见得都有效,组合推荐一个最重要原则就是通过组合后要能避免或弥补各自推荐技术的弱点。

8.3 推荐系统设计实践

一个完整的推荐系统由收集用户信息的行为记录模块、分析用户喜好的模型分析模块和推荐算法模块 3 个部分组成。推荐算法模块是最核心的部分。根据推荐算法的不同,推荐系统可以分为协同过滤(collaborative filtering)系统、基于内容(content-based)的推荐系统、基于用户-产品二部图网络结构(network-based)的推荐系统、混合(hybrid)推荐系统等。

8.3.1 推荐系统实现流程

随着 Web2.0 的发展,Web 站点更加提倡用户参与和用户贡献,因此基于协同过滤的推荐机制应运而生。它的原理很简单,就是根据用户对物品或者信息的偏好,发现物品或者内容本身的相关性,或者是发现用户的相关性,然后再基于这些关联性进行推荐。基于协同过滤的推荐可以分为 3 个子类:基于用户的推荐(User-based Recommendation),基于项目的推荐(Item-based Recommendation)和基于模型的推荐(Model-based Recommendation)。下面介绍这三种基于协同过滤的推荐机制。

1. 基于用户的协同过滤推荐

基于用户的协同过滤推荐的基本原理是:根据所有用户对物品或者信息的偏好,发现与当前用户口味和偏好相似的"邻居"用户群,在一般的应用中是采用计算"K-邻居"的算法;然后,基于这 K 个邻居的历史偏好信息,为当前用户进行推荐。图 8.2 给出了基于用户的协同过滤推荐机制的基本原理。

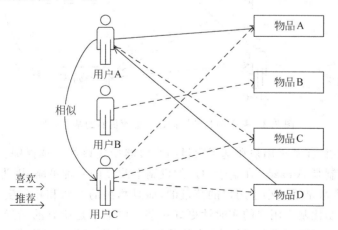

图 8.2 基于用户的协同过滤推荐机制的基本原理

在图 8.2 中,假设用户 A 喜欢物品 A、物品 C,用户 B 喜欢物品 B,用户 C 喜欢物品 A、物品 C 和物品 D;从这些用户的历史喜好信息中,可以发现用户 A 和用户 C 的口味和偏好是比较类似的,同时用户 C 还喜欢物品 D,那么可以推断用户 A 可能也喜欢物品 D,因此可以将物品 D 推荐给用户 A。

基于用户的协同过滤推荐机制和基于人口统计学的推荐机制都是计算用户的相似度,并基于"邻居"用户群计算推荐,但它们所不同的是如何计算用户的相似度,基于人口统计学的机制只考虑用户本身的特征,而基于用户的协同过滤机制是在用户的历史偏好的数据上计算用户的相似度,它的基本假设是喜欢类似物品的用户可能有相同或者相似的口味和偏好。

2. 基于项目的协同过滤推荐

基于项目的协同过滤推荐的基本原理也是类似的,只是它使用所有用户对物品或者信息的偏好,发现物品和物品之间的相似度,然后根据用户的历史偏好信息,将类似的物品推荐给用户,图 8.3 很好地诠释了它的基本原理。

假设用户 A 喜欢物品 A 和物品 C,用户 B 喜欢物品 A、物品 B 和物品 C,用户 C 喜欢物品 A,从这些用户的历史喜好可以分析出物品 A 和物品 C 是比较类似的,喜欢物品 A 的人都喜欢物品 C,基于这个数据可以推断用户 C 很有可能也喜欢物品 C,所以系统会将物品 C 推荐给用户 C。

与上面讲的类似,基于项目的协同过滤推荐和基于内容的推荐其实都是基于物品相似度预测推荐,只是相似度计算的方法不一样,前者是从用户历史的偏好推断,而后者是基于物品本身的属性特征信息。

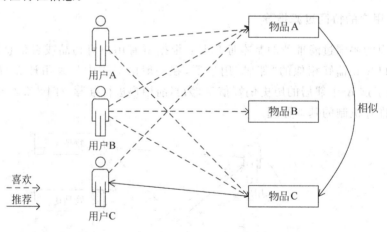

图 8.3　基于项目的协同过滤推荐机制的基本原理

应用协同过滤,在基于用户和基于项目两个策略中应该如何选择呢? 其实基于项目的协同过滤推荐机制是 Amazon 在基于用户的机制上改良的一种策略,因为在大部分的 Web 站点中,物品的个数是远远小于用户的数量的,而且物品的个数和相似度相对比较稳定,同时基于项目的机制比基于用户的实时性更好一些。但也不是所有的场景都是这样的情况,可以设想一下在一些新闻推荐系统中,也就是新闻的个数可能大于用户的个数,而且新闻的更新程度也很快,所以它的相似度依然不稳定。因此,其实可以看出,推荐策略的选择其实和具体的应用场景有很大的关系。

3. 基于模型的协同过滤推荐

基于模型的推荐是一个典型的机器学习的问题,其主要原理是将已有的用户喜好信息作为训练样本,训练出一个预测用户喜好的模型,然后基于此模型计算相似度进行推荐。这种方法的问题在于如何将用户实时或者近期的喜好信息反馈给训练好的模型,从而提高推荐的准确度。

8.3.2 数据预处理

现实世界中数据大体上都是不完整、不一致的"脏"数据,无法直接进行数据挖掘,或挖掘结果差强人意。为了提高数据挖掘的质量产生了数据预处理技术。数据预处理的方法一般包括数据清洗、数据聚合、数据变换、数据归约等。这些数据处理方法一般包括众多算法及技术,在数据挖掘之前应用这些方法,从而提高数据挖掘模式的质量,降低实际挖掘所需要的时间。

存在不完整的(有些感兴趣的属性缺属性值,或仅包含聚集数据)、含噪声的(包含错误的或存在偏离期望的孤立点值)和不一致的(用于分类的编码存在差异)数据是大型的、现实世界数据库或数据仓库的共同特点。数据预处理技术可以改进数据的质量,从而有助于提高其后的数据挖掘过程的精度和性能。由于高质量的决策必然依赖于高质量的数据,因此数据预处理是数据挖掘过程中的主要步骤。

1. 数据清洗

其实通俗地来讲,数据清洗就是一个"脏"数据到"干净"数据的一个处理过程。众所周知,现实世界的数据一般是不完整的、含噪声的和不一致的。数据清理主要从填充空缺值、识别孤立点、消除噪声,并纠正数据中的不一致这几个方面来对原始数据集进行处理。

1) 空缺值的处理及其实现方式

数据集中属性值的缺失很常见,但是缺失的属性值并不是说其不重要,或者说其与最终的挖掘结果关联不大。缺失值也并不意味着数据就有错误。例如,一个班级在统计班级同学是否获得奖学金,因为奖学金只有少数人获得,因此,没获得者可以使这个字段为空。因此,统计数据信息的记录表格应该允许调查人使用"null"这样的无效值。此外,还有像父属性性别,子属性男或女,那么子属性其中之一避免不了会有空值。所以,在分析数据时,应当考虑对不完整数据项进行处理。在处理时可以采用以下办法来处理空缺值。

(1) 忽略元组:缺少类标号时通常这样处理。

(2) 忽略属性列:如果一个属性的缺失值占所有属性值的80%以上,则可以从整个数据集中删除此属性列。

(3) 人工填写空缺值:通常情况下,此办法较为费时,只适合于数据集较小、空缺值较少的情况下。

(4) 自动填充空缺值:包括以下3种策略。

策略一:使用一个全局常量填充空缺值,将空缺属性值用同一个常数替换。

策略二:使用属性的均值或期望值或者众数进行默认填充。

策略三：可以通过线性回归、基于推理的工具或者决策树归纳确定空缺值的可能值来进行填充。由于使用现有数据的多数信息推测空缺值，因此有更大的机会保持属性之间的关联性。

2）噪声数据的清理方法

噪声数据是一个测量变量中的随机错误或偏差，其包含错误或孤立点值。导致噪声产生的原因有多种，可能是采集设备出了故障，也可能是数据录入或搜集整理的过程出现人为的失误或疏忽，或者数据传输过程中的错误等。目前，有以下几种处理噪声数据的方法。

（1）分箱：通过考察"邻居"（周围的值）来平滑存储数据的值。

（2）聚类：孤立点可以被聚类检测，聚类就是将类似的值组织成群或分类，直观地看落在聚类集合之外的值被视为孤立点。通过删除离群点来平滑数据。

（3）计算机和人工相结合：可以先通过已有经验对数据集中明显不符合逻辑的数据点进行处理之后，再通过回归或者数据处理算法对以初步处理后的数据集进行处理。

（4）回归分析：可以通过让数据适合一个回归函数来平滑数据，如线性回归涉及找出两个变量的最佳直线，使得一个变量可以预测另一个变量。多线性回归涉及多个变量，数据适合一个维面，使用回归找出适合数据的数学方程式，能够帮助消除噪声。

2. 数据集成

数据挖掘中经常需要对数据进行聚合，将两个或多个数据源中的数据，存放在一个一致的数据存储设备中，这些数据源可能包括多个数据库、数据立方体或一般文件。

在数据集成时，有许多问题需要考虑，数据一致性和冗余是两个重要的问题。

1）数据一致性

关于这个问题，就牵扯到实体识别问题。在数据集成时，来自多个数据源的现实世界的实体有时并不一定是匹配的，例如，数据分析者如何才能确信一个数据库中的 userId 和另一个数据库中的 userNum 值是同一个实体。通常，可根据数据库或数据仓库的元数据来区分模式集成中的错误。

2）数据属性值冗余

属性或命名的不一致可能导致数据集中的冗余，有些冗余可以用相关分析检测到。

3）元组重复问题

重复是指对于同一个数据，存在两个或多个相同的元组。

4）数据值表现形式冲突的检测与处理

就数据集中的某一具体实体而言，如果其来自不同数据源，那么它的属性值就有可能不同。这可能是因为数据的表示方式、缩减比例（通常用于数值属性）或数据格式编码不同。

3. 数据变化

数据变换是将数据转换成适合挖掘的形式，数据变化一般包括以下内容：

1）平滑

去掉数据中的噪声，这种技术包括分箱、聚类、回归。

2）聚类

对数据进行汇总和聚集，用来为多维度数据分析构造数据立方体。例如，可以以班级为单位来统计和分析班级的成绩情况。

3）数据概化

使用概念分层,用高层次概念替换低层次"原始"数据,例如对所调查 customer 的地理位置信息可以将经纬度映射到较高层次的概念,如市、州甚至国家;对 IP 地址,可以通过对 IP 分段实现泛化。

数据概化在数据的前期处理过程中很常见,其用来规约数据,尽管经过数据泛化,数据的具体情节被掩盖了,但泛化后的数据更有意义,更有利于人们去直观的理解。

在具体问题的处理过程中,常常会遇到数值属性、分类属性等类别的属性需要通过数据泛化来将数据由繁至简。接下来就分别对不同类别的属性的泛化进行简要的分析。

（1）对于数值属性,可以根据数据的分布自动地进行构造。例如,可以用分箱、聚类分析、基于熵的离散化等技术,可以将数值属性泛化。

（2）对于分类属性,有时可能具有很多个值。如果分类属性是序数属性,则可以使用类似于处理连续性属性的办法,以减少分类值的数目。如果分类属性是标称或者无序的,就需要使用其他办法。例如,就这次要解决的餐馆可接受的付款方式,因为全球有多种被人们采用的消费方式,如信用卡、现金、兑奖券等,而信用卡又分很多公司的或者银行的。因此,就要对付款方式进行泛化处理,如把类似于信用卡消费的归类于信用卡,将现金或者借记卡消费的归类于现金,将奖券等归类于其他方式消费等。如果更深一层,可以根据餐馆可接受付款方式的多少将餐馆的消费方式设置成多样的和单一的两大类。

此外,通过说明属性值的偏序或全序,可以很容易地定义概念分层。

4）规范化

数据规范化是将原来的度量值转换为无量纲的值,即将属性数据按比例缩放,使之落入一个小的特定区间。对于基于距离的方法,规范化可以帮助平衡具有较大初始值域的属性与较小初始值域的属性可比性。常用的规范化方法有以下几种。

（1）最小-最大规范化。

（2）z-score 规范化。

（3）小数定标规范化。

5）属性构造

利用已知属性,可以构造新的属性,以更好地刻画数据的特性,帮助整个数据挖掘的过程。

在模型的构建的过程中,经过数据集预处理之后留下关联度高和与最终要解决问题 confidence 高的属性,得到结果的正确性相对较高。大家知道,数据集的特征维数太高容易导致维灾难,而维度太低又不能有效地捕获数据集中重要的信息。在实际应用中,通常需要对数据集中的特征进行处理来创建新的特征。由原始特征创建新的特征,其目的是在帮助特高挖掘结果正确度的精度以及对高维度数据结构的理解。

6）数据离散化

聚类、分类或关联分析中的某些算法要求数据是分类属性,因此需要对数值属性进行离散化。

4. 数据规约

数据的不同视角反映出来的信息可能是不同的。数据归约技术可以用来得到数据集的压缩表示,它比源数据集小得多,但仍然接近于保持原数据的完整性,这样在归约的数据集上挖掘将更有效,并能产生相同的分析结果。数据归约方法有以下几种。

1) 维度规约和特征变换

维度规约是指通过使用数据编码或变换,得到原始数据的规约或"压缩"表示。维度规约有多方面的好处,最大的好处是,如果维度较低,许多数据挖掘算法的效果会更好。一方面是因为维度规约可删除不相关的特征并降低噪声,另一方面是因为维灾难。将要对用户信息数据进行聚类分析,如果原始数据集就对用户进行聚类划分,因为用户信息数据集的维度较高,所划分的簇中样本点之间的密度和距离之间的定义就变得没有多大意义了。此外,使用维度规约,使模型涉及更少的特征,因而可以产生更容易理解的模型,可以降低数据挖掘算法的时间和空间复杂度。

常见的规约方法有离散小波变换(DWT)、主成分分析。

2) 抽样

选样作为一种数据归约技术,是用较小的随机样本子集表示大的数据集,选样种类:一是简单选择 n 个样本,不放回,由 N 个元组中抽取 n 个样本,其中任何元组被抽取的概率均为 $\frac{1}{n}$;二是简单选择 n 个样本,回放,一个元组被抽取后,它又被放回,以便可以再次抽取;三是聚类选样,先将所有元组聚类,在从每个聚类中随机选取一个样本;四是分层选样,将元组划分成不相交的部分,称为层,通过对每一层的简单随机选样得到总体样本的分层选样。

3) 数值压缩

数值归约技术可以通过选择替代的、"较小的"数据表示形式来减少数据量。这些技术可以是有参的,也可以是无参的。对于有参方法,使用一个模型来评估数据,使得只需要存放参数,而不是实际数据。存放数据归约表示的无参方法包括直方图、聚类等。

4) 特征选择

特征选择是指从一组已知特征集合中选择最具有代表性的特征子集,使其保留原有数据的大部分信息,即所选择的特征子集可以像原来的全部特征一样用来正确区分数据集中的每个数据对象。

特征选择的理想方法是:将所有可能的特征子集作为感兴趣的数据算法的输入,然后选取产生最好结果的子集。根据特征选择过程与后续数据挖掘算法的关联,特征选择方法可分为过滤、封装和嵌入。现给出特征选择法的具体细节,如图 8.4 所示。

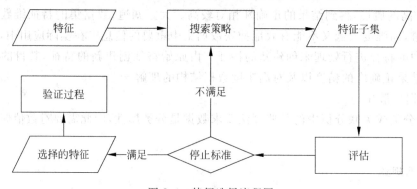

图 8.4　特征选择流程图

　　首先明确特征选择的目的就是去除不相关和冗余的特征。直观地看,理想的特征子集应该是,每个有价值的非目标特征应与目标特征强相关,而非目标特征之间不相关或者弱相关。因此,涉及的特征选择主要有两个方面:删除冗余特征和去掉与目标特征不相关的特征。例如,在根据用户喜好来产生 Top-n 餐馆列表的推荐中用户的基本信息表,用户的身高和体重信息,与用户对餐馆的选择决定性不大,是弱相关的,应该可以去掉;还有,像餐馆基本信息中地址信息,所在城市、省、国家及经纬度信息,这些特征之间会存在一定的冗余,通过计算可以删除部分冗余特征。

　　针对特征子集选择的搜索策略主要包括:①逐步向前选择;②逐步向后删除;③向前选择和向后删除结合;④决策树归纳。

　　特征选择之前选择某一测度对特征的性能进行评价是至关重要的。特征评估的关键就在于分析特征或特征子集之间的相关性。

8.3.3　基于用户属性相似性判断

　　一般来说,多维随机变量的概率分布规律,不仅仅依赖于各分量各自的概率分布规律,而且还依赖于各分量之间的关系。在分析餐馆各属性值之间关系时,常通过各种概率密度分布图等来分析餐馆各属性之间的内在联系的统计规律。在传统的解决办法中,将采用协同过滤技术来进行处理。

　　协同过滤推荐根据其他用户的观点产生对目标用户的推荐列表,它基于这样一个假设:如果用户对一些项目的评分比较相似,则他们对其他项目的评分也比较相似。协同过滤推荐系统使用统计技术搜索目标用户的若干最近邻居,然后根据最近邻居对项目的评分预测目标用户对项目的评分,产生对应的推荐列表。

　　为了找到目标用户的最近邻居,必须度量用户之间的相似性,然后选择相似性最高的若干用户作为目标用户的最近邻居。目标用户的最近邻居查询是否准确,直接关系到整个推荐系统的推荐质量。准确查询目标用户的最近邻居是整个协同过滤推荐成功的关键。

　　用户评分数据可以用一个 $m \times n$ 阶矩阵 $A(m, n)$ 表示,m 行代表 m 个用户,n 列代表 n 个项目,第 i 行第 j 列的元素 $R_{i,j}$ 代表用户 i 对项目 j 的评分。用户评分数据矩阵如表 8.1 所示。

　　度量用户 i 和用户 j 之间相似性的方法是:首先得到经用户 i 和用户 j 评分的所有项目,然后通过不同的相似性度量方法计算用户 i 和用户 j 之间的相似性,记为 $\text{sim}(i, j)$。

表 8.1　用户评分数据矩阵

	item_1	$\cdots$	item_k	$\cdots$	item_n
customer_1	$R_{1,1}$	$\cdots$	$R_{1,k}$	$\cdots$	
$\cdots$	$\cdots$	$\cdots$	$\cdots$	$\cdots$	$\cdots$
customer_j	$R_{j,1}$	$\cdots$	—	$\cdots$	$R_{j,n}$
$\cdots$		$\cdots$	$\cdots$	$\cdots$	$\cdots$
customer_m	—	$\cdots$	$R_{m,k}$	$\cdots$	$R_{m,n}$

　　在概率中,有这样一个概念——多维随机变量。大家知道,在描述 customer 是否乐意消费于一家餐馆中,仅用餐馆的一个属性难以确定(如餐馆的位置、氛围等),而往往让一个

用户去消费的是一个餐馆综合质量联合决定的,如位置近、口味佳,服务好等。之所以要把餐馆的各个属性作为一个多元整体加以研究,而不去分别研究两个一维随机变量属性,其目的在于要挖掘出多维属性之间的关系。例如,经度和纬度这两个属性,如不结合起来看,就没有任何意义。此外,像经纬度,以及餐馆所在位置、城市、州甚至国家这几个属性之间都有密切的关联。因此,试图将餐馆的所有属性看成一个多维随机变量,然后对这个变量进行处理。这样才能更合理地得出影响用户是否去一个餐馆进行消费的餐馆所具有的决定因素。

常见的相似性度量方法有余弦相似性度量、相关相似性度量及修正的余弦相似性度量。为了便于聚类,首先将用户喜好和自身属性归纳为若干特征类,称为用户属性空间 $\Omega = A_1$, $A_2, \cdots, A_k$。其中 k 为用户属性的数量。然而,对于某用户,针对某具体属性,可能会有多个属性值。因此,这里采用单一属性来得出用户在某一属性上的相似性,最后对所有的属性的相似度求和,再进行平均,最后得出用户之间的相似度。例如,用户 U_1、U_2 属性值空间 $A_1 = \{a_{11}, a_{12}, \cdots, a_{1k}\}$,因此可以通过 A_1 属性和用户来构造 $n \times k$ 的二维用户属性特征矩阵,如表 8.2 所示。

表 8.2　用户属性特征矩阵

U ＼ A_1	a_{11}	a_{12}	...	a_{1j}	...	a_{1k}
U_1	1	0	...	1	...	0
U_2	0	1	...	0	...	1
...	...	...	...	...	...	...
U_i	1	0	...	1	...	0
...	...	...	...	...	...	...
U_n	0	1	...	0	...	1

表 8.2 中,k 列表示 A_1 属性有 k 个属性值,n 行表示有 n 个用户,表中 1 和 0 分别表示用户在 A_1 属性上是否符合其第几个属性值,1 表示符合,0 表示不符合。

在构造了用户属性特征矩阵后,可利用相似性计算的方法来度量用户 U_1、U_2 在 A_1 属性上的相似性信赖度。把某个用户对于某一属性的符合值看成一组特征向量,例如,对于用户 U_1、U_2 在 A_1 属性的二维空间上的特征向量分别是 $\overrightarrow{U_1 A_1} = \{u_1 a_{11}, u_1 a_{12}, \cdots, u_1 a_{1k}\}$、$\overrightarrow{U_2 A_1} = \{u_2 a_{11}, u_2 a_{12}, \cdots, u_2 a_{1k}\}$。

则用户 U_1、U_2 在 A_1 属性的相似性可由以下计算公式来表示:

$$S_1 = \text{sim}(U_1 A_1, U_2 A_1) = 1 - \frac{\overrightarrow{U_1 A_1} \oplus \overrightarrow{U_2 A_1}}{K} = 1 - \frac{\sum_{i=1}^{k} \overrightarrow{U_1 a_{1i}} \oplus \overrightarrow{U_2 a_{1i}}}{K} \tag{8-1}$$

其中,$\text{sim}(U_1 A_1, U_2 A_1)$ 表示用户 U_1、U_2 在 A_1 上的相似度,$\overrightarrow{U_1 A_1} \oplus \overrightarrow{U_2 A_1}$ 表示用户 U_1、U_2 在 A_1 上没有共同特征的属性值取值,通过对属性特征值异或,而求得用户在某一属性上不具有相似性的概值,然后求和,并与 k 值相除,得到用户在属性 A_1 上非相似度,k 表示属性 A_1 取值总数。

接下来可通过以下公式求得用户 U_1、U_2 之间的相似性信赖度的平均值,即 $EA(\text{sim})$。

$$\bar{S} = EA\left[\text{sim}(U_1, U_2)\right] = \dfrac{\sum\limits_{i=1}^{m}\text{sim}(U_1 A_i, U_2 A_i)}{m} \tag{8-2}$$

求出此用户在所有属性上信赖度的期望值,从而来描述用户之间的相似性的平均值,m 表示该用户用多少个属性来描述。

而用户之间的相似度可通过以下公式求得:

$$S = \text{sim}(U_1, U_2) = \dfrac{\sum\limits_{i=1}^{k}(S_1 - \bar{S})}{\sqrt{\sum\limits_{i=1}^{k}(S1 - \bar{S})^2}} \tag{8-3}$$

上述公式描述了用户 U_1、U_2 的相似度,k 表示属性 A_1 取值总数。

8.3.4　用户相似性聚类

利用 K-means 算法对经过地理位置信息分类处理后的用户群体进行分析。K-means 算法是无监督学习算法,输入为一个无标记的数据集合。对于 K-means 算法,首先会初始化一组数据点,称为类重心,类重心为每个类的中心的假设。重心随机从数据点中选取。假如数据集合都是 n 维向量,那么这些类重心也是 n 维向量,之后重复以下两步,直到算法收敛。

第一步,对于每个 x^i,需要获得距离最近的重心 j,然后将其标记成不同的类别。

$$\text{set}\, c(i) = \arg\min \parallel x^i - u^j \parallel \tag{8-4}$$

其中需要将 x^i 分配给类 j,从而对于所有的点,并分配给一个距离最近的类重心。

第二步,将类重心更新为分配给该类的所有点的均值,重新确定类重心。

$$\begin{aligned}&\text{set}\, \text{distance} = d \\ &\text{set}\, \text{cluster\_center} = EA(\text{distance})\end{aligned} \tag{8-5}$$

假设,有 n 个用户,则本次推荐按系统构成的集合为 $U = \{U_1, U_2, \cdots, U_n\}$,经过 K-means 算法处理之后,所生成的聚类集合表示为 $C = \{c_1, c_2, \cdots, c_j\}$,其中 j 表示为经算法处理之后生成的聚类总数,c_i 表示此子簇中的用户在个人喜好或偏好方面具有较高的相似性。算法的实现为:

```
Input: ClusterNum j and Matrix(n×k);
Output: the number of cluster about matrix is j;
```

方法如下。

步骤 1,在二维用户属性特征矩阵中检索所有 n 个项目,用集合 $U = \{U_1, U_2, \cdots, U_n\}$ 表示。

步骤 2,集合中随机选择 j 个项目,将它们的属性特征数据作为初始聚类中心,用集合 $C' = \{c'_1, c'_2, \cdots, c'_j\}$ 表示。

步骤 3,对 j 个聚类进行初始化为空,用集合 C 表示。

步骤 4,对剩余的项目执行以下操作:

```
算法: 用户聚类算法
1:   for all uᵢ ∈ U do
2:       for all cⱼ' ∈ C' do
3:           sim(uᵢ, cⱼ')
4:       end for
5:       sim(uᵢ, cₘ') = max{sim(uᵢ, cₘ'), sim(uᵢ, cₘ'), ⋯, sim(uᵢ, cₘ')}
6:       C+ = uᵢ
7:   end for
```

算法中,$\text{sim}(u_i, c_i')$为计算用户u_i和聚类中心c'的相似性,$\text{sim}(u_i, c_m') = \max\{\text{sim}(u_i, c_m'),$ $\text{sim}(u_i, c_m'), \cdots, \text{sim}(u_i, c_m')\}$及$C+ = u_i$为聚类过程。

步骤5,计算新生成聚类中所有项目的平均值,并生成新的聚类中心。

步骤6,重复步骤4和步骤5,直到聚类中心不再发生变化为止,并输出s个类簇。

8.3.5　推荐结果

本设计实践基于协同过滤思想为用户提供满意的推荐服务,利用式(8-3),计算用户之间的相似性,从而找出用户u的最近邻居$N_u = \{U_1, U_2, \cdots, u_j\}$。

其中$u \notin N_n$且$\text{sim}(u, u_1) \geqslant \text{sim}(u, u_2) \geqslant, \cdots, \geqslant \text{sim}(u, u_3)$。

最后,依据式(8-3)以及经 K-means 算法生成的j个用户子簇,结合目标用户的最近邻居选择 top-n 个预测值较高的餐馆推荐给用户,计算方法如下:

$$P_{u,i} = \bar{R}_u + \frac{\sum\limits_{n \in N_u} \text{sim}(u,n) \times (R_{n,j} - \bar{R}_n)}{\sum\limits_{n \in N_u} (|\text{sim}(u,n)|)} \tag{8-6}$$

其中,$\text{sim}(u,n)$表示用户u与用户n之间的相似性,$R_{n,j}$表示用户n对餐馆i的评分,$\bar{R}_u$、$\bar{R}_n$表示用户u和用户n对餐馆的平均评分。

8.4　数据预处理实现及结果分析

本节将依次按照数据准备、数据清洗、数据变换、数据聚合,以及特征值构造和维度规约的顺序对所挖掘数据集进行转换。

8.4.1　数据准备

本部分以 UCI(加利福尼亚大学尔湾分校,University of California Irvine)提供的墨西哥餐馆消费情况数据集为例,针对墨西哥消费者的喜好来产生 top-n 餐厅推荐列表。此处对数据集进行描述。

首先,简要地整理一下数据集所提供的数据:

本次所提供的数据集,总共包括三部分: chefmoz 餐馆的基本信息、所调研 customer 的基本喜好信息以及最终的用户对餐馆的评分估计信息 rating_final。总的数据集共涉及三大类,9 张原始表。

第一类：Restaurants 分别涉及 chefmozaccept.csv、chefmozcuisine.csv、chefmozhours4.csv、chefmozparking.csv、geoplaces2.csv 5 张数据表。

第二类：Consumers 分别涉及 usercuisine.csv、userprofile.csv、userpayment.csv 3 张数据表。

第三类：User-Item-Rating 涉及 rating_final.csv 数据表。

首先针对每一张数据表进行冗余数据的校验处理，删掉重复项。例如，在有些表中会有相同的元组数据，这就可以删除。

此过程借助于 Excel 工具的自动排序及删除重复项功能，这样简化了原始数据集，有利于进一步对数据进行处理。

此外，依据 rating_final 数据表，设置 restaurant 和 customerID 的过滤范围，并以此确认 placeID 位于 132 560 到 135 109 之间，userID 位于 U1001 到 U1138 之间。

通过上述数据限定范围，分别对代表 restaurant 和 customer 的数据表进行范围限定处理。

8.4.2　数据清洗——数据集缺失值的处理

本设计实践主要采用上述对缺失值的处理方法来对以下两张表中出现的缺失值进行处理。对于表中缺失值的估计，通过计算当前表中与含有缺失值属性的 confidence 来对缺失值进行预判，这样可以使数据之间的关联性加强。

此外，在缺失值进行处理中，依据相关度高的属性为基准，来观察含有缺失值属性的概率密度分布。由概率和数理统计知识可以得出以下结论。

(1) 对于一个随机变量 X，如果存在一个定义域为 $(-\infty, +\infty)$ 的非负实值 $f(x)$，使得 X 的分布函数 $F(x)$ 可以表示为：

$$F(x) = P(X \leqslant x) = \int_{-\infty}^{x} f(x)\mathrm{d}x, \quad -\infty \leqslant x \leqslant +\infty \tag{8-7}$$

则称 $f(x)$ 为属性 X 的概率分布密度函数，简称概率密度。

(2) 对于任意的实数 a、$b(a<b)$，都有

$$P(a < x \leqslant b) = \int_{a}^{b} f(x)\mathrm{d}x \tag{8-8}$$

由上述公式及积分中值定理可知，在 $f(x)$ 的连续函数点处，当 Δx 充分小时，则

$$P(x < X \leqslant x + \Delta x) \approx f(x)\Delta x \tag{8-9}$$

即当 X 取值近似于 x 时，其概率与 $f(x)$ 的大小成正比。也就是说，当 $f(x)$ 的大小成正比。也就是说，当 $f(x)$ 在某一点 x_0 处取值较大时，随机变量 X 在 x_0 邻近取值的可能性就较大；反之，则较小。

首先，查看原数据集，在 Restaurants 的 geoplaces2.csv 以及 Consumers 类的 userprofile.csv 表中的相关属性出现缺失值。通过分析属性的 Histogram 分布图，以及与缺失值 confidence 较大的属性之间的 scanner 分布图，还有 distribute 密度分布图和 Histogram color 分布图，来得到想要的信息。

1. 餐馆数据集中缺失值的处理

通过餐馆有关数据集可以发现，餐馆相关数据属性出现的缺失值现象主要在

geoplaces2 表,其中有以下几个字段出现丢失值现象。

(1) 对于 address 属性,有 27 个属性值缺失,其取值空间为 $\Omega = \{\text{true}, \text{false}\}$; address 属性与 city、state、country 的关系呈逐级被包含关系,而将全文中以及后续的用户信息与餐馆信息的相关性连接上将主要针对 state 属性。此外,将在推出结果时对用户这一属性加以描述。因此,这一属性在前期处理过程中可以省略。

(2) 对于 city 属性,其丢失 18 个属性值。依据经验可知,city 属性的分布比 state 属性的分布的 confidence 较高。因此,我们首先给出 city 属性与 state 属性之间的密度分布如图 8.5 所示。

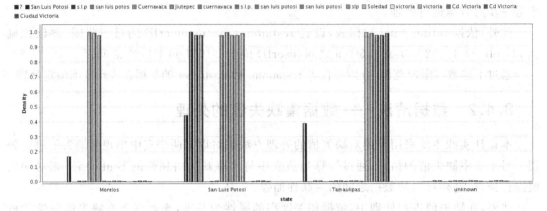

图 8.5 city 属性与 state 属性之间的密度分布

此外,通过观察数据不难发现用户在填写 city、state 及 country 这 3 个属性时,会只填一个或者错开来填写,这样就会导致这 3 个属性之间数据的重叠,如表 8.3 和表 8.4 所示。

表 8.3 geoplace2 表部分数据 1

city	state	country
san luis potosi	san luis potosi	Mexico
san luis potosi	slp	Mexico
slp	slp	Mexico
San Luis Potosi	San Luis Potosi	Mexico
San Luis Potosi	San Luis Potosi	Mexico
San Luis Potosi	San Luis Potosi	Mexico
San Luis Potosi	San Luis Potosi	Mexico
San Luis Potosi	San Luis Potosi	Mexico

表 8.4 geoplace2 表部分数据 2

city	state	country
San Luis Potosi	San Luis Potosi	Mexico
San Luis Potosi	San Luis Potosi	Mexico
San Luis Potosi	San Luis Potosi	Mexico
San Luis Potosi	San Luis Potosi	Mexico
s. l. p	mexico	?
?	?	?
?	?	?
?	?	?

根据原始表的部分数据,可以得知以下几个现象。

被调查 customer 可能会将 city 属性和 state 属性填写成一样,如上例都填成 San Luis Potosi;所有 city 属性为未知值的,state 属性也为未知值;customer 可能会省略掉 city 属性的填写,customer 在 city 属性中填 s. l. p,在 state 属性中填写 mexico,这很明显,这两个属性现所填的值为误填,正确的应为 state 属性值为 s. l. p,country 属性值为 mexico;此外将同一个城市名称的别名进行统一处理,如 Cd. Victoria 与 victoria 以及 Ciudad Victoria 应同属一个城市,统一为 victoria。

现在做以下几个工作。

首先,将所有 city 属性和 state 属性重叠的 city 属性值都设置为空。

其次,将所误填数据值修正。

整理后统计发现未知属性值占 city 属性的总体的 70% 左右。因此可以得出 customer 对餐馆所在 city 貌似并不关心。此外,还可以从数据中得出,如果餐馆在 Morelos 州,其主要分布城市在 Cuernavaca,如果在 Tamaulipas 州,其主要分布城市在 victoria。

现在给出 city 属性原始数据和经纬度之间的 scatter 分布如图 8.6 所示。

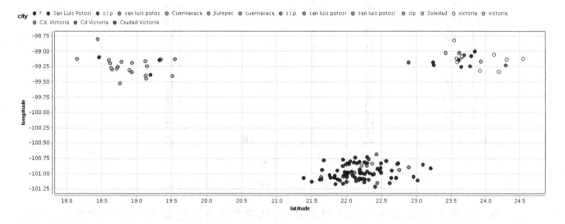

图 8.6 city 属性原始数据和 latitude 以及 longitude 之间的 scatter 分布

观察上述分布图,会发现 city 主要缺失值的分布范围。

然后再给出经由上述数据处理后的 city 属性与 latitude 与 longitude 之间的 scatter 离散分布如图 8.7 所示。

接下来给出 city 属性与 state 属性之间的密度分布如图 8.8 所示(以 state 为 plot class,以 city 为 color class)。

从图 8.7 和图 8.8 中,可以得出以下结论。

① 当 city 位于 Morelos 州的时候,从两者属性的密度分布图来看,此时 city 属性未知值取 Cuernavaca、Jiutepec 两个属性值密度大小相似,再结合数据集在 Morelos 出现次数的大小,可以判定用 Cuernavaca 来替换当 state 为 Morelos 时 city 处于未知值的属性值。

② 当 city 位于 Tamaulipas 州的时候,从两者属性密度分布图来看,此时 city 属性未知值取 victoria 的可能性最大,因此用 victoria 来替换当 state 为 Tamaulipas 时 city 处于未知值的属性值。

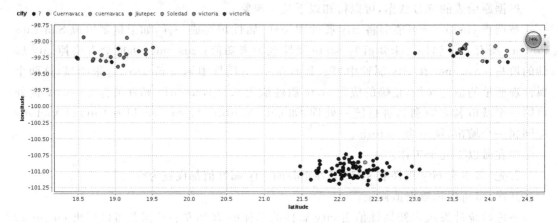

图 8.7　city 属性与 latitude 与 longitude 之间的 scatter 离散分布

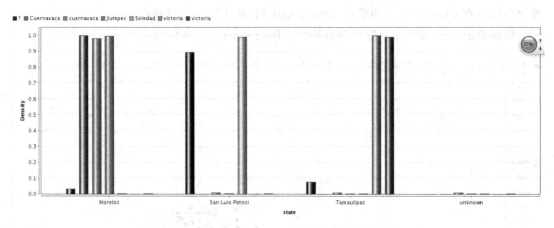

图 8.8　city 属性与 state 属性之间的密度分布

③ 当 city 位于 San Luis Potosi 州的时候,从两者属性密度分布图来看,此时 city 属性未知值取 Soledad 的可能性最大,因此用 Soledad 来替换当 state 为 San Luis Potosi 时 city 处于未知值的属性值。

(3) 对于 state 属性,其缺失值的处理,着重还是依靠于 state 属性缺失值经纬度的分布。对比整个数据集,查看 state 属性的缺失值所处的经纬度与已知经纬度的 state 作比较。现给出 state 属性与 latitude 以及 longitude 属性之间的 scatter 离散图如图 8.9 所示。

通过观察所调查的数据,原始数据统计如下。

含有塔毛利帕斯州 tamaulipas 的有 9 个;未知属性值的州有 18 个;含有圣路易斯波托西 San Luis Potosi 的有 14 个;含有 Morelos 的有 19 个;含有塔毛利帕斯州 Tamaulipas 的有 7 个;含有 S. L. P. 的有 2 个;含有莫雷洛斯 morelos 的有 1 个,含有 s. l. p. 的有 1 个;含有 san luis potosi 的有 4 个;含有 slp 的有 2 个;含有 mexico 的有 2 个,含有 san luis potos 的有 1 个;含有 SLP 的有 50 个。

可以发现被调查者以及在数据搜集的过程中会把同一个州名的不同形式统计成两个不同的属性值,因此,首先通过把州名的不同写法统一一下,比如说 San Luis Potosi 州与 s. l. p. 以及 slp 和 san luis potos 其实隶属一个州,可以统一其名称为 San Luis Potosi 圣路

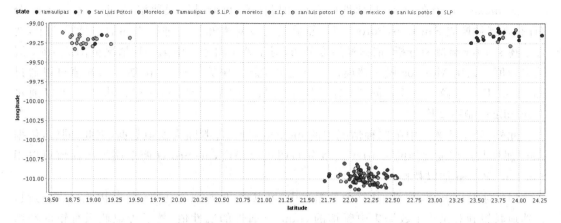

图 8.9　state 属性与 latitude 以及 longitude 属性之间的 scatter 离散图

易斯波托西；此外还有 tamaulipas 与 Tamaulipas 其实都隶属一个州 Tamaulipas 塔毛利帕斯州，只是首写字母大小写有区分而已；Morelos 与 morelos 也同属上述情况，同属莫雷洛斯。

现对数据集中关于 state 属性做过处理之后，取值整理如下，其中数据集中包含：

Tamaulipas 州的有 16 个；未知州的有 18 个；San Luis Potosi 州的有 74 个；Morelos 州的有 20 个；mexico 的有 2 个。

经过上述对数据的重新整理，统计结果，并给出处于 state 属性与 latitude 属性以及 longitude 属性之间的 scatter 离散图，如图 8.10 所示。

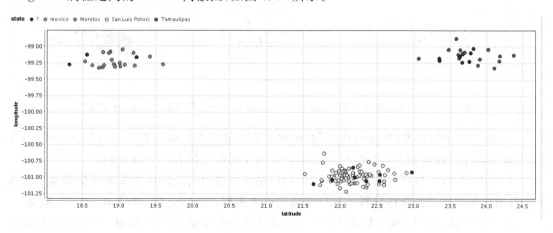

图 8.10　state 属性与 latitude 属性以及 longitude 属性之间的 scatter 离散图

此时会发现以下两个问题：

① state 属性未知值所处的经纬度范围共有三处，大致分别是：

$(LATITUDE, LONGITUDE)_1 = \{(0, -99.5); (0, -99.0); (19.5, -99.5); (19.5, -99.0)\}$

$(LATITUDE, LONGITUDE)_2 = \{(21.5, -101.25); (21.5, -100.75); (23.0, -101.25); (23.0, -100.75)\}$

$(LATITUDE, LONGITUDE)_3 = \{(23.0, -99.5); (24.0, -99.0); (24.0, -99.5); (23.0, -99.0)\}$

② mexico 这个在 state 州属性中出现的属性值,可能是错误数据,根据上述 scatter 分布图,将其替换成 San Luis Potosi 州。然后就可以对未知属性进行未知值估计写入了,通过上述 scatter 离散图分析,依据经纬度分布,对于处于问题一中第一种情况范围的 state 属性未知值可以用 Morelos 做一替换;对于处于问题一中第二种 state 属性未知值可以通过 San Luis Potosi 做一替换;同样,对于处于问题一中第三种 state 属性未知值可以通过 Tamaulipas 做一替换。

此外,处于问题一中第二种情况中的 mexico 属性,经判断为误填数据,因此,同样,依据 state 属性与经纬度之间的 scatter 离散分布图可以得出,mexico 这两个误填属性值可以用 San Luis Potosi 加以替换。

(4) 对于 country 属性,从整个数据集中,可以得出 Mexico 占 78.5%,因此,依据习惯,自然地联想到对比整个数据集中餐馆的 country 属性的属性值,然后加以联系餐馆的经纬度来确定餐馆的 country 属性的缺失值。现在给出以 country 为 x 横坐标,以 latitude 和 longitude 作为纵坐标进行 scanner 离散分析的离散图如图 8.11 所示。

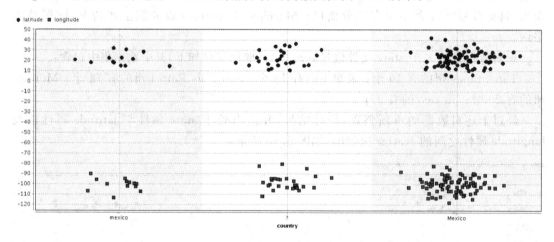

图 8.11　country 属性与 latitude 属性以及 longitude 属性之间的 scatter 离散图

从图 8.11 中可以发现,country 属性的缺失值的经纬度所处位置大致与 Mexico 的经纬度所处位置相同或者类似,因此,可以推断,country 属性的缺失值为 mexico。

依据上述结论,可以轻易地得出,此次用户调查的餐馆所处国家大多数都是隶属于墨西哥,与用户是否最终会选择该餐馆进行就餐没多大关联,因此,这个 attribute 也可以删除。

(5) 对于 fax 属性,缺失值占 130 个,占总体调查餐馆的 100%,因此,说明用户对餐馆的 fax 关注度不大,换句话说,餐馆的 fax 对用户是否选择该餐馆就餐的影响度微乎其微,所以 geoplace2 这个属性可以删除。

(6) 对于 url 属性,先简要地对其进行统计,本次调查中:出现未知 url 的有 116 家;没有 url 有 1 家;url 是 carlosandcharlies.com 有 1 家;url 是 lasmananitas.com.mx 有 1 家;url 是 chilis.com.mx 有 1 家;url 是 kikucuernavaca.com.mx 有 1 家;url 是 eloceanodorado.com 有 1 家;url 是 lacantinaslp.com 有 2 家;url 是 lunacafe.com.mx 有 1 家;url 是 lagranvia.com.mx 有 1 家;url 是 reyecito.com 有 1 家;url 是 sushi-itto.com.mx 有 1 家;url 是 lostoneles.com.mx 有 1 家;url 是 www.cenidet.edu.mx 有 1 家;对于 url 这个属性

而言,是一个餐馆对外的唯一标识,例如,对于以下这个 url：lacantinaslp. com,其标识了两家餐馆,因此,可以认定,这两家餐馆是连锁店或者分店这样的关系。

对于整个数据集,若从这点来说,可以根据餐馆的相似度,将餐馆的 url 设定为连锁店这样的关系。

但是,url 属性缺失值占的比例过大,因此在前期处理过程中可以省略。

(7) 对于 zip 属性,此属性在数据处理的上下文中关联性不大,并且其缺失值比例过大,因此在前期数据处理过程中可以省略。

2. 用户信息缺失值的处理

观察用户信息有关数据集,会发现与用户相关数据属性出现缺失值现象,主要在 userprofile 表,其中有以下几个字段出现丢失值现象。

(1) 对于 somker 属性,其丢失 3 个属性值,其取值空间为 $\Omega=\{\text{true,false}\}$；首先,分析以下该字段的 Histogram 分布图,如图 8.12 所示。

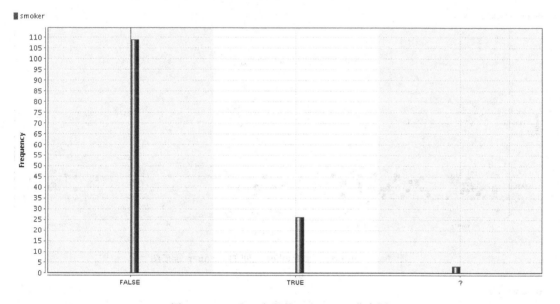

图 8.12　smoker 字段的 Histogram 分布图

其次,简要地对此属性值出现的情况进行简单统计：不抽烟的 customer,即 FALSE,有 109 人；抽烟的 customer,即 TRUE,有 26 人；缺失属性值,即未知是否抽烟的 customer,有 3 人,如图 8.12 所示。

通过图 8.13 可以得出,interest 属性对抽烟属性关联性较大,因此,得出 interest 与 smoker 之间的 scanner 分布图,如图 8.14 所示。

从上述又可以得出,interest 属性中,其中没有兴趣爱好的对 smoker 未知属性值 confidence 影响较大,因此,可以判定以 customer 的 interest 属性的 null 值用户来判定 smoker 的缺失值。

现在给出 interest 属性与 smoker 属性的 distribute 分布图,如图 8.15 所示。

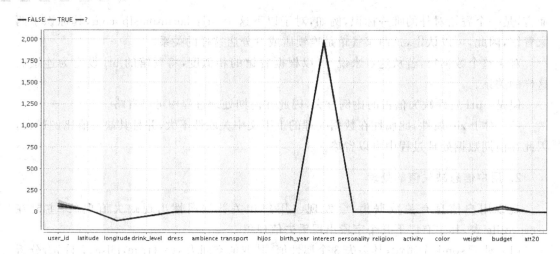

图 8.13　smoker 属性值统计图

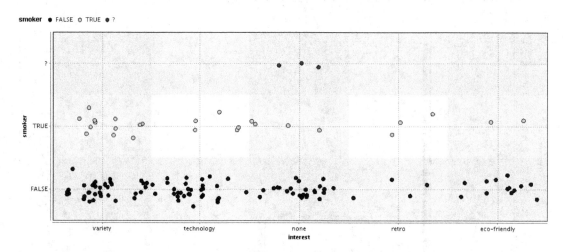

图 8.14　interest 与 smoker 之间的 scanner 分布图

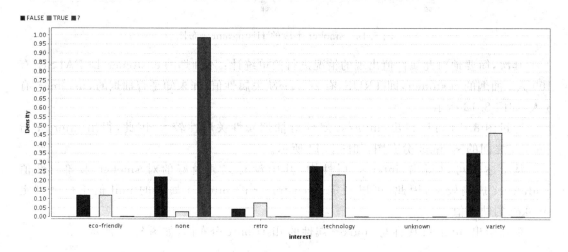

图 8.15　interest 属性与 smoker 属性的 distribute 分布图

观察 interest 的 none 属性的属性值,发现此属性值所对应 smoker 属性值取 false 的密度最大,因此,对 smoker 属性所有缺失值取值为 false。

(2)对于 dress_preference 属性,其丢失 5 个属性值,取值空间为 Ω＝{informal, formal,no preference elegant};首先,分析以下该字段的 Histogram 分布图,如图 8.16 所示。

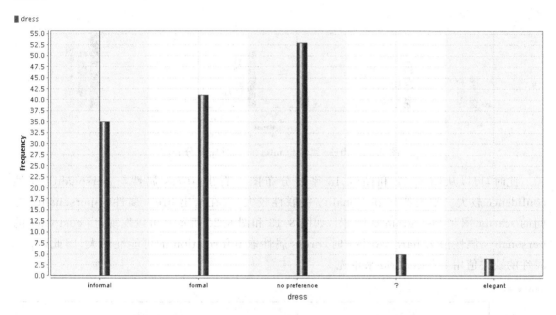

图 8.16 dress_preference 字段的 Histogram 分布图

先对 dress 属性值进行简单的统计:人们偏好 informal 的有 35 人;偏好穿正装 formal 的有 41 人;对着装没有太过偏好的 no preference 有 53 人;缺失值有 5 人;喜好着装高雅的 elegant 有 4 人;dress 属性与 personality 属性和 interest 属性的密度分布图分别如图 8.17 和图 8.18 所示。

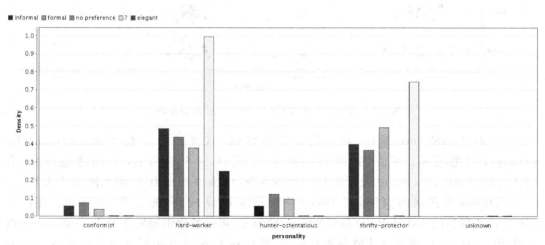

图 8.17 dress 属性与 personality 属性密度分布图

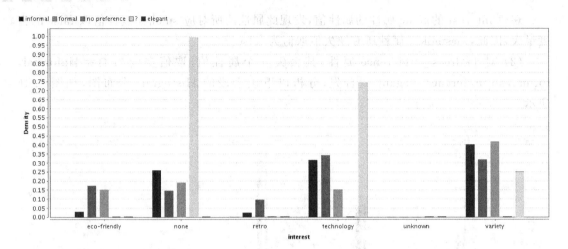

图 8.18　dress 属性与 interest 属性密度分布图

　　此时,可以从图 8.17 和图 8.18 密度分布图中看出,dress 属性与 personality 属性 confidence 较大。缺失值与 personality 关联性较大,现在给出 dress 属性与 personality 之间的 scatter 图和 histogram color 图,如图 8.19 和图 8.20 所示。可以发现,当 customer 的 personality 属性值为 hard-worker 时,dress 属性取 information 的可能性最大,因此,dress 属性的缺失值用 information 来填充。

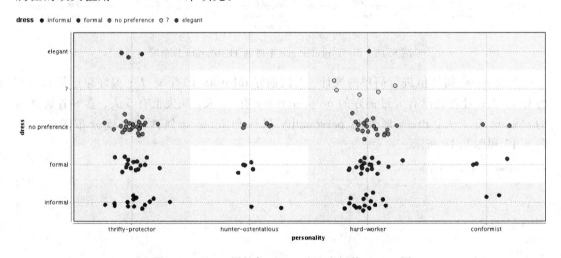

图 8.19　dress 属性与 personality 之间的 scatter 图

　　(3) 对于 ambience 属性,其丢失 6 个属性值,取值空间为 $\Omega = \{$family, feiends, solitary$\}$;首先,分析以下该字段的 Histogram 分布图如图 8.21 所示,可以简要地得到:有 70 人喜欢 family 的氛围,46 人喜欢 friends 的氛围,16 人喜欢 solitary 的氛围,6 人未知。

　　customer 所喜欢的氛围,与 personality 的关联度较高,先给出 ambience 属性与 personality 属性的 distribute 分布图如图 8.22 所示,可以发现未知属性值在 hardworker 以及 thrifty_protector 两个属性值分布较密集,其中在 hardworker 属性值分布中与 friendy 和 solitary 两个可选值较为接近,因此观察其 histogram color 图(图 8.23)加以区别,可以得出 friendy 的出现频率比 solitary 高。

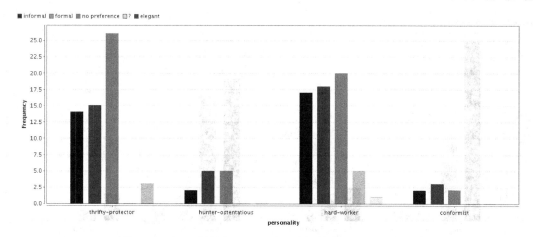

图 8.20 dress 属性与 personality 之间的 histogram color 图

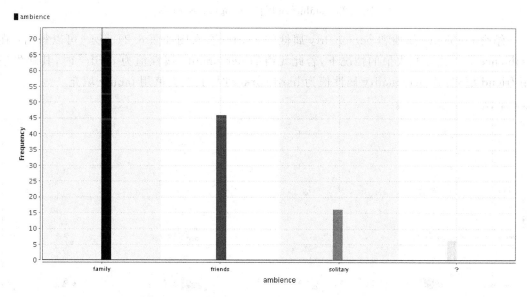

图 8.21 ambience 属性字段的 Histogram 分布图

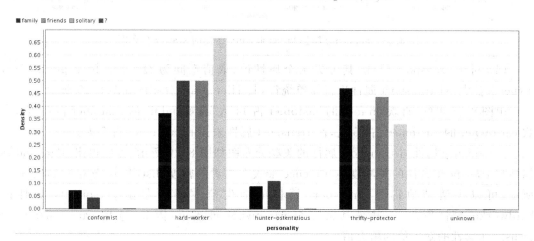

图 8.22 ambience 属性与 personality 属性的 distribute 图

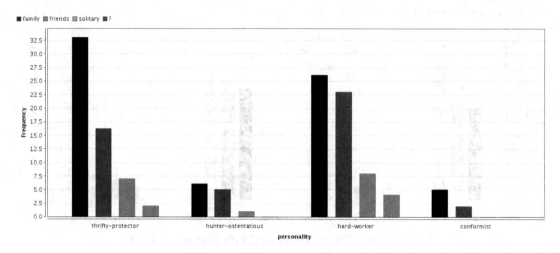

图 8.23　ambience 属性 histogram color 图

　　结合 ambience 属性和 personality 属性的 scatter 分布图如图 8.24 所示,可以得出:在 ambience 属性出现缺失值的情况下,若此元组的 personality 属性值为 thrifty 时,其缺失值用 friend 填充,若 personality 属性值为 hardworker 时,其缺失值用 family 填充。

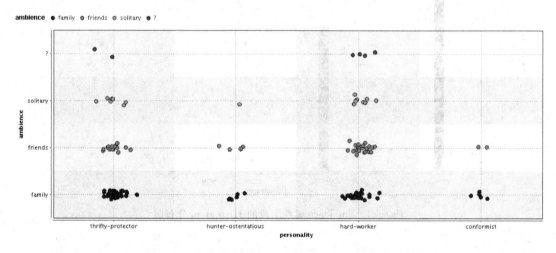

图 8.24　ambience 属性和 personality 属性的 scatter 分布图

　　(4) 对于 transport 属性,其丢失 7 个属性值,取值空间为 $\Omega = \{$on foot,public,car,owner$\}$;首先,对 transport 属性进行简单统计,其 Histogram 分布图如图 8.25 所示。

　　由图 8.25 可知,喜欢 on foot 的 customer 占 14 人,喜欢 public 的 customer 占 82 人,喜欢 car owner 的 customer 占 35 人,而 transport 属性未知的 customer 占 7 人。

　　Personality 属性与 transport 属性的关联分布图如图 8.26 所示,可以得出,Personality 属性与 transport 属性的关联度 confidence 最大。二者的密度 distribute 分布图如图 8.27 所示,可以很清楚地得到,transport 属性的缺失值主要分布在 personality 属性的 hardworker 属性值之上,并且其密度与 car owner 最接近,因此,选用 car owner 作为 transport 属性的缺失值的填充值。

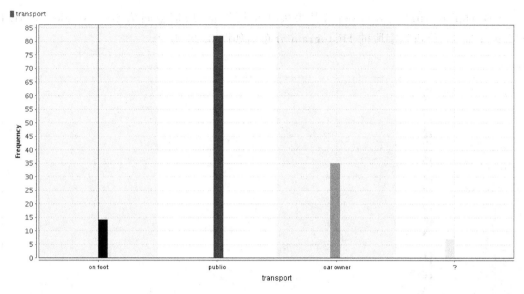

图 8.25 transport 属性 Histogram 分布图

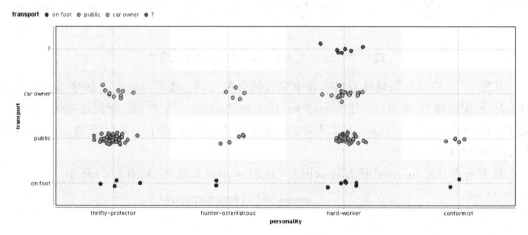

图 8.26 Personality 属性与 transport 属性的关联分布

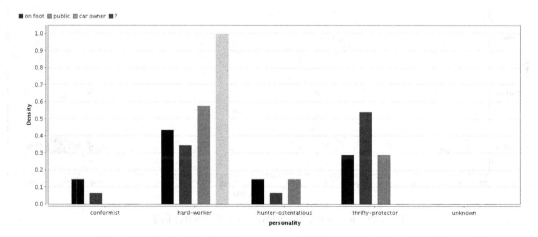

图 8.27 Personality 属性与 transport 属性的密度 distribute 分布图

（5）对于 marital_status 属性，其丢失 4 个属性值，取值空间为 $\Omega = \{single, married, widow\}$；首先，分析该字段的 Histogram 分布图如图 8.28 所示。

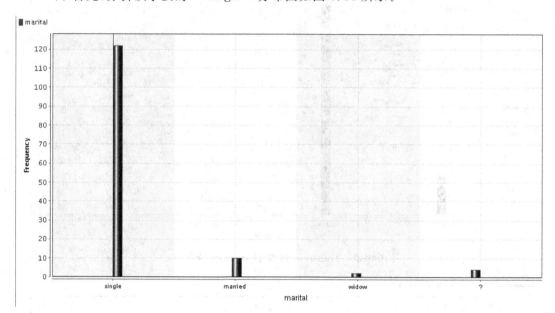

图 8.28　marital_status 属性 Histogram 分布图

从图 8.28 中可以明显地看出来各个状态的分配比例：处于 single 状态的 customer 占 122 人，分配比率为 88.4%；处于 married 状态的 customer 占 10 人，分配比率为 7.25%；处于 widow 状态的 customer 占 2 人，分配比率为 1.45%；处于未知状态的 customer 占 4 人，分配比率为 2.90%。

接下来再看看 married 状态与 brith_year 的 scatter 离散图，如图 8.29 所示。

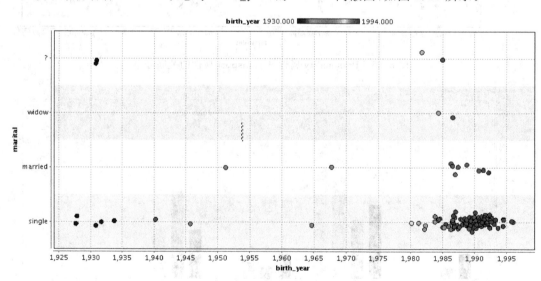

图 8.29　married 状态与 brith_year 的 scatter 离散图

关于婚姻状态和出生年龄的分配密度关系图如图 8.30 所示。

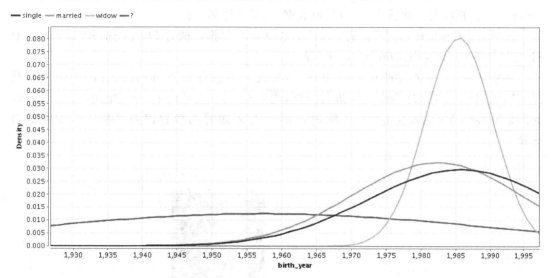

图 8.30　married 状态与 brith_year 的分配密度关系图

从上面两个字段很明显地可以看出，缺失值所处年龄范围以及其所处范围中婚姻状态出现最大情况和密度情况。

在 1930—1935 年，有两个对应的缺失值，而在这段年龄范围内 single 出现的概率最高而且密度也最大，因此，以 single 来填充两个未知值；在 1980 年附近出现的那个缺失值情况和 1930—1935 年的情况很类似，故也以 single 值来填充；而对于 1985 附近出现的那个缺失值，由于此时处于 married 的密度较大，故选用 married 作为此缺失值的填充值。

（6）对于 hijos 属性，其丢失 11 个属性值，取值空间为 $\Omega = \{$independent, kids, dependent$\}$；首先，分析该字段的 Histogram 分布图如图 8.31 所示。

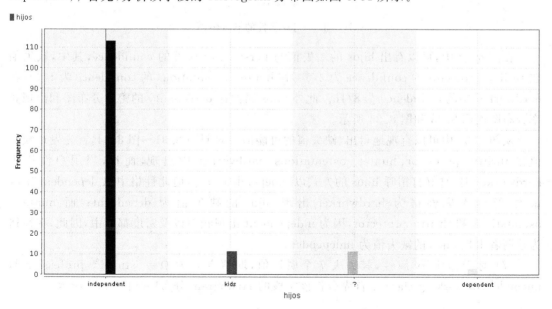

图 8.31　hijos 属性的 Histogram 分布图

从图 8.31 中很明显地可以看出，customer 打招呼的方式以 independent 为主，而选择 dependent 打招呼的人数就少了，分析原数据，做了统计如下：

选择 independent 打招呼的有 113 人；选择 kids 打招呼的有 11 人；选择方式未知的有 11；而最少的选择是 dependent，只有 3 人。

从常理而言，一个选择打招呼的方式，与其性格息息相关，而且二者的相关度也最高。因此，接下米，对这两个属性进行分析，先看看 hijos 属性的 pareto 图如图 8.32 所示，此图以 personality 为横坐标，用于标记 hijos 值为未知时的数目以及其所占分类数的百分比。

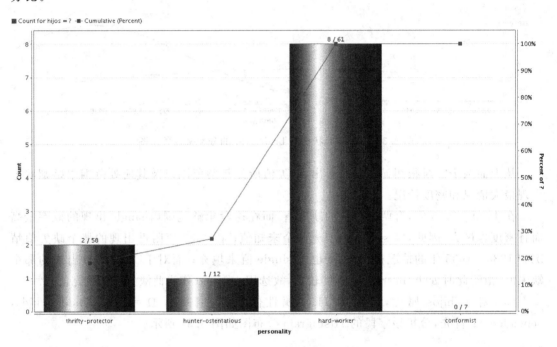

图 8.32   hijos 属性的 pareto 图

在图 8.32 中，可以看出 hijos 的缺失值与 personality 属性的 confidence，其中，缺失值在 thrifty_protector 的 confidence 为 2/58，在 hunter_ostentatious 的 confidence 为 1/12，在 hardworker 中的 confidence 为 8/16。此外 hijos 属性在 personality 的密度分布图和出现频率分布图如图 8.33 和图 8.34 所示。

从图 8.34 中可以直观地得出，缺失值的可能值。对照图 8.31～图 8.34，首先发现缺失值在 thrifty_protector、hunter_ostentatious、hardworker 中出现，而且，当用户性格为 hardworker 时，喜好打招呼 hijos 的方式以 independen 为主，但此性格中以 dependent 密度最大，综合考虑性格为 hardworker 出现 hijos 的缺失值为 dependent；而 hunter_ostentatious 和 thrifty_protector，因为 independent 出现频率以及密度都适中，因此，在性格为这两者出现 hijos 的缺失值为 independent。

（7）对于 activity 属性，其丢失 7 个属性值，取值空间为 Ω＝{student，professional，unemployed，working-class}；首先分析该字段的 Histogram 分布图如图 8.35 所示。

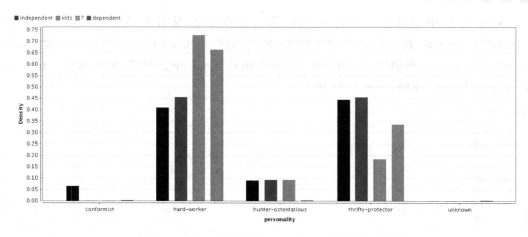

图 8.33 hijos 属性在 personality 的密度分布图

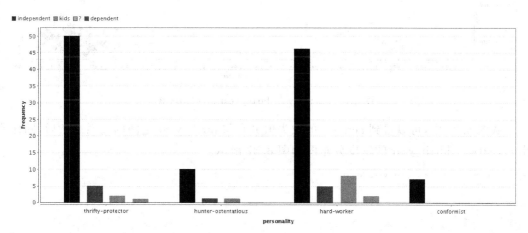

图 8.34 hijos 属性出现频率分布图

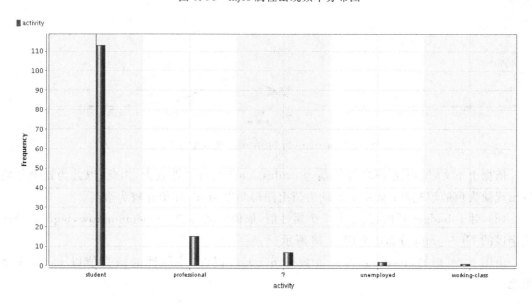

图 8.35 activity 属性的 Histogram 分布图

从图 8.35 中明显看出 student 属性值占主要部分,从日常经验可知,customer 的 activity 与 customer 的年龄应该关联很大,因此,就得找出 activity 与 customer 的 birth_year 之间的关系,从而确定 activity 中 7 个缺失值具体的填充。然后,同样给出 activity 与 birth_year 的 scatter 图,如图 8.36 所示。

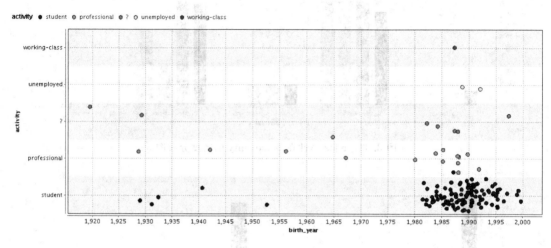

图 8.36 activity 与 birth_year 的 scatter 图

从图 8.36 中,可以看到 activity 的缺失值分布与 birth_year 之间的关系。然后,同样给出 activity 与 birth_year 的密度分布图如图 8.37 所示。

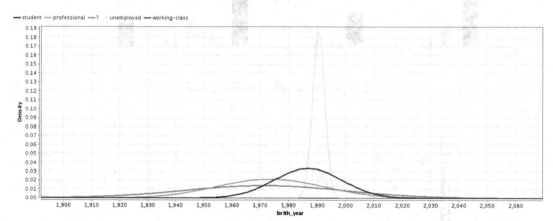

图 8.37 activity 与 birth_year 的密度分布图

依据上下文,发现在 1930 年以前为 professional 的可能性较大,因此,以此为这个年龄段出现缺失值的填充值;而剩下的缺失值由图得知以 student 填充较为恰当。

(8)对于 budget 属性,其丢失 7 个属性值,取值空间为 $\Omega = \{medium, low, high\}$;分析该字段的 Histogram 分布图如图 8.38 所示。

由图 8.38 得知,medium 占总人数的 65.9%,因此,该属性的缺失值以 medium 来填充。

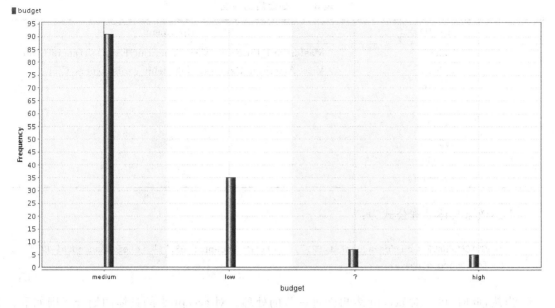

图 8.38 activity 属性的 Histogram 分布图

8.4.3 数据变换

从 restaurant 和 customer 以及用户评分信息统计这 3 个方面来对数据集进行数据变换预处理。

1. restaurant 相关表中属性的数据转换处理

经过前面对数据集的相关的处理,观察到有 5 张表描述餐馆信息,分别是 chefmozaccept. csv、chefmozcuisine. csv、chefmozhours4. csv、chefmozparking. csv、geoplaces2. csv,接下来依次对每一张表进行具体的变换分析。

1) 对于 chefmozaccept. csv 表处理

观察表中数据会发现,同一个餐馆可能会有多种可接受付款方式,因此针对每一个 restaurant 可接受付款方式不同,可将其不同的付款方式合成一行。

具体做法如下。

首先,利用 Excel 工具,依据 placeID 对数据进行可扩充排序。

其次,利用"=CONCATENATE(B1,",",B2)"函数,将 placeID 相同的元组的值进行合并,如表 8.5 与表 8.6 所示。

表 8.5 原始数据

placeID	Rpayment	placeID	Rpayment
132002	MasterCard_Eurocard	132012	Visa
132002	Visa	132012	American_Express
132002	American_Express	132012	bank_debit_cards
132002	Diners_Club	132012	Diners_Club

表 8.6   处理后的数据

placeID	Rpayment
132002	MasterCard_Eurocard，Visa，American_Express，Diners_Club
132012	Visa，American_Express，bank_debit_cards，Diners_Club
132019	
132023	
132024	
132026	
132030	
132031	

上述效果具体处理公式为：

```
= CONCATENATE ( chefmozaccepts! B2,",", chefmozaccepts! B3,",", chefmozaccepts! B4,",",
chefmozaccepts!B5)
```

当然，此时，可以对 accept 表再做进一步的处理。对 accept 表的具体的划分规则如下。从大的方面，可以划分为 3 个部分，然后再逐步细化。

（1）Credit card。Credit card 包括 VISA（瑞士国际组织信用卡）、MasterCard-Eurocard（万事达信用卡）、American-Express（美国运通国际股份有限公司信用卡）、Diners_Club（大来信用卡）、Jpan_credit_Bureau（JCB 日本国际信用卡）。

（2）Cash。Cash 包括 Cash、Bank_debit_cards、check。

（3）other。other 包括 Discover、Cart_blance、Gift_certificates。

经由上述规则改版之后，生成表格 accept_first. xls，数据从 1000 项变成 687 项数据，此时出现的问题，一个餐馆可能会有多种供用户付款的方式，又因此次挖掘目的，餐馆提供的付款方式的多少，才是决定予以用户方便的根本，所以再次改写规则，在原先基础上进行改动。

变换规则如下。

① 依据餐馆提供的付款方式分为以下两种：多种付款方式 variety 和单一付款方式 single。所采用的 Excel 函数公式为：

```
= IF(COUNTIF(A:A,A2) = 1,"single","verytify");
```

② 要对已经处理好的数据进行进一步的处理，为了方便后边不同表之间的整合，现以 rating_final 表的 ID 号为基准，对其他表中的数据进行过滤。

依据某个表的 ID 号去过滤另一个表中的数据：

```
= IF(ISERROR(VLOOKUP(A2,子表! $ A $ 2: $ B $ 508,2,0)),"",VLOOKUP(A2,子表! $ A $ 2: $ B $ 508,
2,0))
```

此时，可以得到经 ration_final 表 ID 过滤后的数据，即参与用户评分的餐馆的可接受的付款方式。

2）对 chefmozcuisine.csv 表进行处理

chefmozcuisine 表存在着数据冗余，存在着同一个 ID 号对应多个菜品，因此需要进行处理。

首先对 chefmozcuisine 表进行 rating_final 表 ID 过滤，采用 Excel 公式：

```
= IF(ISERROR(VLOOKUP(A2,cuisine_ori! $ A $ 2: $ B $ 614,2,0)),"",VLOOKUP(A2, cuisine_ori! $ A
$ 2: $ B $ 614,2,0))
```

但处理之后，是我们不需要的结果，于是稍稍将公式转换一下：

```
= IF(ISERROR(VLOOKUP(A2,cuisine_mod! $ A $ 2: $ B $ 131,2,0)),"",A2)
```

上述公式实现了以几个功能。

当然，首先明确此公式使用在源数据集上的，其次这个公式实现了在源数据集上依据所要过滤的数据，即在源数据集上看是否有所需要的数据，如果有的话，就将其 placeID 所对应的数据保存下来，否则置为空。此过程意在过滤源数据。

数据过滤完之后，接下来要对已过滤好的数据进行进一步处理，针对相同 placeID 号将数据进行整合。

利用类似以下 Excel 函数公式：

```
= CONCATENATE(cuisine! B2,",", cuisine! B3,",", cuisine! B4,",", cuisine! B5)
```

3）对 chefmozparking.csv 表进行处理

上文中，对该表单独进行了重复性的删除校验，再得到更新后的数据，接下来也同样要对该表做 ID 号过滤的过程，因为对比 parking 和 rating_fianl 这两个表，会发现 parking 表中统计的餐馆相对于 rating_final 表有冗余。因此，要对 parking 表中的数据做进一步的处理。

利用 Excel 函数公式：

```
= IF( ISERROR( VLOOKUP( parking! A2,rating_final! $ A $ 2: $ B $ 508,2,0)),"",VLOOKUP( parking!
A2,rating_fianl! $ A $ 2: $ B $ 508,2,0))
```

2. customer 相关表中属性的数据转换处理

经过前面对数据集的相关的处理，观察到有 3 张表描述餐馆信息，分别是 usercuisine.csv、userprofile.csv、userpayment.csv，接下来对每一张表进行具体的变换分析。

1）对 usercuisine.csv 表进行处理

观察表中数据会发现，所调查同一个用户可能会对多种口味的食物感兴趣，因此针对每一个 user 喜欢食物的不同，可将其不同的口味合在一块，方便对同一个用户进行处理。

具体做法如下。

首先，利用 Excel 工具，依据 userID 对数据进行可扩充排序。

其次，利用"=CONCATENATE(B1,",",B2)"函数，将 userID 相同的元组的值进行合并，如表 8.7 与表 8.8 所示。

表 8.7 原始数据	
U1004	Bakery
U1004	Breakfast-Bruch
U1004	Japanese
U1004	Contemporary
U1004	Mexican
U1004	Bagels
U1004	Cafe-Coffee-Shop
U1004	Continental-European
U1004	Cafeteria

表 8.8 处理后的数据	
U1004	Bakery, Contemporary, Breakfast-Bruch, Japanese, Mexicank, Bagels, Cafe-Coffee-Shop, Continental-European, Cafeteria

上述处理过程采用的 Excel 函数公式如下：

```
= CONCATENATE ( usercuisine! B5,",", usercuisine! B6,",", usercuisine! B7,",", usercuisine!
B8,",", usercuisine! B9,",", usercuisine! B10,",", usercuisine! B11,",", usercuisine! B12,
",", usercuisine!B13 )
```

2）对 userpayment.csv 表进行处理

针对每一个 customer 喜好付款或消费的付款方式不同，可将其不同的付款方式合成一行。

以上是一种解决方法，又因为在上文中我们对餐馆所接受的付款方式进行了二维规划，因此，对用户 payment 属性也采用 Excel 函数对 userpayment 表中同一个用户付款方式进行"single"、"verytify"的分类。

变换规则如下。

① 依据用户乐意付款方式分为以下两种：多种付款方式 variety 和单一付款方式 single。

② 所采用 Excel 函数公式如下：

```
= IF(COUNTIF(A:A,A2) = 1,"single","verytify")
```

公式"＝IF(COUNTIF(Sheet1! A:A，A2)＝1,"single","verytify")"可以在不同表中对数据进行重复性处理。

用户评分信息统计的归类与整合：

对于 rating_final 表，首先的根据 userID 对数据集进行归类，这个 userID 来自于前面对用户群所划分成的子用户簇。接下来，将此表的数据按照上述已划分好的用户群子簇进行处理。

8.4.4 数据集成

根据前面的数据整理模块，从大的方面来说，本此数据集涉及 3 个方面：餐馆信息、用户信息及评分统计。

但由于餐馆部分和用户部分又各涉及自己的子表，那么在研究各自部分的规律时，尤其是要将三大部分整合起来为一个用户定义其对餐馆的综合评分时，将子表整合这一需求就显得尤为重要。

那么,接下来分两部分来对各子表进行处理(评分统计只涉及一张表,因此不需要子表集成)。

此外,在对数据集做具体处理之前,需要了解以下 Excel 相关处理函数,在这个部分,主要应用函数:

```
= IF(ISERROR(VLOOKUP(A2,原表! $ A $ 2: $ B $ 96,2,0)),"",VLOOKUP(A2,原表! $ A $ 2: $ B $ 96,2,0))
```

此外,若一张表中有同一个 ID 号对应不同的数据,将采用

```
= if(countif(a $ 2:a2,a2) = 1,sumif(a:a,a2,b:b),"")
```

并在进行下拉复制填充时做以下几种工作。

(1) 复制 C 列→选中 B 列→右键→选择性粘贴→右键→数值。

(2) 以 B 列为关键词进行自定义排序,然后删除 B 列中空值的数据行。

(3) 删除 C 列。

1. 用户数据子表的集成

对于上述用户信息,借用 RapidMiner 软件的 join 模块将不同表依据 userID 将其整合到一张表中进行处理,如图 8.39 所示。

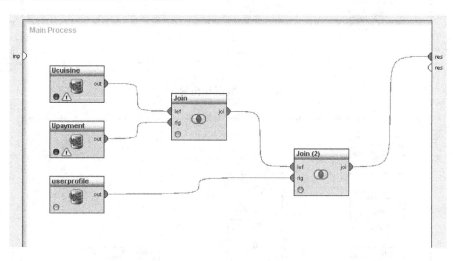

图 8.39　用户子表数据整合

如图 8.39 所示,将以上 3 张表的数据通过 userID 将其关联到一张表中,处理后的数据如图 8.40 所示。

在得到以上数据之后,接下来将生成的结果以 RapidMiner 软件的 write 模块将所得到的数据以 Excel 形式存储起来,对用户信息数据进行进一步的分类处理,如图 8.41 所示。

2. 餐馆数据子表的集成

如同对用户数据所做的处理一样,借用 RapidMiner 软件的 join 模块将不同表依据 placeID 将描述餐馆的子表整合到一张表中进行处理,如图 8.42 所示。

Row No.	userId	att2	Upayment	att3	att4	att5	att6	att7	att8	att9	att10	att11	att12
1	U1001	American	cash	-100.979	FALSE	abstemious	informal	family	on foot	single	independent	1989	variety
2	U1002	Mexican	cash	-100.983	FALSE	abstemious	informal	family	public	single	independent	1990	technology
3	U1003	Mexican	cash	-100.947	FALSE	social drinke	formal	family	public	single	independent	1989	none
4	U1004	Bakery	cash	-99.183	FALSE	abstemious	informal	family	public	single	independent	1940	variety
5	U1004	Bakery	bank_debit_	-99.183	FALSE	abstemious	informal	family	public	single	independent	1940	variety
6	U1004	Breakfast-Br	cash	-99.183	FALSE	abstemious	informal	family	public	single	independent	1940	variety
7	U1004	Breakfast-Br	bank_debit_	-99.183	FALSE	abstemious	informal	family	public	single	independent	1940	variety
8	U1004	Japanese	cash	-99.183	FALSE	abstemious	informal	family	public	single	independent	1940	variety
9	U1004	Japanese	bank_debit_	-99.183	FALSE	abstemious	informal	family	public	single	independent	1940	variety
10	U1004	Contempora	cash	-99.183	FALSE	abstemious	informal	family	public	single	independent	1940	variety

图 8.40　整合后数据显示

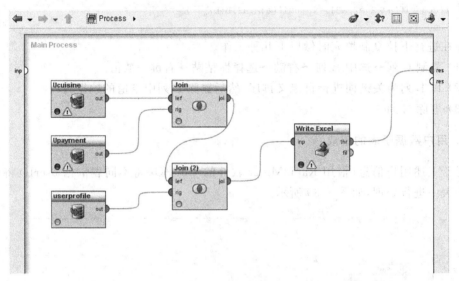

图 8.41　数据导出显示

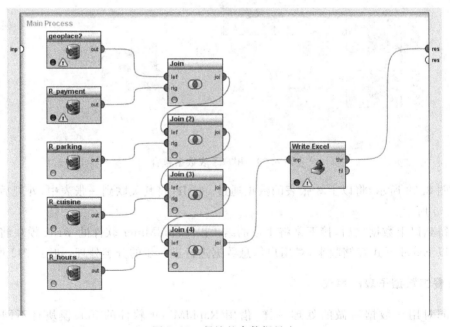

图 8.42　餐馆整合数据导出

在这个过程,完成了数据整合以及将整合后的数据以 Excel 的形式导出。

8.4.5 特征值构造

在数据挖掘中,依据原表中属性构造新的属性能有利于数据的描述表达性加强,并在一定程度上简化了数据挖掘的过程。

1. userprofile.csv 表的处理

观察 userprofile 表,会发现此表中有两个属性 weight 和 height,此时,可以根据国家对公民身体身高以及体重的表中划分来构造一个 body_status 身体状况属性,以此来标记所调查用户身体是否健康或者良好。

2. geoplace2.csv 表的处理

根据 geoplace2 表中 url、zip、franchise 等属性来猜想一个餐馆是否支持网上售餐服务,因此,可以构造一个 internet_sell 字段,其值可以为 true 或 false。

8.5 实验结果及其分析

本实验数据集来源于某推荐系统的原型,用于针对墨西哥消费者的喜好以产生出 Top-n 餐厅列表。

依据 rating_final 表,选用 330 名用户信息以及 1000 条餐厅数据作为实验数据集,然后用户根据个人喜好情况以及餐馆的综合服务对餐馆进行评分。

整个实验数据集需要进一步划分为训练集和测试集,为此,引入变量 X 表示训练集占整个数据集的百分比。例如,0.8 表示整个数据集的 80% 作为训练集,20% 作为测试集。所有实验中,均采用 $x=0.7$ 作为实验基础。

8.5.1 用户分类

对于用户信息,根据用户属性之间关联性,将用户属性结合餐馆属性,依据用户喜好对餐馆评分的影响相关性对用户进行分类处理,期望得到较为正确的推荐算法。

1. 用户信息统计

此次涉及用户信息的总共有 3 张表:usercuisine.csv、userprofile.csv、userpayment.csv,依据预处理之后的信息数据,得知此次总共调查了 138 位墨西哥公民对餐馆喜好方面的信息。下面分别对以上所涉及的 3 张表进行相关数据的统计。

usercuisine.csv 涉及两个属性,分别是 userID:Nominal、Rcuisine:Nominal。

userprofile.csv 涉及两个属性,分别是 userID:Nominal、Upayment:Nominal。

userpayment.csv 涉及 20 个属性,分别是 userID:Nominal、latitude:Numeric、longitude:Numeric、the_geom_meter:Nominal(Geospatial)、smoker:Nominal、drink_level:Nominal、dress_preference:Nominal、ambience:Nomina、transport:Nominal、 marital_status：Nominal、hijos：Nominal、birth_year：Nominal、interest：Nominal、personality：Nominal、religion：Nominal、activity：Nominal、color：Nominal、weight：Numeric、budget：Nominal、height：Numeric。

2. 用户信息分类处理思想

对于用户信息的分类处理，是按照"由散到聚"顺序来进行的。

按照生活习惯来讲，人们就餐绝大部分会选择离自己近的餐馆。当然按照生活习俗或者餐馆服务好坏，人们可能也会选择较远的一些餐馆进行就餐。可以把人们所选择餐馆的需要走的距离看成一个变量 X，这个 X 应该服从正态分布，即 $X \sim N(\mu, \sigma^2)$。随机变量其主要取值在 $\mu + \sigma$。

为了用户的地理分布集中，首先用地理位置来将用户信息进行简单分类，然后再对已分类后的用户群信息进行相关属性的分类，即采用 x-means 聚类算法将所调查用户进行分类处理，以便对测试或将来新调查的 customer 进行用户归类，以达到某一用户簇代表某一类用户。

3. 用户信息具体的处理实现

按照地理位置信息对用户群体进行简要分类，然后采用 x-means 算法对已分类的用户群体进行进一步的分类处理。

1）按照地理位置信息对用户群体进行简要分类

对于按照地理位置信息对用户群体进行分类，是按照以下步骤来进行的。

首先，分别按照经纬度分布来处理餐馆和用户所处位置的信息；在对用户数据进行具体处理之前，可以根据所调查用户所处的经纬度，对用户所在位置进行预处理。依据用户的地理位置信息，可以有效地将用户大概地进行分类。然后再依据 geoplace2.csv 表中所调查餐馆的经纬度信息，联合所调查餐馆所处州市的经纬度信息，对用户先简要进行一个分类。

现在，先给出用户信息的经纬度分布图（即 userprofiles 的 latitude 与 longitude 之间的 scatter 分布图如图 8.43 所示），以及餐馆信息的经纬度离散分布图（即 geoplace 表中的 latitude 与 longitude 之间的 scatter 分布图如图 8.44 所示）。

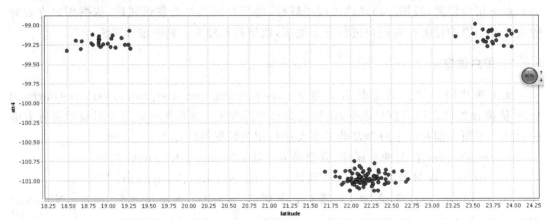

图 8.43　userprofiles 的 latitude 与 longitude 之间的 scatter 分布图

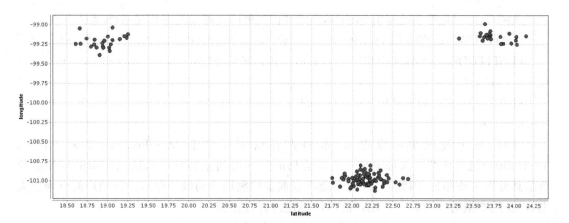

图 8.44　geoplace 表中的 latitude 与 longitude 之间的 scatter 分布图

从图 8.43 与图 8.44 中,通过用户和餐馆的经纬度分布来观察所调查用户的具体位置信息分布与所调查餐馆的具体位置信息分布之间的关联,预想从地理位置上对用户群进行分类,以便将用户的喜好与餐馆之间的信息联系起来,综合进行处理。

从图 8.43 简要地可以看出,用户群可以从地理位置信息上分为三类。

从图 8.44 简要地可以看出,所调查餐馆的位置信息也可以从地理位置信息上分为三类。

根据前面对用户以及餐馆地理信息所做的预处理,可以得到以下几个信息。

(1) 此次餐馆信息数据调查范围限定在墨西哥内。

(2) 依据经纬度分布范围,此次所调查 customer 也限定在墨西哥内。

(3) 用户和餐馆信息所分布的州市较为集中,数据稀疏程度较低。

所以,根据以上几点,按照用户经纬度所描述的数据,将用户大体现分为三类:第一类,用户所处位置经纬度位于(latitude, longitude)＝(18.8,－99.1)附近;第二类,用户所处位置经纬度位于(latitude, longitude)＝(22.1,－100.9)附近;第三类,用户所处位置经纬度位于(latitude, longitude)＝(23.7,－99.1)附近。

此外,可以再给出 geoplaces2 中经过相关度以及容错性和缺失值处理之后的 latitude、longitude 以及 state 属性之间的 scatter 离散分布图如图 8.45 所示。

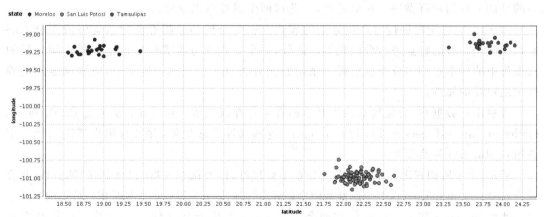

图 8.45　geoplace 表中的 latitude 与 longitude 之间的 scatter 分布图

从图 8.45 可以明显地得出,state 属性未知值所处的经纬度范围共有三处,大致分别是:

$(LATITUDE,LONGITUDE)_1 = \{(0,-99.5);(0,-99.0);(19.5,-99.5);(19.5,-99.0)\}$

$(LATITUDE,LONGITUDE)_2 = \{(21.5,-101.25);(21.5,-100.75);(23.0,-101.25);(23.0,-100.75)\}$

$(LATITUDE,LONGITUDE)_3 = \{(23.0,-99.5);(24.0,-99.0);(24.0,-99.5);(23.0,-99.0)\}$

并且,从上述图中可以得知,所调查餐馆主要位于 Morelos、San Luis Potosi、Tamaulipas 这三个州。又加上用户位置信息的经纬度的主要分布与这三个州的经纬度位置信息分布大致相似,因此,可以简要地将数据集按照用户的经纬度信息将用户群分为三大类,现在简要地对所分的 3 个用户群体简单地进行描述统计。

第一类用户,位于 Morelos 州,共包含有 27 名用户。

第二类用户,位于 San Luis Potosi 州,共包含有 86 名用户。

第三类用户,位于 Tamaulipas 州,共包含有 25 名用户。

2) 对已分类的用户信息进行进一步聚类分析

对于用户的信息,采用 x-means 聚类算法将所调查用户进行分类处理,以便对测试或将来新调查的 customer 进行用户归类,然后进行处理。

(1) 准备工作。对用户进行分类,其目的是找出具有关键属性相似或相同的用户簇,因此,在分类之前做以下工作。

① 将与用户分类不相关的属性删除。对于两个用户是否在选择餐馆的问题上具有相似性,以下几个属性关联性不大。

首先是 userID,对于一个用户而言,userID 只是标识其身份的一个标识属性而已,并没有什么实际的含义,因此可以删除。

其次是描述用户身体状况的 weight 和 high 属性,这两个属性,可以通过特征值构造一个 body_statu 属性来描述用户的身体状况,虽说对于用户选择餐馆是有关联,但关联性不大,因此可以删除。

再者是描述用户地理位置信息的 latitude 和 longitude 属性,这两个是用于确定用户的 state 属性。又因用户数据集已根据用户的 state 属性将用户进行分类,而现在是在以上分类的基础上对用户群做进一步的处理,因此这两个属性可以删除。

② 选取能将用户进行合理化分类的属性。一个合理的分配算法应该是将所要分类的数据按照其特有的特点进行分门别类。此外,一个合理的分类算法应该是按照将所分类的数据集中的样本点均匀分布的前提下来初始化分类算子。当然在这之前,应该确定能明确标记用户簇的属性。

观察用户数据集,会发现有以下几个属性不存在缺失值。这些属性分别是 drink_level、birthyear、interest、personality 以及 religion,这些属性无缺失值,并且与用户算法选择一家餐馆 confidence 关系很大。

但是,由于所调查用户年龄层次的分布不合理性,以及调查人群宗教信仰的随机性,将会导致 birthyear 和 religion 这两个属性对用户划分不合理,因此去除这两个划分用户群体的属性。

此外,interest 和 personality 这两个属性在一定程度上有重叠,并且观察元数据会发现 personality 划分用户数据集更均匀些,因此去除 interest 属性。

③ 确定分类属性及分类次序。根据上述的处理,还剩 drinklevel 和 personality 这两个属性对用户群体进行划分。因此,先对每一个子分类用户群体进行 drinklevel 的划分,然后再对每一个子分类用户簇进行 personality 的划分,这样就会形成每一个子分类将会产生 12 种用户群体代表。那么,整个数据集将会产生 36 组用户簇来对餐馆进行打分排序。这样相关性和正确率会更高一些。

（2）细化处理。接下来分别对已分好的 3 个子分类用户群信息依据上述描述规则进行进一步处理。

然后对每一个用户子簇,根据子簇中的用户信息将其统一化。当然有的属性,可以用来作进一步的处理,如 transport 属性,可以以用户此属性来对用户做跨州餐馆推荐。

4. 用户簇关联性的应用

本次数据挖掘处理的主要目的是基于用户的喜好产生 top-n 的餐馆列表。采用基于用户评分的协同过滤技术,将用户对于餐馆的评分,与用户自身喜好和餐馆相关提供条件结合起来,对餐馆进行排列,以求得结果。

在这一步之前,首先对用户群进行了分类,已方便对新用户归类,进行餐馆序列评分。将用户对餐馆的评分分为两大部分,一部分是针对某一子用户簇的喜好联合餐馆的相关条件对餐馆打分,当然,这一步涉及属性权重问题;另一部分是某一用户已经对某餐馆进行了打分。另外,将这两部分结合起来,综合考虑,然后得出某一用户簇的前 n 餐馆列表。

8.5.2　推荐结果

在前面的研究基础上,依据已经分好的用户簇来对餐馆分别进行属性喜好匹配打分和已有用户直观打分,然后按照 5∶5 的比例对这两种方式比例综合,以求得某一类用户簇所乐意就餐的 top-n 餐馆列表。而推荐的流程如图 8.46 所示。

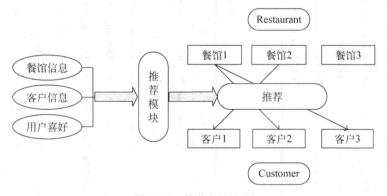

图 8.46　推荐的流程图

1. 根据用户属性喜好匹配打分

接下来对某一用户簇进行分析,会依据用户的喜好结合餐馆所包含的服务属性对餐馆进行打分,比如说,某一用户喜欢自驾车,刚好一个餐馆提供停车场,这时这个用户就为此餐馆在 transport 属性上打 1 分,否则就为 0 分。接下来举一个简单的例子,表 8.9～表 8.11 给出此类用户信息数据、餐馆相关信息数据、用户属性喜好匹配打分表。

表 8.9　某分类用户信息部分数据表

userID	Upayment	Rcuisine	smoker	drink_level	dress_preference	ambience	transport	personality	religion	budget
U1012	verytify	Latin_American	FALSE	casual drinker	formal	family	public	hard-worker	Catholic	medium
U1030	single	Mexican	FALSE	casual drinker	formal	family	on foot	hard-worker	Catholic	medium
U1100	single	Mexican	FALSE	casual drinker	formal	friends	public	hard-worker	Christian	medium
U1074	verytify	Sushi	TRUE	casual drinker	no preference	family	car owner	hard-worker	Catholic	medium

表 8.10　某分类餐馆信息部分数据表

name	state	alcohol	smoking_are	dress_code	accessibility	price	Rambience	franchise	area	other_servic
puesto de gorditas	Tamaulipas	No_Alcohol_Served	permitted	informal	no_accessib	low	familiar	f	open	none
cafe ambar	Tamaulipas	No_Alcohol_Served	none	informal	completely	low	familiar	f	closed	none
churchs	Tamaulipas	No_Alcohol_Served	none	informal	completely	low	familiar	f	closed	none
Gorditas Dona Tota	Tamaulipas	No_Alcohol_Served	not permitte	informal	completely	medium	familiar	f	closed	none
tacos de barbacoa enfrente del Te	Tamaulipas	No_Alcohol_Served	not permitte	informal	completely	low	familiar	f	open	none
Hamburguesas La perica	Tamaulipas	No_Alcohol_Served	permitted	informal	completely	low	quiet	t	open	none
Pollo_Frito_Buenos_Aires	Tamaulipas	No_Alcohol_Served	not permitte	informal	completely	low	quiet	t	closed	none
carnitas_mata	Tamaulipas	No_Alcohol_Served	permitted	informal	completely	medium	familiar	t	closed	none
la perica hamburguesa	Tamaulipas	No_Alcohol_Served	none	informal	completely	medium	familiar	t	closed	none

表 8.11 用户属性喜好匹配打分部分数据表

placeID	name	Rpayment	parking_log	Rcuisine	alcohol	smoking_ar	dress_code	price	Rembience	franchise	other_service	favorite_rating
132732	Taqueria EL	1	0	1	0	0	0	1	1	0	0	4
132561	cafe ambar	0	0	0	0	0	0	1	1	0	0	2
132564	churchs	0	0	0	0	0	0	1	1	0	0	2
132654	Carnitas Ma	0	0	0	0	0	0	1	1	0	0	2
132660	carnitas mat	0	0	0	0	0	0	1	1	0	0	2
132630	palomo tec	0	0	1	0	0	0	1	1	0	0	3
132663	tacos abi	0	0	1	1	0	0	1	1	0	0	3
132665	TACOS CC	0	0	1	0	0	0	1	1	0	0	3
132668	TACOS EL	0	0	1	0	0	0	1	1	0	0	3
132594	tacos de bar	1	0	1	0	1	0	1	1	0	0	5
132740	Carreton de	1	0	1	0	0	0	1	1	0	0	4
132560	puesto de ge	1	0	1	0	0	0	1	1	0	0	4
132717	tortas hawai	1	1	0	0	1	0	1	1	0	0	5
132715	tacos de la es	1	0	1	0	0	0	1	1	0	0	3
132667	little pizza En	1	0	0	0	0	0	1	0	1	0	4
132626	la perica ham	0	1	0	0	0	0	1	1	1	0	4
132706	Gorditas Don	0	0	0	0	1	0	1	1	1	0	5
132584	Gorditas Don	1	1	0	0	1	0	1	1	1	0	7
132733	Little Cesarz	0	1	1	0	1	1	1	1	1	0	6
132613	carnitas_mat	1	1	1	0	1	0	1	1	1	0	6
132609	Pollo_Frito_E	1	1	0	0	1	0	1	0	1	0	5
132608	Hamburgues	1	0	1	0	0	0	1	0	1	0	4
135104	vips	0	1	1	1	1	1	1	1	1	1	8

由表 8.11 的最后一栏中,可以看到用户以据其自身属性喜好对餐馆评分。

2. 根据已有用户直接打分

在此部分,借助 rating_final 表中用户对某一餐馆所打得分,然后对此表中用户对 rating、food_rating、service_rating 所打分进行求和,并构造 rating_total 属性来描述此过程 customer 所评分。表 8.12 给出某一类用户对餐馆的直接打分情况。

表 8.12　已有用户对餐馆的直接打分部分数据表

userID	placeID	rating	food_rating	service_rati	rating_total
U1067	132560	1	0	0	1
U1067	132584	2	2	2	6
U1067	132630	1	0	1	2
U1067	132732	1	2	2	5
U1067	132733	1	1	1	3
U1067	135104	0	0	0	0

从表 8.12 可以得出某一用户簇对某州餐馆的直接评分,又因可能不同用户会对同一餐馆打分,此时我们取其平均值,处理函数为:

```
= SUMPRODUCT((Sheet1! $ B $ 2: $ B $ 117 = A2) * (Sheet1! $ F $ 2: $ F $ 117))/COUNTIF(Sheet1! $ B $ 2: $ B $ 117,A2)
```

3. 餐馆的综合评分以及某一类用户前 top-n 结果展示

构造 Ruser 表来描述用户对餐馆的最终打分情况,如表 8.13 所示,描述了用户对 Tamaulipas 州所调查餐馆的评分情况。

其所用 Excel 函数为:

```
= IF(ISERROR(VLOOKUP(A2,[Puser_1_1_1.xls]Sheet2! $ A $ 2: $ B $ 96,2,0)),"",VLOOKUP(A2,[Puser_1_1_1.xls]Sheet2! $ A $ 2: $ B $ 96,2,0))
```

经此函数处理之后,下拉 rating_toal,然后求出 rating_final 最终评分。

从表 8.13 可知,对于符合上述用户条件的新用户,在墨西哥的 Tamaulipas 州将给其推荐的前 top-5 餐馆分别是 Gorditas Dona Tota、Taqueria EL amigo、Little Cesarz、vips、carnitas_mata 这五家餐馆。

此外,还要处理和统计这类用户对 Morelos 州和 San Luis Potosi 州的餐馆评分,并以此给出该用户在这两个州适合去的餐馆。

表 8.13　用户对 Tamaulipas 餐馆的评分表

restautant_id	restaurant_name	favorite_rating	rating_total	rating_final
132584	Gorditas Dona Tota	6	6	12
132732	Taqueria EL amigo	4	5	9
132733	Little Cesarz	4	3	7

续表

restautant_id	restaurant_name	favorite_rating	rating_total	rating_final
135104	vips	5	0	5
132613	carnitas_mata	5	0	5
132706	Gorditas Dona Tota	5	0	5
132717	tortas hawai	5	0	5
132630	palomo tec	2	2	4
132594	tacos de barbacoa enfrente del Tec	4	0	4
132560	puesto de gorditas	2	1	3
132608	Hamburguesas La perica	3	0	3
132626	la perica hamburguesa	3	0	3
132715	tacos de la estacion	3	0	3
132740	Carreton de Flautas y Migadas	3	0	3
132609	Pollo_Frito_Buenos_Aires	2	0	2
132663	tacos abi	2	0	2
132665	TACOS CORRECAMINOS	2	0	2
132667	little pizza Emilio Portes Gil	2	0	2
132668	TACOS EL GUERO	2	0	2
132561	cafe ambar	1	0	1
132564	churchs	1	0	1
132654	Carnitas Mata Calle 16 de Septiembre	1	0	1
132660	carnitas mata calle Emilio Portes Gil	1	0	1

☞ 本 章 小 结

本章介绍了大数据的基本概念和核心思想,并且阐述了大数据的传统处理方法以及基于机器学习的处理方法。在此基础上引入大数据背景下的推荐系统的基本概念、原理及实现过程。以 UCI 的 Restaurant & consumer data 数据集为例,详述了针对餐厅用户的推荐系统的设计思路、数据预处理过程、相似度计算方法和推荐结果产生。

✓ 思 考 题

1. 针对餐厅数据集的数据预处理过程中,数据分析工作如何用 C++语言实现。

2. 在数据集成环节中,本章采用了 RapidMiner 工具对数据表进行操作,请思考这些操作如何通过 C++语言获得同样的效果。

3. 本章的用户打分采用 Excel 进行计算,而相应的算法如何使用 C++语言实现。

4. 试分析推荐系统在美团中的应用情况,思考其实现策略。

附录 A

实验项目

为了配合实验项目,建立一个 SDI 工程 SoftCase,设计"实验项目"菜单如图 A.1 所示。实验环境为:Windows XP 或 Windows 2000 操作系统、Oracle 数据库管理系统和 VC++ 6.0 开发环境。以"数字钟表"为例,在 SoftCase 工程中,使用 ClassWizard 工具为菜单项"数字钟表"添加单击事件响应函数 OnDigtalclock,并调用 ShellExecute 函数运行外部程序 DigtalClock.exe,存储路径为\SoftCase\Caseexe。示例代码如下:

```
void CSoftCaseView::OnDigtalclock()
{
        ShellExecute(this -> m_hWnd, "open", "DigtalClock.exe", "", "\Caseexe", SW_SHOW);
}
```

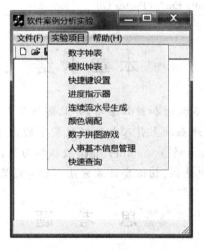

图 A.1 SoftCase 工程菜单结构

A.1 数字钟表制作

1. 实验目的

(1) 熟悉 VC++ 6.0 开发环境。

(2) 了解 CTime 类的使用方法。

（3）掌握 WM_TIMER 消息映射方法。

（4）掌握 SetTimer 函数和 KillTimer 函数的使用方法。

2．实验要求

（1）每秒至少刷新 100 次（精确到 1/100 秒）。

（2）钟表显示数字的字号为 120 号以上。

（3）运行界面如图 A.2 所示。

图 A.2　数字钟表

3．实验步骤

（1）启动 VC++ 6.0，创建基于对话框的 MFC AppWizard(exe)类型的工程，命名为 DigtalClock。

（2）修改对话框 ID 为"IDD_DIGTALCLOCK_DIALOG"，标题为"数字钟表"。

（3）在对话框中设置一个静态文本框控件，如图 A.2 所示，修改 ID 为"IDC_TIME"。

（4）在对话框类 CDigtalClockDlg 的 OnInitDialog 函数设置时间文本字体为"Arial"，字号为 120。如下代码：

```
static CFont font;
    font.CreateFont(
            120,                            // nHeight
            0,                              // nWidth
            0,                              // nEscapement
            0,                              // nOrientation
            FW_NORMAL,                      // nWeight
            FALSE,                          // bItalic
            FALSE,                          // bUnderline
            0,                              // cStrikeOut
            ANSI_CHARSET,                   // nCharSet
            OUT_DEFAULT_PRECIS,             // nOutPrecision
            CLIP_DEFAULT_PRECIS,            // nClipPrecision
            DEFAULT_QUALITY,                // nQuality
            DEFAULT_PITCH | FF_SWISS,       // nPitchAndFamily
            _T("Arial"));                   // lpszFacename
GetDlgItem(IDC_EDIT) -> SetFont(&font);
```

（5）在对话框类 CDigtalClockDlg 的 OnInitDialog 函数中使用 SetTimer 函数设置系统定时器。如下代码：

```
SetTimer(4, 100, NULL);
```

（6）打开 MFC ClassWizard 对话框，为 CDigtalClockDlg 类添加 WM_TIMER 消息映射，在消息映射函数 OnTimer 中获得系统当前时间并显示。如下代码：

```
void CDigtalClockDlg::OnTimer(UINT nIDEvent)
{
    CTime time = CTime::GetCurrentTime();
    struct _timeb timebuffer;
    _ftime(&timebuffer);

    CString mSecond;
    mSecond.Format("%2d", timebuffer.millitm);
    int nMinSecond = atoi(mSecond);

    m_sTest.Format("%2d:%2d:%2d:%2d", time.GetHour(), time.GetMinute(), time.GetSecond(),
nMinSecond/10);
    GetDlgItem(IDC_EDIT)->SetWindowText(m_sTest);
    UpdateData(FALSE);

    CDialog::OnTimer(nIDEvent);
}
```

（7）为 CDigtalClockDlg 类添加 WM_DESTROY 消息映射，在消息映射函数 OnDestroy 中调用 KillTimer 函数移除系统定时器。如下代码：

```
void CDigtalClockDlg::OnDestroy()
{
    CDialog::OnDestroy();
    KillTimer(4);
}
```

（8）编译、链接生成可执行文件 DigtalClock.exe，测试程序运行结果。

4. 问题

当刷新屏幕次数较多（如每秒 100 次以上）时，屏幕可能出现闪烁现象，怎样克服？

A.2 模拟钟表制作

1. 实验目的

（1）熟悉 VC++ 6.0 开发环境。
（2）熟练掌握定时器的使用方法。
（3）理解整体-部分对象模式和子对象的概念。
（4）理解一般-特殊对象模式，掌握面向对象的继承性。
（5）掌握纯虚函数的用法。
（6）掌握 WM_PAINT 消息映射方法和 Invalidate 函数的用法。

(7) 掌握 CDC 类的基本用法。

2. 实验要求

(1) 实现模拟时钟的基本功能,如图 A.3 所示。

(2) 将表盘、时针、分针、秒针 4 个元素分别设计为 4 个子类,并为其定义父类。

(3) 以 CStatic 类为基类设计时钟类,并将该时钟类作为整体类,表盘、时针、分针、秒针 4 个子类设计为部分类。

(4) 使用双缓冲技术实现模拟时钟的绘制,钟表的 4 个元素使用不同颜色显示。

3. 实验步骤

(1) 启动 VC++ 6.0,创建基于对话框的 MFC AppWizard(exe)类型的工程,命名为 SClock。

(2) 修改对话框 ID 为"IDD_SCLOCK_DIALOG",标题为"模拟时钟"。

(3) 在对话框中设置一个静态文本框控件,如图 A.4 所示,修改 ID 为"IDC_CLOCK"。

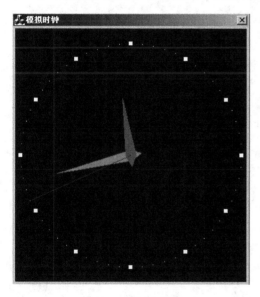

图 A.3 模拟时钟

图 A.4 界面设计

(4) 定义基类 CClockElement,代码如下(具体实现见 ClockElement.h,ClockElement.cpp)。

```
class CClockElement
{
protected:
        COLORREF m_crMain;
        COLORREF m_crOther;
        CTime m_tmCur;
        CRect m_rcRegion;
        int m_nRadius;
public:
```

```
        CClockElement();
        virtual ~CClockElement();

        void SetColor(COLORREF crMain, COLORREF crOther);
        void SetTime(const CTime &tmCur);
        void SetRegion(LPRECT lprcRect);
        virtual void Draw(CDC * pDC) = 0;
};
```

（5）定义 4 个派生类 CClockBackground、CClockHourHand、CClockMinHand、CClockSecHand,分别对基类中的虚函数 Draw 进行重载,实现表盘、时针、分针、秒针的绘制,如下代码(具体实现见 ClockBackground. h、ClockBackground. cpp、ClockHourHand. h、ClockHourHand. cpp、ClockMinHand. h、ClockMinHand. cpp、ClockSecHand. h、ClockSecHand. cpp)。

```
class CClockBackground : public CClockElement
{
public:
        CClockBackground();
        virtual ~CClockBackground();
        virtual void Draw(CDC * pDC);
};


class CClockHourHand : public CClockElement
{
public:
        CClockHourHand();
        virtual ~CClockHourHand();
        virtual void Draw(CDC * pDC);
};


class CClockMinHand : public CClockElement
{
public:
        CClockMinHand();
        virtual ~CClockMinHand();
        virtual void Draw(CDC * pDC);
};


class CClockSecHand : public CClockElement
{
public:
        CClockSecHand();
        virtual ~CClockSecHand();
        virtual void Draw(CDC * pDC);
};
```

（6）以类 CStatic 为基类定义整体类 CClockEx，代码如下（具体实现见 ClockEx.h、ClockEx.cpp）。

```
class CClockEx : public CStatic
{
public:
        CClockEx();
// Attributes
private:
        CClockBackground m_clockBK;
        CClockHourHand m_clockHour;
        CClockMinHand m_clockMin;
        CClockSecHand m_clockSec;
        CRect m_rcClient;          //客户区域
// Operations
public:
    // Overrides
        // ClassWizard generated virtual function overrides
        //{{AFX_VIRTUAL(CClockEx)
protected:
        virtual void PreSubclassWindow();
        //}}AFX_VIRTUAL

// Implementation
public:
        void DrawClock(CDC * pDC);
        virtual ~CClockEx();

        // Generated message map functions
protected:
        //{{AFX_MSG(CClockEx)
        afx_msg void OnTimer(UINT nIDEvent);
        afx_msg void OnPaint();
        //}}AFX_MSG

        DECLARE_MESSAGE_MAP()
};
```

（7）打开 MFC ClassWizard 对话框，为 IDC_CLOCK 添加成员变量，选择变量类型为 CClockEx。

（8）打开 MFC ClassWizard 对话框，为 CClockEx 类添加 WM_TIMER 消息映射，在消息映射函数 OnTimer 中调用函数 Invalidate(FALSE)，如下代码。

```
void CClockEx::OnTimer(UINT nIDEvent)
{
        Invalidate(FALSE);
        CStatic::OnTimer(nIDEvent);
}
```

（9）为 CClockEx 类添加 WM_PAINT 消息映射，实现双缓冲绘图，如下代码。

```
void CClockEx::OnPaint()
{
        CPaintDC dc(this);
        //实现双缓冲绘图——防止屏幕闪烁
        CDC dcMem;
        dcMem.CreateCompatibleDC(&dc);

        CBitmap bmp;
        bmp.CreateCompatibleBitmap(&dc, m_rcClient.Width(), m_rcClient.Height());

        dcMem.SelectObject(&bmp);
        DrawClock(&dcMem);
        dc.BitBlt(0, 0, m_rcClient.Width(), m_rcClient.Height(), &dcMem, 0, 0, SRCCOPY);
        // Do not call CStatic::OnPaint() for painting messages
}
```

（10）为 CClockEx 类重载虚函数 PreSubclassWindow，调用 SetTimer 函数实现时间刷新显示。代码如下：

```
void CClockEx::PreSubclassWindow()
{
        GetClientRect(m_rcClient);

        m_clockBK.SetRegion(m_rcClient);
        m_clockHour.SetRegion(m_rcClient);
        m_clockMin.SetRegion(m_rcClient);
        m_clockSec.SetRegion(m_rcClient);

        SetTimer(1, 100, NULL);

        CStatic::PreSubclassWindow();
}
```

（11）为 CClockEx 类定义 DrawClock 函数，代码如下。

```
void CClockEx::DrawClock(CDC * pDC)
{
        CTime tmCur = CTime::GetCurrentTime();

        m_clockBK.SetTime(tmCur);
        m_clockHour.SetTime(tmCur);
        m_clockMin.SetTime(tmCur);
        m_clockSec.SetTime(tmCur);

        m_clockBK.Draw(pDC);
        m_clockMin.Draw(pDC);
```

```
        m_clockHour.Draw(pDC);
        m_clockSec.Draw(pDC);
}
```

（12）在派生类 CClockBackground 中重写虚函数 Draw，实现钟表背景的绘制。代码如下：

```
CClockBackground::CClockBackground()
{
        m_crMain = RGB(255, 255, 255);        //白色
        m_crOther = RGB(0, 128, 0);
}

void CClockBackground::Draw(CDC * pDC)
{
        CPen penMain(PS_SOLID, 1, m_crMain), penOther(PS_SOLID, 1, m_crOther);
        CBrush brMain(m_crMain), brOther(m_crOther);
        CPen * pOldPen = pDC->SelectObject(&penMain);
        CBrush * pOldBrush = pDC->SelectObject(&brMain);

        //绘制60个小圆点，表示分针和秒针的刻度
        CPoint ptCenter = m_rcRegion.CenterPoint();
        int nRadius = m_nRadius - 8;
        for(int i = 0; i<60; i++)
        {
                CPoint ptEnd = ptCenter;
                ptEnd.Offset((int)(nRadius * sin(2 * PI * i/60)), (int)(- nRadius * cos
(2 * PI * i/60)));
                pDC->SetPixel(ptEnd.x, ptEnd.y, m_crMain);
        }

        //绘制12个小方框，表示12个正点
        pDC->SelectObject(&penMain);
        pOldBrush = pDC->SelectObject(&brMain);
        for(i = 0; i<12; i++)
        {
                CPoint ptEnd = ptCenter;
                double fRadian = 2 * PI * i/12;
                ptEnd.Offset((int)(nRadius * sin(fRadian)), (int)(- nRadius * cos(fRadian)));

                CRect rcDot(- 3, - 3, 3, 3);
                rcDot.OffsetRect(ptEnd);
                pDC->Rectangle(rcDot);
        }
}
```

（13）在派生类 CClockHourHand 中重写虚函数 Draw，实现钟表时钟的绘制。代码如下：

```
CClockHourHand::CClockHourHand()
{
        m_crMain = RGB(255, 0, 0);        //红色
```

```
        m_crOther = RGB(128, 128, 0);
}

void CClockHourHand::Draw(CDC * pDC)
{
    //初始化设备环境
    CPen penMain(PS_SOLID, 1, m_crMain), penOther(PS_SOLID, 1, m_crOther);
    CBrush brMain(m_crMain), brOther(m_crOther);
    CPen * pOldPen = pDC -> SelectObject(&penMain);
    CBrush * pOldBrush = pDC -> SelectObject(&brMain);

    //确定当前指针的弧度
    int temp = m_tmCur.GetHour();
    int nTime = (m_tmCur.GetHour() % 12) * 3600;
    nTime += m_tmCur.GetMinute() * 60;
    nTime += m_tmCur.GetSecond();                    //小时转换为秒
    double fRadian = 2 * PI * nTime/3600/12;

    //确定绘制菱形指针所需的4个角的坐标
    CPoint ptDiamond[4];
    for(int i = 0; i < 4; i++)
    {
        ptDiamond[i] = m_rcRegion.CenterPoint();
    }
    int nRadus = m_nRadius/2;

    ptDiamond[0].Offset((int)(nRadus * sin(fRadian)), (int)( - nRadus * cos(fRadian)));
    fRadian += 0.5 * PI;
    nRadus = m_nRadius/20;
    ptDiamond[1].Offset((int)(nRadus * sin(fRadian)), (int)( - nRadus * cos(fRadian)));;

    fRadian += 0.5 * PI;
    nRadus = m_nRadius/10;
    ptDiamond[2].Offset((int)(nRadus * sin(fRadian)), (int)( - nRadus * cos(fRadian)));;

    fRadian += 0.5 * PI;
    nRadus = m_nRadius/20;
    ptDiamond[3].Offset((int)(nRadus * sin(fRadian)), (int)( - nRadus * cos(fRadian)));;

    //绘制菱形时针
    pDC -> Polygon(ptDiamond, 4);

    //恢复设备环境
    pDC -> SelectObject(pOldPen);
    pDC -> SelectObject(pOldBrush);
}
```

（14）在派生类 CClockMinHand 中重写虚函数 Draw，实现钟表分钟的绘制。代码如下：

```
CClockMinHand::CClockMinHand()
{
    m_crMain = RGB(0, 255, 0);        //绿色
    m_crOther = RGB(128, 128, 0);
}

void CClockMinHand::Draw(CDC * pDC)
{
    //初始化设备环境
    CPen penMain(PS_SOLID, 1, m_crMain), penOther(PS_SOLID, 1, m_crOther);
    CBrush brMain(m_crMain), brOther(m_crOther);
    CPen * pOldPen = pDC -> SelectObject(&penOther);
    CBrush * pOldBrush = pDC -> SelectObject(&brMain);

    //确定分针所在位置的弧度
    int nTime = m_tmCur.GetMinute() * 60;
    nTime += m_tmCur.GetSecond();
    double fRadian = 2 * PI * nTime/3600;

    //确定绘制菱形指针所需的 4 个角的坐标
    CPoint ptDiamond[4];
    for(int i = 0; i < 4; i++)
    {
        ptDiamond[i] = m_rcRegion.CenterPoint();
    }
    int nRadus = m_nRadius * 2/3;
    ptDiamond[0].Offset((int)(nRadus * sin(fRadian)), (int)( - nRadus * cos(fRadian)));
    fRadian += 0.5 * PI;
    nRadus = m_nRadius/20;
    ptDiamond[1].Offset((int)(nRadus * sin(fRadian)), (int)( - nRadus * cos(fRadian)));;

    fRadian += 0.5 * PI;
    nRadus = m_nRadius/10;
    ptDiamond[2].Offset((int)(nRadus * sin(fRadian)), (int)( - nRadus * cos(fRadian)));;

    fRadian += 0.5 * PI;
    nRadus = m_nRadius/20;
    ptDiamond[3].Offset((int)(nRadus * sin(fRadian)), (int)( - nRadus * cos(fRadian)));;

    //绘制菱形时针
    pDC -> Polygon(ptDiamond, 4);

    //恢复设备环境
    pDC -> SelectObject(pOldPen);
    pDC -> SelectObject(pOldBrush);
}
```

(15) 在派生类 CClockSecHand 中重写虚函数 Draw，实现钟表秒钟的绘制。代码如下：

```
CClockSecHand::CClockSecHand()
{
    m_crMain = RGB(0, 0, 255);          //蓝色
    m_crOther = RGB(128, 128, 0);
}

void CClockSecHand::Draw(CDC * pDC)
{
    int nTime = m_tmCur.GetSecond();
    CPoint ptStart = m_rcRegion.CenterPoint();

    CPoint ptEnd = ptStart;
    int nRadius = m_nRadius - 10;
    ptEnd.Offset((int)(nRadius * sin(2 * PI * nTime/60)), (int)(-nRadius * cos(2 * PI * nTime/60)));

    CPen penMain(PS_SOLID, 1, m_crMain);
    CPen * pOldPen = pDC->SelectObject(&penMain);
    pDC->MoveTo(ptStart);
    pDC->LineTo(ptEnd);
    pDC->SelectObject(pOldPen);
}
```

(16) 编译、链接生成可执行文件 SClock.exe，测试程序运行结果。

4. 问题

(1) 实现双缓冲绘图时，默认表盘背景为黑色，如何将其设置为白色（或其他颜色）？
(2) 如何在刻度上标上 1～12 的数字？
(3) 如何为钟表的各项设置（如小时、分钟、秒、颜色）提供外部接口？

Ⓐ.3　快捷键设置

1. 实验目的

(1) 了解快捷键的作用。
(2) 了解虚拟键码的概念。
(3) 掌握 API 函数 RegisterHotKey 和 UnregisterHotKey 的用法。
(4) 掌握 WM_HOTKEY 消息映射方法。

2. 实验要求

(1) 将 F2～F6（可设置到 F12）键设置成对应功能键的快捷键。
(2) 当按键盘 Fi 键时，显示"快捷键 Fi"，$2 \leqslant i \leqslant 6$，图 A.5 为按 F4 键后的运行界面。

图 A.5 快捷键设置

3. 实验步骤

(1) 启动 VC++ 6.0,创建基于对话框的 MFC AppWizard(exe)类型的工程,命名为 HotKey。

(2) 修改对话框 ID 为"IDD_HOTKEY_DIALOG",标题为"快捷键设置"。

(3) 添加 5 个按钮控件,用以设置不同的快捷键。对话框界面设计如图 A.5 所示。

(4) 为类 CHotKeyDlg 手工添加 WM_HOTKEY 消息映射。在 HotKeyDlg.h 文件中 DECLARE_MESSAGE_MAP()前添加"afx_msg LONG OnHotKey(WPARAM wParam, LPARAM lParam);",在 HotKeyDlg.cpp 文件中 BEGIN_MESSAGE_MAP (CHotKeyDlg,CDialog)宏最后添加"ON_MESSAGE(WM_HOTKEY,OnHotKey)"。

(5) 在 HotKeyDlg.h 中为类 CHotKeyDlg 添加热键响应消息 ID 的定义,以及成员变量。如下代码:

```
#define WM_MYHOTKEY WM_USER + 1000

protected:
        int m_StartKeyId, m_CurKeyId;
        CString m_ButtonTitle[5];
        int m_HotkeyId[5];
```

(6) 在类 CHotKeyDlg 的构造函数中添加如下代码。

```
m_StartKeyId = WM_MYHOTKEY;
m_CurKeyId = m_StartKeyId;
AfxGetApp()->m_pszAppName = "提示信息";   //为了修改 AfxMessageBox 对话框的标题!!!
```

（7）打开 MFC ClassWizard 对话框，为 5 个按钮添加鼠标单击事件消息映射函数，如 OnKeyF2～OnKeyF6。在其中调用 RegisterHotKey 函数注册快捷键。以 OnKeyF2 函数为例，代码如下：

```
void CHotKeyDlg::OnKeyF2()
{
    int pos = m_CurKeyId % m_StartKeyId;
    m_HotkeyId[pos] = m_CurKeyId;

    if(!(RegisterHotKey(GetSafeHwnd(), m_HotkeyId[pos], NULL, VK_F2)))
    {
        ::AfxMessageBox("F2 快捷键已设置");
    }
    else
    {
        m_CurKeyId++;
        CWnd * pWnd = GetDlgItem(IDC_KEY_F2);
        pWnd -> GetWindowText(m_ButtonTitle[pos]);
    }
}
```

（8）在 OnHotKey 函数中判断当前按下的功能键，显示"快捷键 Fi"，$2 \leqslant i \leqslant 6$。代码如下：

```
long CHotKeyDlg::OnHotKey(WPARAM wp, LPARAM lp)
{
    for(int id = m_StartKeyId; id < m_CurKeyId; id++)
    {
        if(id == wp)
        {
            ::AfxMessageBox(m_ButtonTitle[id % m_StartKeyId]);
            break;
        }
    }
    return 0;
}
```

（9）为类 CHotKeyDlg 添加 WM_DESTROY 消息映射函数 OnDestroy。在其中调用 UnregisterHotKey 函数卸载热键。代码如下：

```
void CHotKeyDlg::OnDestroy()
{
    CDialog::OnDestroy();

    for(int i = 0; i < 6; i++)
        UnregisterHotKey(GetSafeHwnd(), m_HotkeyId[i]);        //解除热键
}
```

（10）编译、链接生成可执行文件 HotKey.exe,测试程序运行结果。

4. 问题

（1）为什么快捷键没有使用 F1 键？
（2）如果功能键不够用时怎样解决？

A.4 进度指示器制作

1. 实验目的

（1）理解自定义进度指示器的设计原理。
（2）理解进度百分比反色显示实现原理。
（3）了解 CWnd::OnCtlColor 函数功能和使用方法。
（4）熟练掌握定时器的使用方法。
（5）掌握动态控件的创建和使用方法。
（6）掌握嵌入子对话框的实现方法。

2. 实验要求

（1）进度条未完成进度为白底红（或其他颜色）字。
（2）进度条已完成进度为红（或其他颜色）底白字。
（3）进度具有加速、减速、停止功能,如图 A.6 所示。

3. 实验步骤

（1）启动 VC++ 6.0,创建基于对话框的 MFC AppWizard(exe)类型的工程,命名为
ProgSelf,生成的主对话框类为 CProgSelfDlg。

（2）修改对话框 ID 为"IDD_PROGSELF_DIALOG",标题为"进度指示器"。在主对话
框中添加 5 个按钮控件,两个静态文本控件,一个编辑框控件 IDC_RATE 和一个图片控件
IDC_PIC,对话框界面设计如图 A.7 所示。

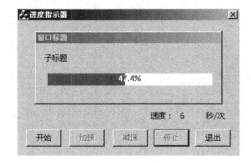
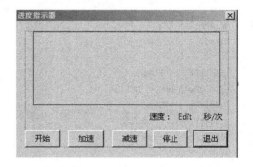

图 A.6 进度指示器   图 A.7 主对话框界面

（3）打开 MFC ClassWizard 对话框，为"开始"、"加速"、"减速"、"停止"这 4 个按钮控件添加相应的消息映射成员函数。

（4）向工程中添加子对话框资源，修改 ID 为"IDD_PROGRESS"，其他属性设置如图 A.8 所示。双击该子对话框，生成相应的类为 CProgBar。

图 A.8 子对话框界面

（5）在 resource.h 文件中为 4 个动态编辑框控件定义 ID。例如，底层背景编辑框 ID 定义为：

```
#define IDC_BOT  1001
```

（6）在 ProgBar.h 文件中为 4 个动态编辑框控件定义 CEdit 对象指针和 CRect 对象，以及用于进度条更新和进度值显示控件的变量。示例代码如下：

```
bool timerOn;                    //定时器开关标志
float percent;                   //画刷
float step;                      //上层文本编辑框宽度
int speed;                       //进度条更新速度
CBrush m_brushUp;                //画刷
CEdit * pEditBot;                //底层背景编辑框
CRect rectBot;
CEdit * pEditBotText;            //底层文本编辑框
CRect rectBotText;
CEdit * pEditUp;                 //上层背景编辑框
CRect rectUp;
CEdit * pEditUpText;             //上层文本编辑框
CRect rectUpText;
CString m_sBot;                  //底层进度值
CString m_sUp;                   //上层进度值
```

（7）在 CProgBar 类构造函数中进行成员变量的初始化。示例代码如下：

```
m_brushUp.CreateSolidBrush(RGB(255, 0, 0));
speed = 32;
step = 0;
percent = 0;

m_sBot = "";
m_sUp = "";

pEditBot = NULL;
pEditBotText = NULL;
pEditUp = NULL;
pEditUpText = NULL;
timerOn = false;
```

（8）使用 ClassWizard 工具为类 CProgBar 添加定时器消息 WM_TIMER 的响应函数 OnTimer，添加消息 WM_CTLCOLOR 的响应函数 OnCtlColor 用来控制控件显示颜色。

（9）为类 CProgBar 添加成员函数 CreateBotEdit 实现底层编辑框的初始化。示例代码如下，其中 TEXTWIDTH 为文本框宽度，设置为 40。

```
void CProgBar::CreateBotEdit(int picwid)
{
    rectBot.SetRect(20, 50, picwid - 20, 70);

    pEditBot = new CEdit();
    pEditBot->Create(ES_CENTER, rectBot, this, IDC_BOT);
    pEditBot->ShowWindow(TRUE);

    //显示下层文本
    int widbot = rectBot.Width();
    rectBotText.SetRect(rectBot.TopLeft().x + widbot/2 - TEXTWIDTH, rectBot.TopLeft().y,
rectBot.TopLeft().x + widbot/2 + TEXTWIDTH, rectBot.BottomRight().y);

    pEditBotText = new CEdit();
    pEditBotText->Create(ES_LEFT, rectBotText, this, IDC_BOTTEXT);
    pEditBotText->ShowWindow(TRUE);
    m_sBot.Format("%.1f%%", percent);
    pEditBotText->SetWindowText(m_sBot);
}
```

（10）为类 CProgBar 添加成员函数 CreateUpEdit 实现上层红底无字编辑框的动态递增显示，以及中间红底白字编辑框的动态显示。示例代码如下：

```
void CProgBar::CreateUpEdit()
{
    step = rectBot.Width() * percent;

    rectUp.SetRect(rectBot.TopLeft().x, rectBot.TopLeft().y, rectBot.TopLeft().x + int
(step), rectBot.BottomRight().y);
    if(firstEdit)
    {
        pEditUp = new CEdit();
        pEditUp->Create(ES_CENTER, rectUp, this, IDC_UP);
        pEditUp->ShowWindow(TRUE);

        firstEdit = 0;
    }
    else
    {
        pEditUp->MoveWindow(rectUp);
    }
    //显示上层文本
    if(rectUp.BottomRight().x >= rectBotText.TopLeft().x)
    {
        if(rectUp.BottomRight().x <= rectBotText.BottomRight().x)
```

```
                {
                    rectUpText.SetRect(rectBotText.TopLeft().x, rectBotText.TopLeft().y, rectUp.
BottomRight().x, rectUp.BottomRight().y);
                    if(firstText)
                    {
                        pEditUpText = new CEdit();
                        pEditUpText->Create(ES_LEFT, rectUpText, this, IDC_UPTEXT);
                        pEditUpText->ShowWindow(TRUE);

                        firstText = 0;
                    }
                    else
                    {
                        pEditUpText->MoveWindow(rectUpText);
                    }
                }

                if(percent >= 1) m_sUp = "100 %";
                else m_sUp.Format("%.1f % %", percent * 100);
                pEditUpText->SetWindowText(m_sUp);
            }
    }
```

（11）添加成员函数 DeleteUpEditText 实现动态资源的释放，并在 CProgBar::Destroy 函数中调用该函数。

（12）在 CProgBar::OnTimer 函数中调用进行底层红色百分比的刷新显示，并调用 CreateUpEdit 函数。如下代码：

```
void CProgBar::OnTimer(UINT nIDEvent)
{
    if(percent >= 1)
    {
        AfxGetMainWnd()->GetDlgItem(IDC_STOP)->EnableWindow(FALSE);
        AfxGetMainWnd()->GetDlgItem(IDC_SPEEDUP)->EnableWindow(FALSE);
        AfxGetMainWnd()->GetDlgItem(IDC_SLOWDOWN)->EnableWindow(FALSE);
        KillTimer(1);
        timerOn = false;
    }
    else
    {
        percent += 0.001;
        if(percent >= 1) m_sBot = "100 %";
        else m_sBot.Format("%.1f % %", percent * 100);
        pEditBotText->SetWindowText(m_sBot);        //显示下层文本
        CreateUpEdit();                             //创建上层动态文本框
    }
    CDialog::OnTimer(nIDEvent);
}
```

（13）为类 CProgBar 添加成员函数 Start 实现定时器的启动（代码略）。

（14）为类 CProgBar 添加成员函数 Stop 实现定时器的删除（代码略）。

（15）为类 CProgBar 添加成员函数 Speedup 控制进度条加速。以及成员函数 Slowdown 实现进度条减速。示例代码如下：

```
void CProgBar::Speedup()
{
    speed *= 2;
    if(speed > 1000)
    {
      speed = 1000;
        AfxGetMainWnd() -> GetDlgItem(IDC_SPEEDUP) -> EnableWindow(FALSE);
    }
    if(speed > 1)
        AfxGetMainWnd() -> GetDlgItem(IDC_SLOWDOWN) -> EnableWindow(TRUE);

    SetTimer(1, 1000/speed, NULL);
    timerOn = true;
}
```

（16）为类 CProgBar 添加成员函数 Slowdown 控制进度条减速。示例代码如下：

```
void CProgBar::Slowdown()
{
    speed /= 2;

    if(speed <= 1)
    {
        speed = 1;
        AfxGetMainWnd() -> GetDlgItem(IDC_SLOWDOWN) -> EnableWindow(FALSE);
    }
    if(speed < 1000)
        AfxGetMainWnd() -> GetDlgItem(IDC_SPEEDUP) -> EnableWindow(TRUE);

    SetTimer(1, 1000/speed, NULL);
    timerOn = true;
}
```

（17）在类 CProgSelfDlg 头文件中添加命令"♯include "ProgBar.h""，并定义成员变量 "CProgBar m_Progbar;"。

（18）在主对话框初始化时动态创建子对话框，并将其嵌入图片控件的位置，然后调用 CreateBotEdit 函数实现进度条的初始化显示。示例代码如下：

```
void CProgSelfDlg::Initial()
{
    AfxGetMainWnd() -> GetDlgItem(IDC_STOP) -> EnableWindow(FALSE);
    AfxGetMainWnd() -> GetDlgItem(IDC_SPEEDUP) -> EnableWindow(FALSE);
    AfxGetMainWnd() -> GetDlgItem(IDC_SLOWDOWN) -> EnableWindow(FALSE);
```

```
AfxGetMainWnd()->GetDlgItem(IDC_RATE)->SetWindowText("0");

//创建进度条子对话框
m_Progbar.Create(IDD_PROGRESS, this);
CRect r;
GetDlgItem(IDC_PIC)->GetWindowRect(r);
ScreenToClient(r);
m_Progbar.MoveWindow(r);
m_Progbar.ShowWindow(SW_SHOW);

m_Progbar.CreateBotEdit(r.Width());
}
```

（19）在类 CProgSelfDlg 的 4 个按钮消息响应函数中调用 m_Progbar 对象的相应成员函数实现进度条控制。

（20）编译、链接生成可执行文件 ProgSelf.exe，测试程序运行结果。

4. 问题

（1）为了实现进度值的渐变反色显示，在 CreateUpEdit 函数中如何控制上层中间红底白字编辑框的动态显示？

（2）若采用动态控件数组，如何实现 4 个动态编辑框的创建和控制？

A.5　连续流水号生成

1. 实验目的

（1）了解网络抢占资源现象和连续流水号的产生方法。

（2）正确进行数据库事务编程。

2. 实验要求

如图 A.9 所示的界面，其数据窗口对应的数据库表结构如下：

```
CREATE TABLE SOFT_SEQUENCEMAN
(
    SQU_KEY          VARCHAR2(250)    NOT NULL,
    SQU_COUNTER      NUMBER(9, 0)     NULL,
    SQU_UPDATEDATE   DATE             default sysdate NULL,
    PRIMARY KEY(SQU_KEY)
);
```

当单击"准序号 1"或"准序号 2"按钮时，在对应位置产生一个准序号；然后单击"最终序号 1"或"最终序号 2"按钮，在对应位置产生一个最终序号。准序号从表 SOFT_SEQUENCEMAN 的字段 SQU_COUNTER 中得到。主键存储序号类型，可以有多种类型的序号。虽然准序号相同,但是最终序号不相同。该实验模拟医生给患者开处方,同时就医开处方的患者得到相同的就诊序号,但最终就诊序号不同,谁的处方先结束,谁的序号在前。

连续流水号生成实验要求如下。

(1) 输入要测试的主键(流水号类型),然后获取两个准序号,单击"最终序号1"和"最终序号2"后得到最终序号,数据窗口中也相应地显示最大的最终序号。

(2) 修改主键内容,获取的准序号也相应改变。

图 A.9 连续流水号生成

3. 实验步骤

(1) 启动 VC++ 6.0,创建基于对话框的 MFC AppWizard(exe)类型的工程,命名为 Sequence。

(2) 修改对话框 ID 为"IDD_SEQUENCE_DIALOG",标题为"连续流水号生成"。

(3) 设计对话框界面如图 A.9 所示。包括 3 个 Static Text 控件,4 个 Edit Box 控件,1 个 Combo Box 控件,1 个 List 控件和 6 个 Button 控件。

(4) 在 Oracel 数据库用户 Softcase 中创建表 SOFT_SEQUENCEMAN。

(5) 向工程中添加自定义类 CADOConn 的实现文件 ADOConn.h 和 ADOConn.cpp。

(6) 在 SequenceDlg.h 文件中添加 ADOConn.h 文件包含命令,并添加成员变量 "CADOConn m_Ado;"。

(7) 打开 MFC ClassWizard 工具,为 List 控件和 Combo Box 控件定义成员变量。例如:

```
CListCtrl   m_ctrList;
CComboBox   m_cSquType;
```

（8）在 CSequenceApp∷InitInstance 函数中添加如下代码：

```
if (!AfxOleInit())
{
    AfxMessageBox(_T("OLE initialization failed."));
    return FALSE;
}
```

（9）向 CSequenceDlg 类添加成员函数 SetListStyle，设置 List 控件风格。示例代码如下：

```
void CSequenceDlg::SetListStyle()
{
    CString title1[] = {"主键", "序列号", "最后日期"};
//  m_ctrList.SetTextColor(RGB(0, 0, 255));
    m_ctrList.SetExtendedStyle(m_ctrList.GetExtendedStyle() | LVS_EX_FULLROWSELECT | LVS_EX_
GRIDLINES);

    LONG lStyle;
    lStyle = GetWindowLong(m_ctrList.m_hWnd, GWL_STYLE);        //获取当前窗口 style
    lStyle &= ~LVS_TYPEMASK;                                    //清除显示方式位
    lStyle |= LVS_REPORT;                                      //设置 report 视图
    SetWindowLong(m_ctrList.m_hWnd, GWL_STYLE, lStyle);        //设置 style

    for(int i = 0; i < 3; i++)
    {
        m_ctrList.InsertColumn(i, title1[i], LVCFMT_CENTER, 100, -1);
    }
}
```

（10）向 CSequenceDlg 类添加成员函数 FillData，从表 SOFT_SEQUENCEMAN 中获取记录集并插入 List 控件中。示例代码如下：

```
void CSequenceDlg::FillData()
{
    CString title[] = {"squ_key", "squ_counter", "squ_updatedate"};
    m_ctrList.DeleteAllItems();

    CString selstr = "select * from SOFT_SEQUENCEMAN order by squ_key";
    m_Ado.GetRecordSet(selstr);

    CString str[3];
    int Count = m_Ado.GetRecordCount();
    for(int j = 0; j < Count; j++)
    {
        for(int k = 0; k < 3; k++) m_Ado.GetCollect(title[k], str[k]);
        m_ctrList.InsertItem(j, str[0]);
```

```
        for(k = 1; k < 3; k++) m_ctrList.SetItemText(j, k, str[k]);

        m_Ado.MoveNext();
    }
    m_Ado.Close();
}
```

（11）向 CSequenceDlg 类添加成员函数 FillKeyType，从表 SOFT_SEQUENCEMAN 中获取主键字段值，并加入 Combo Box 控件中。示例代码如下：

```
void CSequenceDlg::FillKeyType()
{
    CString key;
    CString selsql = "select SQU_KEY from SOFT_SEQUENCEMAN";
    m_Ado.GetRecordSet(selsql);
    int Count = m_Ado.GetRecordCount();
    for(int i = 0; i < Count; i++)
    {
        m_Ado.GetCollect("SQU_KEY", key);
        m_cSquType.AddString(key);
        m_Ado.MoveNext();
    }
    m_Ado.Close();
    m_cSquType.SetCurSel(0);
}
```

（12）在 CSequenceDlg::OnInitDialog 函数中使用 m_Ado 对象连接数据库，并初始化 List 控件和主键组合框中的数据。示例代码如下：

```
CString strConnect = "Provider = OraOLEDB.Oracle.1;Password = softcase;Persist Security Info
 = True;User ID = softcase ;Data Source = lemonson_110";
m_Ado.OnInitADOConn(strConnect);

SetListStyle();
FillData();
FillKeyType();
```

（13）向 CSequenceDlg 类添加成员函数 GetCounter，从表 SOFT_SEQUENCEMAN 中获得相应序号类型的当前值。示例代码如下：

```
//取 SquType 类型当前序号加 1，并作为下一个序号
unsigned long CSequenceDlg::GetCounter(CString SquType, unsigned MinValue)
{
    long inc = 0;
    CString temp;

    SquType.MakeLower();
```

```
        SquType.TrimLeft();
        if(SquType.IsEmpty()) SquType = "test";

        CString sqlstr = "select squ_counter from soft_sequenceman where squ_key = '" + SquType + "'";
        BOOL ret = m_Ado.GetRecordSet(sqlstr);
        if(ret)
        {
            m_Ado.GetCollect("squ_counter", temp);
            m_Ado.Close();
            if(temp.IsEmpty())
            {
                inc = MinValue;
            }
            else
            {
                inc = atoi(temp);
                inc = MinValue >++inc? MinValue : inc;
            }
        }
        return inc;
}
```

（14）打开 MFC ClassWizard 工具，为按钮添加消息映射函数。当单击"准序号 1"或"准序号 2"按钮时，调用 GetCounter 函数获得当前序号值。示例代码如下：

```
void CSequenceDlg::OnPre1()
{
    GetDlgItem(IDC_PRE1)->EnableWindow(FALSE);        //使"准序号 1"按钮变灰
    CString SquType;
    GetDlgItemText(IDC_SQUTYPE, SquType);

    long prenum = GetCounter(SquType, 1);
    CString temp;
    temp.Format("%d", prenum);

    SetDlgItemText(IDC_PRENUM1, temp);                //设置"准序号 1"的值
}
```

（15）向 CSequenceDlg 类添加成员函数 SetCounter，更新表 SOFT_SEQUENCEMAN 中某类序号的当前值。示例代码如下：

```
unsigned long CSequenceDlg::SetCounter(CString SquType, unsigned long MinValue)
{
    CString temp;
    long inc = 0;
    CTime time;
    time = CTime::GetCurrentTime();
```

```
        CString timestr = time.Format("%Y-%m-%d %H:%M:%S");

        SquType.MakeLower();
        SquType.TrimLeft();
        if(SquType.IsEmpty()) SquType = "test";

        CString sqlstr = "select squ_counter from soft_sequenceman where squ_key = '" + SquType + "'";
        BOOL ret = m_Ado.GetRecordSet(sqlstr);

        if(ret)
        {
            m_Ado.GetCollect("squ_counter", temp);
            m_Ado.Close();
            if(temp.IsEmpty())
            {
                inc = MinValue;
                temp.Format("%d", inc);
                //插入
                sqlstr = "INSERT INTO soft_sequenceman(squ_key, squ_counter, squ_updatedate)
VALUES ('" + SquType + "', " + temp + ", '" + timestr + "')";
            }
            else
            {
                inc = atoi(temp);
                inc = MinValue>++inc? MinValue : inc;
                temp.Format("%d", inc);
                //更新
                sqlstr = "UPDATE soft_sequenceman SET squ_counter = " + temp + ", squ_updatedate = '
" + timestr + "' WHERE squ_key = '" + SquType + "'";
            }
            BOOL ret2 = m_Ado.ExecuteSQL(sqlstr);
            if(ret2) return inc;
            else return -1;
        }
}
```

（16）当单击"最终序号 1"或"最终序号 2"按钮时，调用 SetCounter 函数设置当前序号值，并刷新列表框。示例代码如下：

```
void CSequenceDlg::OnLast1()
{
    GetDlgItem(IDC_LAST1)->EnableWindow(FALSE);      //使"最终序号 1"按钮变灰
    CString SquType;
    GetDlgItemText(IDC_SQUTYPE, SquType);
    long lastnum = SetCounter(SquType, 1);

    CString temp;
    temp.Format("%d", lastnum);
    SetDlgItemText(IDC_LASTNUM1, temp);              //设置"准序号 1"的值
    FillData();
}
```

（17）编译、链接生成可执行文件 Sequence. exe,测试程序运行结果。

4. 问题

（1）为什么两个准序号相同,而最终序号不同?

（2）图 A.9 说明先执行的是"最终序号 1"和"最终序号 2"中的哪一个按钮事件?

（3）如果在图 A.9 目前显示的情况下,单击"重新开始"按钮,再单击"准序号 1"和"准序号 2"按钮,两个准序号分别是多少? 为什么?

A.6　颜色调配

1. 实验目的

（1）了解颜色调配的方法。

（2）学习滑动条控件的使用方法。

2. 实验要求

（1）可通过拖动"红"、"绿"、"蓝"3 种颜色的滑动条来调配颜色。

（2）使用静态文本框的背景色来显示调配的结果色彩。

（3）颜色调配参考界面如图 A.10 所示。

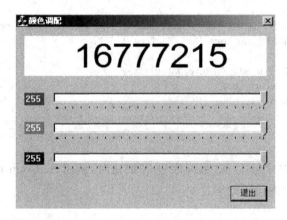

图 A.10　颜色调配

3. 实验步骤

（1）启动 VC++ 6.0,创建基于对话框的 MFC AppWizard(exe)类型的工程,命名为 ColorMix。

（2）修改对话框 ID 为"IDD_COLORMIX_DIALOG",标题为"颜色调配"。

（3）在对话框中添加 4 个编辑框和 3 个滑动条控件,设计对话框界面如图 A.10 所示。设置 4 个编辑框的文本对齐方式为"Centered",并且无"Border"属性。设置滑动条最小值为 0,最大值为 255,选中"SelectRange"属性。

（4）为了便于控制4个编辑框控件的背景色和调配色值的文本色（设置调配色值的文本以反色显示），以 CEdit 类基类创建派生类 CEditBox，使用 ClassWizard 工具为该类添加反射消息"＝WM_CTLCOLOR"的映射函数，并在 EditBox.h 文件中添加如下成员：

```
private:
    COLORREF    m_clrBackground;
    COLORREF    m_clrText;
    CBrush      m_brushBk;

public:
    CEditBox();
    virtual ~CEditBox();
    void SetBackgroundColor( COLORREF clr ) ;
    void SetTextColor( COLORREF clr );
    COLORREF GetBackgroundColor() const;
    COLORREF GetTextColor() const ;
```

（5）在 EditBox.cpp 文件中定义成员函数。示例代码如下：

```
CEditBox::CEditBox()
{
        m_clrBackground = RGB(0, 0, 0);
        m_clrText = RGB(250, 250, 250);
}


CEditBox::~CEditBox()
{
        m_brushBk.DeleteObject();
}
void CEditBox::SetBackgroundColor(COLORREF clr)
{
        m_clrBackground = clr;
}


void CEditBox::SetTextColor(COLORREF clr)
{
        m_clrText = clr;
}

COLORREF CEditBox::GetBackgroundColor() const
{
        return m_clrBackground;
}


COLORREF CEditBox::GetTextColor() const
{
    return m_clrText;
}

HBRUSH CEditBox::CtlColor(CDC * pDC, UINT nCtlColor)
```

```
{
    m_brushBk.DeleteObject();
    m_brushBk.CreateSolidBrush( m_clrBackground );
    pDC->SetBkColor( m_clrBackground );
    pDC->SetTextColor( m_clrText );

    return (HBRUSH)m_brushBk.GetSafeHandle();
}
```

（6）打开 MFC ClassWizard 对话框，为各个控件添加成员变量。示例代码如下：

```
CEditBox   m_cRed;
CEditBox   m_cGreen;
CEditBox   m_cBlue;
CEditBox   m_cColor;

CString   m_sRed;
CString   m_sGreen;
CString   m_sBlue;

CString   m_sColor;CSlider   m_cSliderRed;
CSlider   m_cSliderGreen;
CSlider   m_cSliderBlue;

CFont font_Color;
```

（7）为类 CColorMixDlg 添加成员函数 SetColorMix，用于获取 3 个滑动条的当前值，设置并显示调配色。示例代码如下：

```
void CColorMixDlg::SetColorMix()
{
    long RedValue = m_cSliderRed.GetValue();
    long GreenValue = m_cSliderGreen.GetValue();
    long BlueValue = m_cSliderBlue.GetValue();
    long MixColor = RGB(RedValue, GreenValue, BlueValue);

    m_cColor.SetBackgroundColor(MixColor);
    m_cColor.SetTextColor(16777215 - MixColor);

    CString colorstr;
    colorstr.Format("%d", MixColor);
    SetDlgItemText(IDC_COLOR, colorstr);
}
```

（8）为 3 个滑动条添加 Scroll 消息响应函数，获取滑动条当前值，修改相应编辑框文本，以及设置调配色。以红色滑动条为例代码如下：

```
void CColorMixDlg::OnScrollSliderRed()
{
```

```
long RedValue = m_cSliderRed.GetValue();
CString str;
str.Format(" % d", RedValue);
//SetDlgItemText(IDC_RED, str);
m_cRed.SetWindowText(str);
SetColorMix();
}
```

（9）在类 CColorMixDlg 的构造函数中初始化成员变量。示例代码如下：

```
m_sColor = "0";
m_sRed = "0";
m_sGreen = "0";
m_sBlue = "0";
font_Color.CreateFont(80, 30, 0, 0, FW_NORMAL, FALSE, FALSE, 0, ANSI_CHARSET, OUT_DEFAULT_
PRECIS, CLIP_DEFAULT_PRECIS, DEFAULT_QUALITY, DEFAULT_PITCH | FF_SWISS, NULL);
```

（10）在 OnInitDialog 函数中设置编辑框文本字体和背景颜色。添加代码如下：

```
    m_cColor.SetFont(&font_Color);

    CFont font;
    font.CreateFont(20, 0, 0, 0, FW_NORMAL, FALSE, FALSE, 0, ANSI_CHARSET, OUT_DEFAULT_
    PRECIS, CLIP_DEFAULT_PRECIS, DEFAULT_QUALITY, DEFAULT_PITCH | FF_SWISS, NULL);
    m_cRed.SetFont(&font);
    m_cRed.SetBackgroundColor(RGB(255, 0, 0));

    m_cGreen.SetFont(&font);
    m_cGreen.SetBackgroundColor(RGB(0, 255, 0));

    m_cBlue.SetFont(&font);
    m_cBlue.SetBackgroundColor(RGB(0, 0, 255));
```

（11）编译、链接生成可执行文件 ColorMix.exe，测试程序运行结果。

4. 问题

（1）怎样设置颜色使界面中的数字如 16777215（合成颜色代码）的颜色始终与背景色不同？

（2）宏 RGB(r，g，b) 可设置颜色数为多少？3 个参数 r、g、b 与宏函数值的关系是什么（用代数表达式表示）？

A.7 数字拼图游戏

1. 实验目的

（1）掌握面向对象的继承特性。
（2）掌握链表的操作方法。

（3）掌握动态控件的创建方法。

（4）了解 static 成员的概念和使用方法。

（5）了解数字拼图游戏出题算法和简单优化算法。

2．实验要求

（1）可实现数字模块位置的移动。

（2）可统计游戏时间和步数。

（3）可对游戏进行下一步提示。

（4）可进行选关系。

（5）计算机可自动完成游戏。

（6）所有游戏题目均有解。

（7）数字拼图游戏的参考界面如图 A.11 所示。

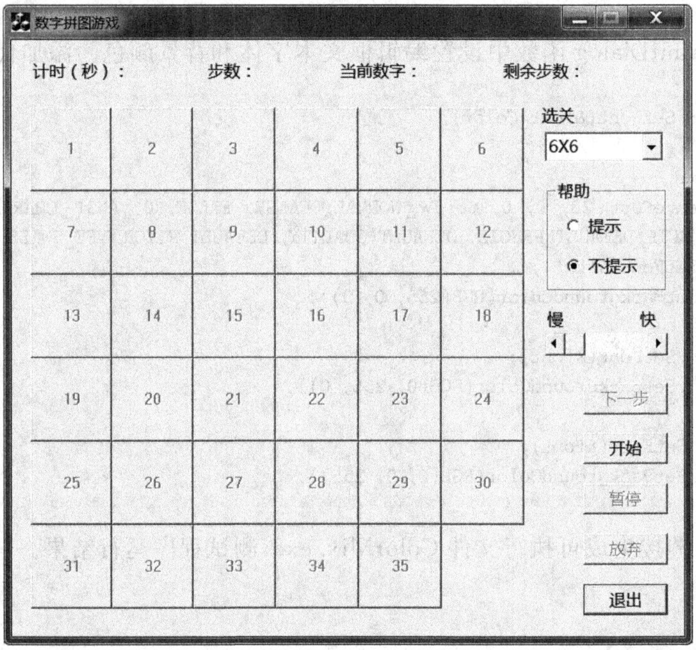

图 A.11　6×6 数字拼图游戏

3．实验步骤

（1）启动 VC++ 6.0，创建基于对话框的 MFC AppWizard(exe)类型的工程，命名为
Game。

（2）修改对话框 ID 为"IDD_GAME_DIALOG"，标题为"数字拼图游戏"。

（3）设计对话框界面如图 A.11 所示。

（4）打开 MFC ClassWizard 对话框，为控件添加成员变量，为按钮添加消息映射成员函
数和定时器函数(略)，如下代码：

```
CComboBox  m_cCombNMatrix;
CScrollBar   m_cRate;
int  m_HelpTip;
CButton m_cNext;
CButton m_cStart;
CButton m_cPause;
CButton m_cAbort;
CString m_sTime;
CString m_sStep;
CString m_sCurrent;
CString m_sLeftSteps;
```

（5）在 GameDlg.h 文件中定义链表节点数据类型 struct TrackNode，声明链表操作函数。示例代码如下：

```
struct TrackNode
{
    CString text;
    int row;
    int col;
    TrackNode * pNext;
};
void DelTrack();
void DelTrackNode();
void NewTrackNode(CString trackstr, int row, int col);
BOOL ExistTrack(CString str);
```

（6）在 GameDlg.cpp 文件中定义全局变量以及链表操作函数。代码如下：

```
TrackNode * TrackHead = NULL;          //记录轨迹的链表头指针
long trackpos = 0;                     //记录当前位置

//当前 str 是否为轨迹尾节点
BOOL ExistTrack(CString str)
{
    if(!TrackHead) return FALSE;
    else
    {
        TrackNode * p = TrackHead;
        for(int i = 0; i < trackpos - 1; i++) p = p->pNext;
        if(p->text == str) return TRUE;
        else return FALSE;
    }
}
//创建节点
void NewTrackNode(CString trackstr, int row, int col)
{
    if(trackpos == 0)
```

```
        {
            TrackHead = new TrackNode;
            TrackHead -> text = trackstr;
            TrackHead -> row = row;
            TrackHead -> col = col;
            TrackHead -> pNext = NULL;
        }
        else
        {
            //新建节点记录轨迹,加入链表尾
            TrackNode * temp = new TrackNode;
            temp -> text = trackstr;
            temp -> row = row;
            temp -> col = col;
            temp -> pNext = NULL;

            TrackNode * pre = TrackHead;
            for(int i = 0; i < trackpos - 1; i++) pre = pre -> pNext;
            pre -> pNext = temp;
        }
        trackpos++;
    }

//删除最后一个节点
void DelTrackNode()
{
    TrackNode * p = TrackHead, * q = NULL;
    if(p != NULL)
    {
    if(trackpos == 1)
    {
            delete p;
            TrackHead = NULL;
            trackpos = 0;
    }
    else
    {
        for(int i = 0; i < trackpos - 2; i++)          //找到倒数第二个节点
        p = p -> pNext;
        q = p -> pNext;
        delete q;
        p -> pNext = NULL;
        trackpos -- ;
    }
    }
}

//删除链表
void DelTrack()
{
```

```
    TrackNode * p = TrackHead, * q = NULL;
    while(p != NULL)
    {
        q = p -> pNext;
        delete p;
        p = q;
    }
    TrackHead = NULL;
    trackpos = 0;
}
```

（7）以 CButton 类为基类定义派生类 CMoveButton，添加 Move 成员函数，实现功能：当单击与空格相临的数字模块时，将两者进行交换；将该数字模块添加到链表尾，以便游戏选择自动完成方式时按其逆序复原；记录游戏步数。并添加鼠标左键单击消息映射函数 OnLButtonUp。MoveButton.h 文件示例代码如下：

```
class CMoveButton : public CButton
{
public:
    CMoveButton();
    virtual ~CMoveButton();
    void Move();

    int col;
    int row;
    CString m_TitleNum;

    static CMoveButton * pEmptyButton;
    static int Erow;
    static int Ecol;
    static int Steps;

protected:
//{{AFX_MSG(CMoveButton)
afx_msg void OnLButtonUp(UINT nFlags, CPoint point);
//}}AFX_MSG

DECLARE_MESSAGE_MAP()
};
```

MoveButton.cpp 文件示例代码如下：

```
//初始化静态成员变量
int CMoveButton::Erow = 0;
int CMoveButton::Ecol = 0;
CMoveButton * CMoveButton::pEmptyButton = NULL;
int CMoveButton::Steps = 0;

extern long trackpos;
```

```
extern TrackNode * TrackHead;

extern void DelTrackNode();
extern void NewTrackNode(CString trackstr);
extern BOOL ExistTrack(CString str);

CMoveButton::CMoveButton()
{
    m_TitleNum = "";
}

void CMoveButton::OnLButtonUp(UINT nFlags, CPoint point)
{
    Move();
    CButton::OnLButtonUp(nFlags, point);
}

void CMoveButton::Move()
{
    int pos = abs(row - Erow) + abs(col - Ecol);
    if(pos == 1)            //判断是否与空格相邻
    {
        ShowWindow(FALSE);

        pEmptyButton -> ShowWindow(TRUE);
        pEmptyButton -> m_TitleNum = m_TitleNum;
        pEmptyButton -> SetWindowText(pEmptyButton -> m_TitleNum);

        pEmptyButton = this;
        Erow = row;
        Ecol = col;
        CMoveButton::Steps++;
        //记录轨迹
        BOOL exist = ExistTrack(m_TitleNum);
        if(exist) DelTrackNode();
        else NewTrackNode(m_TitleNum, row, col);
    }
}
```

(8) 在 GameDlg.h 文件中添加文件包含命令"#include " MoveButton.h""。

(9) 为 CGameDlg 类添加成员函数和成员变量。代码如下：

```
    friend void CMoveButton::Move();        //友元成员函数
public:
    void CreateMatrix(int dim);
    void DeleteMatrix();
    void EnableMatrix(BOOL able);
    void MoveNext();
    BOOL MoveMap(int row, int col);
```

```
    TrackNode * GetCurNumAndLeft();
    BOOL GameEnded();
    CMoveButton * NewMyButton(int nID, int num, CRect rect);

protected:
    int AutoNumUp;
    int AutoSecond;
    BOOL start;
    CTime CurTime;
    CTime StartTime;
    UINT m_nTimerID;

    int LastSecond;
    int step;
    CString MatrixMap[10][10];              //数字按钮上的文本
    BOOL IsPause;
    int FieldEdge;                          //矩阵区域边长
    CRect FieldRect;
    int OldSel;                             //+2为之前矩阵维数
    int MatrixSel;                          //+2为当前矩阵维数
    int ButtonEdge;                         //按钮边长
    CMoveButton * * pBut;
```

（10）在 CGameDlg 类构造函数中初始化成员变量，添加如下代码：

```
FieldEdge = 520;
FieldRect.SetRect(20, 70, FieldEdge + 10, FieldEdge + 30);

LastSecond = 0;
MatrixSel = 1;
OldSel = MatrixSel;
IsPause = FALSE;

AutoNumUp = 0;
start = false;
```

（11）在 CGameDlg.cpp 文件中添加成员函数定义。示例代码如下：

```
void CGameDlg::CreateMatrix(int dim)
{
    int i, j;
    CWnd * pWnd = GetDlgItem(IDC_FIELD);
    int ID = ::GetDlgCtrlID((HWND)pWnd);

    ButtonEdge = FieldEdge/dim;
    pBut = new CMoveButton * [dim * dim];   //动态指针数组
    int num;
    for(i = 0; i < dim; i++)
    {
```

```
            int left = FieldRect.left;
            int top = FieldRect.top + ButtonEdge * i;
            for(j = 0; j < dim; j++)
            {
                CRect ButtonRect(left, top, ButtonEdge + left, ButtonEdge + top);
                num = i * dim + j + 1;
                pBut[num - 1] - NewMyButton(ID + 1000 + num, num, ButtonRect);
                pBut[num - 1] -> row = i;
                pBut[num - 1] -> col = j;
                left += ButtonEdge;
            }
        }
    pBut[num - 1] -> ShowWindow(FALSE);          //最后一个为空格不可见
    CMoveButton::Erow = dim - 1;
    CMoveButton::Ecol = dim - 1;
    CMoveButton::pEmptyButton = pBut[num - 1];
}


void CGameDlg::DeleteMatrix()
{
    for(int i = 0; i <(OldSel + 2) * (OldSel + 2); i++)
        if( pBut[i] )
            delete pBut[i];
}


void CGameDlg::EnableMatrix(BOOL able)
{
    int num = (MatrixSel + 2) * (MatrixSel + 2);
    for(int j = 0; j < num; j++)
    {
        if(able)
            pBut[j] -> EnableWindow(TRUE);
        else
            pBut[j] -> EnableWindow(FALSE);
    }
}


void CGameDlg::MoveNext()
{
    TrackNode * CurNode = GetCurNumAndLeft();
    int row = CurNode -> row;
    int col = CurNode -> col;
    CString TitleNum = CurNode -> text;
    int dim = MatrixSel + 2;

    pBut[row * dim + col] -> ShowWindow(FALSE);
    CMoveButton::pEmptyButton -> ShowWindow(TRUE);
    CMoveButton::pEmptyButton -> m_TitleNum TitleNum;   //pBut[row * dim + col] -> m_TitleNum;
```

```
    CMoveButton::pEmptyButton -> SetWindowText(TitleNum);

    CMoveButton::pEmptyButton = pBut[row * dim + col];
    CMoveButton::Erow = row;
    CMoveButton::Ecol = col;
    CMoveButton::Steps++;

    DelTrackNode();
}

BOOL CGameDlg::MoveMap(int row, int col)
{
    int erow = CMoveButton::Erow;
    int ecol = CMoveButton::Ecol;
    int pos = abs(row - erow) + abs(col - ecol);
    if(pos > 1) return FALSE;

    //移动
    MatrixMap[erow][ecol] = MatrixMap[row][col];
    CMoveButton::Erow = row;
    CMoveButton::Ecol = col;

    //记录轨迹
    BOOL exist = ExistTrack(MatrixMap[row][col]);
    if(exist) DelTrackNode();
    else NewTrackNode(MatrixMap[row][col], erow, ecol);

    MatrixMap[row][col] = "";
    return TRUE;
}

TrackNode * CGameDlg::GetCurNumAndLeft()
{
    if(TrackHead != NULL)
    {
        TrackNode * p = TrackHead;
        for(int k = 0; k < trackpos - 1; k++)    p = p -> pNext;
        m_sCurrent = p -> text;
        m_sLeftSteps.Format(" % d", trackpos);
        return p;
    }
    return NULL;
}

BOOL CGameDlg::GameEnded()
{
    int i, j, k = 0;
    int dim = MatrixSel + 2;
    for(i = 0; i < dim; i++)
    {
```

```
        for(j = 0; j < dim; j++)
        {
            k++;
            if(i == dim - 1 && j == dim - 1) continue;
            if(atoi(pBut[i * dim + j] -> m_TitleNum) != k) return FALSE;
        }
    }
    return TRUE;
}

CMoveButton * CGameDlg::NewMyButton(int nID, int num, CRect rect)
{
    CMoveButton * p_Button = new CMoveButton();
    ASSERT_VALID(p_Button);

    p_Button -> m_TitleNum.Format("%d", num);
    p_Button -> Create(p_Button -> m_TitleNum, WS_CHILD | WS_VISIBLE | BS_PUSHBUTTON, rect,
this, nID );          //创建按钮

    return p_Button;
}
```

（12）在 CGameDlg::OnInitDialog 函数中添加如下代码：

```
    if(m_HelpTip == 0) m_cNext.EnableWindow(FALSE);
    else m_cNext.EnableWindow(TRUE);
    m_cNext.EnableWindow(FALSE);
    m_cPause.EnableWindow(FALSE);
    m_cAbort.EnableWindow(FALSE);

    m_cCombNMatrix.SetCurSel(MatrixSel);
    CreateMatrix(MatrixSel + 2);
    EnableMatrix(FALSE);

    m_cRate.SetScrollRange(0, 100, TRUE);
    m_cRate.SetScrollPos(0);

srand(time(NULL));
```

（13）组合框控件用于设定游戏级别，使用 ClassWizard 工具为其添加“CBN_SELCHANGE”消息响应函数。代码如下：

```
void CGameDlg::OnSelchangeComboNmatrix()
{
    OldSel = MatrixSel;
    DeleteMatrix();

    MatrixSel = m_cCombNMatrix.GetCurSel();
```

```
        CreateMatrix(MatrixSel + 2);
        EnableMatrix(FALSE);

        CMoveButton::Steps = 0;
}
```

（14）单击"开始"按钮时首先进行游戏初始化。随机移动数字模块若干次，随机更新
MatrixMap 数组元素值，并且将更新元素按移动顺序依次存储在链表中，便于游戏自动完
成时按其逆序返回。当游戏布局完成时，将 MatrixMap 数组元素值映射到动态数字模块方
阵中，并创建定时器。示例代码如下：

```
void CGameDlg::OnStart()
{
    start = true;

    m_cStart.EnableWindow(FALSE);
    m_cPause.EnableWindow(TRUE);
    m_cAbort.EnableWindow(TRUE);
    m_cCombNMatrix.EnableWindow(FALSE);
    m_cNext.EnableWindow(!m_HelpTip);

    StartTime = CTime::GetCurrentTime();

    if(IsPause)
    {
        IsPause = FALSE;
        LastSecond = atoi(m_sTime);
    }
    else                            //生成布局
    {
        int i, j, randnum;

        CMoveButton::Steps = 0;
        TrackHead = NULL;
        trackpos = 0;

        int dim = MatrixSel + 2;
        for(i = 0; i < dim; i++)
        {
            for(int j = 0; j < dim; j++)
            {
                MatrixMap[i][j] = pBut[i * dim + j]->m_TitleNum;
            }
        }
        int erow, ecol;
        for(i = 0; i < dim * dim * dim * 10; i++)
        {
            erow = CMoveButton::Erow;
```

```
            ecol = CMoveButton::Ecol;
            randnum = rand() % 4;
            switch(randnum + 1)
            {
            case 1:                     //从上往下走
                if(erow > 0)
                    MoveMap(erow - 1, ecol);
                break;
            case 2:                     //从下往上走
                if(erow < dim - 1)
                    MoveMap(erow + 1, ecol);
                break;
            case 3:                     //从左往右走
                if(ecol > 0)
                    MoveMap(erow, ecol - 1);
                break;
            case 4:                     //从右往左走
                if(ecol < dim - 1)
                    MoveMap(erow, ecol + 1);
                break;
            }
        }
        for(i = 0; i < dim; i++)
        {
            for(j = 0; j < dim; j++)
            {
                pBut[i * dim + j]->m_TitleNum = MatrixMap[i][j];
                pBut[i * dim + j]->SetWindowText(MatrixMap[i][j]);
                pBut[i * dim + j]->ShowWindow(TRUE);
            }
        }
        CMoveButton::pEmptyButton = pBut[CMoveButton::Erow * dim + CMoveButton::Ecol];
        CMoveButton::pEmptyButton->ShowWindow(FALSE);
    }
    EnableMatrix(TRUE);

    m_nTimerID = SetTimer(1, 10, NULL);
}
```

(15) 在定时器响应函数中,监控游戏状态,包括是否完成、游戏时间、游戏步数、剩余步数、当前数字及是否自动完成。当定时器检测到游戏完成时,恢复初始状态。示例代码如下:

```
void CGameDlg::OnTimer(UINT nIDEvent)
{
    if(GameEnded())
    {
    if(m_nTimerID > 0)
    {
```

```
        KillTimer(m_nTimerID);
        m_nTimerID = 0;
    }
    if(m_cNext.IsWindowEnabled())
        m_cNext.EnableWindow(FALSE);
    EnableMatrix(FALSE);
    m_cStart.EnableWindow(TRUE);
    m_cPause.EnableWindow(FALSE);
    m_cAbort.EnableWindow(FALSE);
    m_cCombNMatrix.EnableWindow(TRUE);
    m_sCurrent = "";
    m_sLeftSteps = "";
    LastSecond = 0;
    UpdateData(FALSE);
    }
    else
    {
    int RatePos = m_cRate.GetScrollPos();
    if(m_HelpTip == 0)              //提示
    {
        if(RatePos > 0)            //自动移动
        {                          //移动频率控制
            AutoNumUp++;
            if(AutoNumUp > AutoSecond)
            {
                AutoNumUp = 0;
                MoveNext();
            }
        }
        else
        {
            GetCurNumAndLeft();
        }
    }
    else
    {
        m_sCurrent = " ";
        m_sLeftSteps = " ";
    }
    CurTime = CTime::GetCurrentTime();
    int h = CurTime.GetHour() - StartTime.GetHour();
    int m = CurTime.GetMinute() - StartTime.GetMinute();
    int s = CurTime.GetSecond() - StartTime.GetSecond();
    m_sTime.Format("%d", LastSecond + h * 3600 + m * 60 + s);
    m_sStep.Format("%d", CMoveButton::Steps);

    UpdateData(FALSE);
    }
CDialog::OnTimer(nIDEvent);
}
```

(16) 当用户需要"提示"功能时,激活"下一步"按钮,若同时检测到水平滚动条的当前位置不为 0,则游戏可进行自动完成,并且随着水平滚动条指示位置不同,游戏自动完成速度会不同。每当数字模块自动移动一步,就从链表轨迹中删除链尾节点。示例代码如下:

```
void CGameDlg::OnHelptip()
{
    m_HelpTip = 0;

    if(!m_cStart.IsWindowEnabled() && start)
    {
        m_cNext.EnableWindow(TRUE);

        TrackNode *p = TrackHead;
        for(int k = 0; k < trackpos - 1; k++)
            p = p->pNext;
        m_sCurrent = p->text;
        m_sLeftSteps.Format("%d", trackpos);
    }
}
void CGameDlg::OnNohelp()
{
    m_HelpTip = 1;
    m_cNext.EnableWindow(FALSE);
}
```

(17) 当单击"下一步"按钮时,调用 MoveNext 函数移动一步(代码略)。

(18)"暂停"按钮消息响应函数。代码如下:

```
void CGameDlg::OnPause()
{
    if(m_nTimerID > 0)
    {
        KillTimer(m_nTimerID);
        m_nTimerID = 0;
    }
    IsPause = TRUE;

    m_cPause.EnableWindow(FALSE);
    m_cStart.EnableWindow(TRUE);
    m_cNext.EnableWindow(m_HelpTip);

    EnableMatrix(FALSE);
}
```

(19)"放弃"按钮消息响应函数。代码如下:

```
void CGameDlg::OnAbort()
{
    if(m_nTimerID > 0)
```

```
    {
        KillTimer(m_nTimerID);
        m_nTimerID = 0;
    }

    m_cNext.EnableWindow(FALSE);
    m_cAbort.EnableWindow(FALSE);
    m_cStart.EnableWindow(TRUE);
    m_cPause.EnableWindow(FALSE);
    m_cCombNMatrix.EnableWindow(TRUE);

    OldSel = MatrixSel;
    DeleteMatrix();
    DelTrack();

    CreateMatrix(MatrixSel + 2);
    EnableMatrix(FALSE);

    m_sStep = "";
    m_sCurrent = "";
    m_sLeftSteps = "";
    UpdateData(FALSE);
    LastSecond = 0;
}
```

（20）当游戏处于自动模式时，滑动条可用于控制游戏完成速度。

（21）使用 ClassWizard 工具为类 CGameDlg 添加"WM_DESTROY"消息响应函数。代码如下：

```
void CGameDlg::OnDestroy()
{
    CDialog::OnDestroy();
    DeleteMatrix();
}
```

（22）编译、链接生成可执行文件 Game.exe，测试程序运行结果。

4．问题

在游戏过程中，若中途放弃游戏时，不仅要释放当前 $n \times n$ 数字模块的动态空间，还要对存储游戏轨迹的链表进行什么处理？

A.8 基于对话框的录入界面

1．实验目的

（1）了解 MFC ADO 数据库访问技术。

（2）熟悉 Microsoft DataGrid 控件和 Microsoft ADO Data 控件的使用方法。

（3）掌握基于对话框的用户界面设计方法和数据操作方法。

（4）掌握主窗口与子窗口之间数据访问方法。

2. 实验要求

（1）实现对人事（或其他）基本信息的增加、编辑、删除、刷新和导出功能。

（2）参考运行界面如图 A.12～图 A.14 所示。

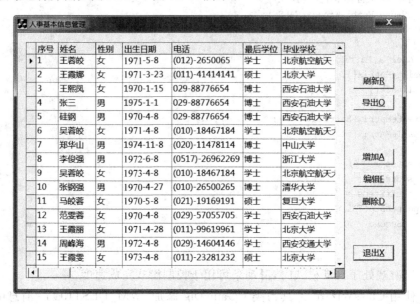

图 A.12　浏览界面

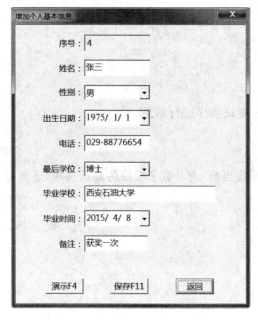

图 A.13　"增加个人基本信息"对话框

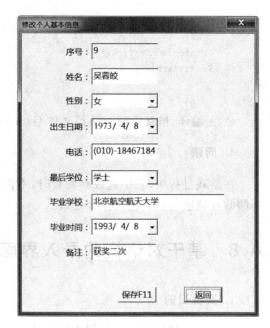

图 A.14　"修改个人基本信息"对话框

3. 实验步骤

（1）启动 VC++ 6.0，创建基于对话框的 MFC AppWizard(exe)类型的工程，命名为 GUIStyle。

（2）修改对话框 ID 为"IDD_GUISTYLE_DIALOG"，标题为"人事基本信息管理"。

（3）在菜单栏选择 Project→Add to Project→Components and Controls 命令，打开 Components and Controls Gallery 对话框，打开"Registered ActiveX Controls"文件夹，选择 "Microsoft DataGrid Control 6.0"和"Microsoft ADO Data Control 6.0"插入当前工程。

（4）从控件工具栏中选择相应控件，设计主界面如图 A.12 所示。设置 ADO Data 控件 ID 为"IDC_ADODC"，其 ConnectionString 属性如图 A.15 所示，RecordSource 属性如图 A.16 所示。设置 DataGrid 控件 ID 为"IDC_DATAGRID"，其 DataSource 属性值为 IDC_ADODC，并使其 Caption 属性值为空。

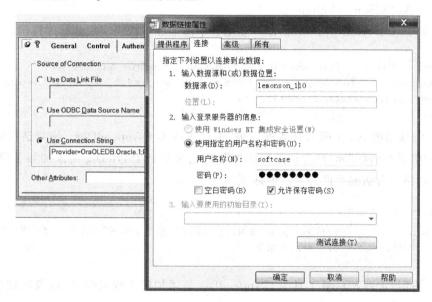

图 A.15　ADO Data 控件连接字符串设置

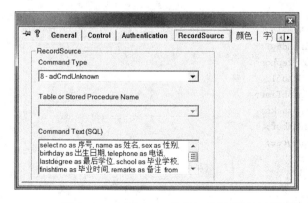

图 A.16　ADO Data 控件记录源设置

（5）打开 MFC ClassWizard 对话框，为 CGUIStyleDlg 类定义 DataGrid 控件的成员变量 CDataGrid m_DataGrid，定义 ADO Data 控件成员变量 CAdodcm_Adodc。为按钮添加消息响应成员函数。

（6）加入自定义类 CADOConn。

（7）在 CGUIStyleApp::InitInstance 函数中加入如下代码：

```
if(!AfxOleInit())
{
    AfxMessageBox("OLE initialization failed.");
    return FALSE;
}
```

（8）在 GUIStyleDlg.cpp 文件中添加文件包含命令"#include "ADOConn.h""。定义全局变量"CADOConn AdoConn"。

（9）在 CGUIStyleDlg::OnInitDialog 函数中添加如下代码实现数据库连接。

```
CString strConnect = "Provider = OraOLEDB. Oracle.1;Password = softcase; \\
Persist Security Info = True;User ID = softcase;Data Source = 192.168.10.110/lemonson";
AdoConn.OnInitADOConn(strConnect);
```

（10）添加如图 A.13 所示对话框资源，为其生成类 CAppendDlg。该对话框资源同时用于"增加信息对话框"和"修改信息对话框"，为此为 CGUIStyleDlg 类添加如下成员变量，用以区分这两个对话框并设置对话框标题。

```
public:
int flag;          //值为 1 表示"增加信息对话框",值为 2 表示"修改信息对话框"
CString Title;     //子对话框标题
```

（11）使用 ClassWizard 工具为 CAppendDlg 类添加控件成员变量，以及按钮消息响应函数。如下代码：

```
public:
    CString  m_sName;
    CTime  m_tBirthday;
    CString  m_sTelephone;
    CString  m_sSchool;
    CTime  m_tFinishTime;
    CString  m_sRemarks;
    CString  m_sNumber;
    CString  m_sDegree;
    CString m_sSex;

protected:
    afx_msg void OnSave();
    afx_msg void OnDemo();
```

（12）在 GUIStyleDlg.cpp 文件夹中添加文件包含命令"♯include "AppendDlg.h""。

（13）在主对话框中，当单击"增加"或"编辑"按钮时创建 CAppendDlg 类的对象，动态设置该子对话框标题，以及"演示 F4"按钮的可见性。为此，需要将主对话框对象指针 this 传给该子对话框对象。示例代码如下：

```
void CGUIStyleDlg::OnAppend()
{
    flag = 1;
    Title = "增加个人基本信息";
    CAppendDlg AppDlg(this);
    AppDlg.DoModal();
    Refresh();
}

void CGUIStyleDlg::OnEdit()
{
    flag = 2;
    Title = "修改个人基本信息";
    CAppendDlg AppDlg(this);
    AppDlg.DoModal();
    Refresh();
}
```

（14）子对话框为了访问主对话框中的数据（如对话框标志和标题），为 CAppendDlg 类添加成员变量"CGUIStyleDlg ＊ pGUIDlg;"，同时在 AppendDlg.h 文件中添加文件包含命令"♯include "GUIStyleDlg.h""。

（15）为主对话框中"删除"按钮的响应函数添加如下代码：

```
void CGUIStyleDlg::OnDelete()
{
    int answer = MessageBox("确定删除?", "提示", MB_YESNO|MB_ICONWARNING);
    if(answer == IDYES)
    {
        CString DeleteNo = m_DataGrid.GetItem(0);
        CString SqlDelStr = "DELETE FROM infor WHERE no = '" + DeleteNo + "'";
        AdoConn.ExecuteSQL(SqlDelStr);
        Refresh();
    }
}
```

（16）为 CGUIStyleDlg 类添加成员函数 Refresh，实现 DataGrid 控件的数据刷新。示例代码如下：

```
void CGUIStyleDlg::Refresh()
{
    CString strsql = "select no as 序号, name as 姓名, sex as 性别, birthday as
出生日期, telephone as 电话, lastdegree as 最后学位, school as 毕业学校,
```

```
finishtime as 毕业时间, remarks as 备注   from infor order by no";
m_Adodc.SetRecordSource(strsql);
m_Adodc.Refresh();

LPUNKNOWN  pCursor = m_Adodc.GetDSCCursor();
ASSERT(pCursor!= NULL);
m_DataGrid.SetRefDataSource(pCursor);
m_DataGrid.SetAllowDelete(true);
}
```

（17）在主对话框中的"刷新"按钮响应函数中调用 Refresh 函数。

（18）在"导出"按钮的响应函数中将数据库表中的记录数据写入文件（代码略）。

（19）在 CAppendDlg 类的构造函数中获取父对话框指针，初始化 pGUIDlg 指针对象。
如下代码：

```
pGUIDlg = (CGUIStyleDlg * )pParent;                //方法一
pGUIDlg = (CGUIStyleDlg * )AfxGetMainWnd();        //方法二
```

（20）在 CAppendDlg::OnInitDialog 函数中添加如下代码：

```
BOOL CAppendDlg::OnInitDialog()
{
    CDialog::OnInitDialog();

    if(pGUIDlg -> flag == 1)
    {
    SetWindowText(pGUIDlg -> Title);
    long maxno;
    CString sqlstr, tempno;
    BOOL ret;

    sqlstr = "SELECT MAX(INFOR.NO) as smaxno FROM infor";
    ret = AdoConn.GetRecordSet(sqlstr);
    if(ret)
    {
    BOOL ret2 = AdoConn.GetCollect("smaxno", tempno);
    if(ret2)
    {
        maxno = atoi(tempno);
        if(maxno == 0) maxno = 1;
        else maxno++;
        m_sNumber.Format("%d", maxno);
        UpdateData(FALSE);
    }
    }
    }
    if(pGUIDlg -> flag == 2)
    {
```

```
    SetWindowText(pGUIDlg->Title);
    GetDlgItem(IDC_DEMO)->ShowWindow(false);
    GetDataFromDG();  (函数实现略)
  }
  return TRUE;
}
```

（21）为 CAppendDlg 类添加"保存"按钮的消息响应函数。示例代码如下：

```
void CAppendDlg::OnSave()
{
    UpdateData(TRUE);
    CString birthday, finishtime;

    birthday.Format("%d-%d-%d", m_tBirthday.GetYear(), m_tBirthday.GetMonth(),
                    m_tBirthday.GetDay());   //CTime::nYear 范围为 1970-3000
    finishtime.Format("%d-%d-%d", m_tFinishTime.GetYear(), m_tFinishTime.GetMonth(),
                    m_tBirthday.GetDay());

    m_sName.TrimLeft();
    m_sName.TrimRight();
    CString name = m_sName.Left(10);

    m_sTelephone.TrimLeft();
    m_sTelephone.TrimRight();
    CString telephone = m_sTelephone.Left(20);
    m_sSchool.TrimLeft();
    m_sSchool.TrimRight();
    CString school = m_sSchool.Left(20);
    m_sRemarks.TrimLeft();
    m_sRemarks.TrimRight();
    CString remarks = m_sRemarks.Left(20);
    if(name.IsEmpty() || telephone.IsEmpty() || school.IsEmpty() || m_sRemarks.IsEmpty())
    {
        AfxMessageBox("数据不能为空!");
        return;
    }

    if(pGUIDlg->flag == 1) //增加
    {
        CString sqlselstr, count;
        BOOL ret = AdoConn.RecordExist("infor", "no", m_sNumber);
        if(!ret)
        {
            CString sqlinstr = "INSERT INTO infor(no, name, sex, birthday,
                    telephone, lastdegree, school, finishtime, remarks) VALUES ("
                    + m_sNumber + ", '" + name + "', '" + m_sSex + "', '" + birthday
                    + "', '" + telephone + "', '" + m_sDegree + "', '" + school
                    + "', '" + finishtime + "', '" + remarks + "')";
```

```
            AdoConn.ExecuteSQL(sqlinstr);
        }
        else AfxMessageBox("该记录已存在!");
    }
    if(pGUIDlg->flag == 2) //编辑
    {
        CString SqlUpdateStr = "UPDATE INFOR SET no = " + m_sNumber + "," + "name = '" +
            m_sName + "'," + "sex = '" + m_sSex + "'," + "birthday = '" + birthday + "',"
            + "telephone = '" + m_sTelephone + "'," + "lastdegree = '" + m_sDegree + "',"
            + "school = '" + m_sSchool + "'," + "finishtime = '" + finishtime + "',"
            + "remarks = '" + m_sRemarks + "'where no = '" + m_sNumber + "'";
        AdoConn.ExecuteSQL(SqlUpdateStr);
    }
    GetDlgItem(IDC_SAVE)->EnableWindow(false);
}
```

（22）编译、链接生成可执行文件 GUIStyle.exe,测试程序运行结果。

4. 问题

（1）当打开"编辑个人基本信息"对话框时需要获得当前在 DataGrid 控件中选行的各字段值,即在 CAppendDlg 类中需要访问 CGUIStyleDlg 类的成员变量 m_DataGrid,在 GetDataFromDG 函数中如何实现?

（2）在主对话框中,DataGrid 控件的"出生日期"和"毕业时间"列数据类型为 CString,而在子对话框中对应于两个 Date Time Picker 控件,如何实现数据类型转换?

A.9 快速查询

1. 实验目的

（1）了解快速查询的目的和作用。
（2）了解快速查询方法。
（3）掌握 MFC ADO 数据库访问技术。
（4）掌握 List 控件的用法。

2. 实验要求

（1）实现对疾病（或其他）数据进行快速查询。
（2）使用查询到的数据进行录入,即将查询得到的主要数据添加到另一个录入界面中,如图 A.17 中前面的界面用于快速查询,后面为主界面用于录入。

3. 实验步骤

（1）启动 VC++ 6.0,创建基于对话框的 MFC AppWizard(exe)类型的工程,命名为 Query。

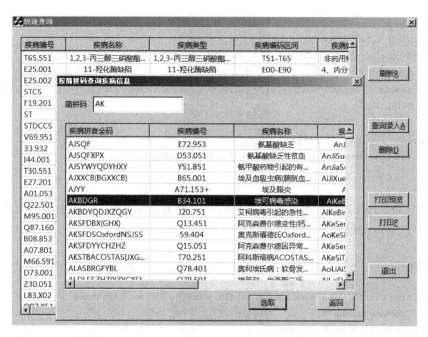

图 A.17 快速查询与录入

（2）修改对话框 ID 为"IDD_QUERY_DIALOG"，标题为"快速查询"。

（3）在控件工具栏选择 List 控件及 Button 控件添加至对话框，设计主界面如图 A.17 所示，定义 List 控件 ID 为"IDC_LIST"（其他略）。

（4）打开 MFC ClassWizard 对话框，为"IDC_LIST"控件添加成员变量 m_cListCtrl，类型为 CListCtrl。

（5）加入自定义类 CADOConn。

（6）在 CQueryApp::InitInstance 函数中加入如下代码：

```
if(!AfxOleInit())
{
    AfxMessageBox("OLE initialization failed.");
    return FALSE;
}
```

（7）在 QueryDlg.cpp 文件中添加文件包含命令"♯include "ADOConn.h""。定义全局变量"CADOConn AdoConn;"。

（8）为 CQueryDlg 类添加成员函数 SetListStyle，设置 List 控件属性。示例代码如下：

```
void CQueryDlg::SetListStyle()
{
    CString title1[] = {"疾病编号","疾病名称","疾病类型","疾病编码区间","疾病区间名称"};
    LONG lStyle;

    lStyle = GetWindowLong(m_cListCtrl.m_hWnd, GWL_STYLE);
```

```
    lStyle &= ~LVS_TYPEMASK;
    lStyle |= LVS_REPORT;
    SetWindowLong(m_cListCtrl.m_hWnd, GWL_STYLE, lStyle);
    m_cListCtrl.SetTextColor(RGB(0, 0, 255));
    m_cListCtrl.SetExtendedStyle(m_cListCtrl.GetExtendedStyle() | LVS_EX_FULLROWSELECT |
LVS_EX_GRIDLINES);

    for(int i = 0; i < 5; i++)
    m_cListCtrl.InsertColumn(i, title1[i], LVCFMT_CENTER, 100, -1);
}
```

（9）为 CQueryDlg 类添加成员函数 FillData，获取表 sickdoc_test 中的记录集并显示在 List 控件中。示例代码如下：

```
void CQueryDlg::FillData(void)
{
    CString title[] = {"sickd_id", "sickd_name", "sickd_typename", "sickd_coderange",
"sickd_coderangename"};
    m_cListCtrl.DeleteAllItems();

    CString str[5];
    CString selstr = "select * from sockdoc_test order by sickd_id";
    AdoConn.GetRecordSet(selstr);
    int Count = AdoConn.GetRecordCount();
    for(int j = 0; j < Count; j++)
    {
        for(int k = 0; k < 5; k++)
            AdoConn.GetCollect(title[k], str[k]);

        m_cListCtrl.InsertItem(j, str[0]);
        for(k = 1; k < 5; k++)
            m_cListCtrl.SetItemText(j, k, str[k]);
        AdoConn.MoveNext();
    }
    AdoConn.Close();
}
```

（10）在 CQueryDlg::OnInitDialog 函数中添加如下代码，进行连接数据库并初始化列表框控件数据。

```
CString conectstr = "Provider = OraOLEDB.Oracle.1;Persist Security Info = True;\\
User ID = softcase; Password = softcase; Data Source = 192.168.10.110/lemonson"; AdoConn
.OnInitADOConn(conectstr);

SetListStyle();
FillData();
```

（11）为"刷新"按钮添加消息映射成员函数 OnRetrieve。示例代码如下：

```
void CQueryDlg::OnRetrieve()
{
    FillData();
}
```

（12）为"删除"按钮添加消息映射成员函数 OnDelete。示例代码如下：

```
void CQueryDlg::OnDelete()
{
    int index = m_cListCtrl.GetSelectionMark();
    if(index == -1)
    {
        MessageBox("请选择删除项", "提示", MB_ICONWARNING | MB_OK);
        return ;
    }

    if(IDOK == MessageBox("确定要删除此项吗?", "提示",
                          MB_OKCANCEL|MB_ICONQUESTION|MB_DEFBUTTON2|MB_SYSTEMMODAL))
    {
        CString Num = m_cListCtrl.GetItemText(index, 0);
        CString sqldel = "delete from medicine_test where medicine_id = '" + Num + "';";
        BOOL ret = AdoConn.ExecuteSQL(sqldel);
        if(ret)
        {
            m_cListCtrl.DeleteItem(index);
            m_cListCtrl.DeleteAllItems();
            FillData();
        }
        else MessageBox("操作失败", "提示", MB_ICONWARNING | MB_OK );
        m_cListCtrl.SetSelectionMark(-1);
    }
}
```

（13）向 Query 工程中插入对话框资源，定义 IDD 为"IDD_JPMQUERYDLG"，标题为"按简拼码查询疾病信息"。设计界面如图 A.17 所示，定义 Edit Box 控件 ID 为"IDC_JPM"，定义 List 控件 ID 为"IDC_LIST_QUERY"，定义"选取"按钮控件 ID 为"IDC_CHOOSE"。

（14）为子对话框生成类 CJpmQueryDlg。在 QueryDlg.cpp 文件中添加文件包含命令"#include "JpmQueryDlg.h""。

（15）打开 MFC ClassWizard 对话框，为 CJpmQueryDlg 类添加"IDC_LIST_QUERY"控件成员变量 m_cListQuery，类型为 CListCtrl。为"IDC_JPM"控件添加成员变量 m_sJpm，类型为 CString。

（16）在 JpmQueryDlg.cpp 文件头部添加声明语句：

```
extern CADOConn AdoConn;
```

(17) 为 CJpmQueryDlg 类添加成员函数 SetListStyle,设置 List 控件属性,代码参考 CQueryDlg::SetListStyle 函数。

(18) 为 CJpmQueryDlg 类添加成员函数 FillData,获取表 sickdoc 中的记录集并显示,代码参考 CQueryDlg::FillData 函数。

(19) 在 CJpmQueryDlg 类的 OnInitDialog 成员函数中添加如下代码,初始化 List 控件数据。

```
SetListStyle();
FillData();
```

(20) 为 CJpmQueryDlg 类添加成员函数 FindString,用于在列表框中从指定行开始在第 1 列(疾病拼音码)查找指定字符串。示例代码参考 CQueryApp：InitInstance 函数。

(21) 为 CJpmQueryDlg 类添加成员变量 int index,用于保存列表框中焦点选中行索引。在 CJpmQueryDlg 类的构造函数中初始化为-1。

(22) 为 CJpmQueryDlg 类的"IDC_JPM"控件添加"EN_CHANGE"消息响应函数 OnChangeJpm。该函数首先获取编辑框控件中的疾病拼音码,并将其转换为大写。然后在 "IDC_LIST_QUERY"列表中查询匹配数据,若找到则选中该行。

(23) 当编辑框中输入的疾病拼音码在列表框中找到匹配行时,用户便可回车确认,使该选中行高亮显示。

(24) 为 CJpmQueryDlg 类添加成员函数 Insert,将选中行插入到对应数据库表中,同时刷新主窗口列表框中的数据。示例代码如下:

```
void CJpmQueryDlg::Insert()
{
    if(index == -1) return;

    CString sickdoc[6];
    for(int i = 0; i < 6; i++) sickdoc [i] = m_cListQuery.GetItemText(index, i);

    BOOL ret = AdoConn.RecordExist(" sockdoc_test", " sockdoc_id", sickdoc [1]);
    if(!ret)
    {
        CString sqlinstr = "insert into sockdoc_test( sockd_id, sockd_name,
                        sockd _typename, sickd _coderange , sickd _coderangename ) ";
        sqlinstr += "values('" + sickdoc [1] + "', '" + sickdoc [2] + "', '" +
                        sickdoc [3] + "', '" + sickdoc [4] + "', " + sickdoc [5] + ")";
        AdoConn.ExecuteSQL(sqlinstr);

        CQueryDlg * pQuerydlg = (CQueryDlg * )AfxGetMainWnd();
        pQuerydlg->FillData();
        MessageBox("操作成功!", "提示", MB_OK|MB_ICONWARNING);
    }
    else MessageBox("该记录已存在!", "提示", MB_OK|MB_ICONWARNING);
}
```

（25）为 CJpmQueryDlg 类重写虚函数 PreTranslateMessage。

（26）为 CJpmQueryDlg 类的"选取"按钮添加消息映射成员函数 OnChoose。示例代码如下：

```
void CJpmQueryDlg::OnChoose()
{
    POSITION pos = m_cListQuery.GetFirstSelectedItemPosition();
    index = m_cListQuery.GetNextSelectedItem(pos);
    Insert();
}
```

（27）为 CQueryDlg 类的"查询录入"按钮添加消息映射成员函数 OnQueryinsert。示例代码如下：

```
void CQueryDlg::OnQueryinsert()
{
    CJpmQueryDlg Jpmqdlg;
    Jpmqdlg.DoModal();
}
```

（28）为 CQueryDlg 类添加"WM_DESTROY"消息映射成员函数 OnDestroy，添加如下代码：

```
void CQueryDlg::OnDestroy()
{
    CDialog::OnDestroy();
    AdoConn.CloseADOConnection();
}
```

（29）编译、链接生成可执行文件 Query.exe，测试程序运行结果。

4．问题

（1）查询数据是否一定要按查询数据列排序？为什么？

（2）若在列表框中对选中行进行高亮显示，需对其设置焦点，而输入框同时会失去焦点。此时若要继续输入简拼码则需要切换焦点至输入框，可否对这种情况进行改进？

参 考 文 献

[1] 刘大时,等. 软件案例分析. 北京:清华大学出版社,2008.

[2] 王瑛,张玉花,李祥胜,等. Oracle 数据库基础教程. 北京:人民邮电出版社,2008.

[3] 卫红春,等. 软件工程概论. 北京:清华大学出版社,2007.

[4] 卫红春,等. 信息系统分析与设计. 西安:西安电子科技大学出版社,2003.

[5] 萨师煊,王珊. 数据库系统概论. 北京:高等教育出版社,2001.

[6] 刘天时,赵嵩正. 点对点(P2P)分布式数据库系统. 北京:科学出版社,2007.

[7] 蒋盛益,李霞,郑琦. 数据挖掘原理与实践. 北京:电子工业出版社,2011.

[8] 范明,孟小峰. 数据挖掘概念与技术. 北京:机械工业出版社,2001.

[9] 杨芙清. 软件工程技术发展思索. 软件学报,2005(16):1-7.

[10] 杨芙清,梅宏,李克勤. 软件复用与软件构件技术. 电子学报,1999(2):68-75&51.

[11] 尹锋. 软件工程的若干热点技术发展现状与展望. 长沙大学学报,2006(5):45-49.

[12] 眭俊华,范灵春,张海盛. 软件可靠性预测技术研究. 计算机工程,2006(1):67-70.

[13] 万江平,安诗芳,黄德毅. 软件工程知识体系指南综述. 计算机应用研究,2006(10):1-3.

[14] 卫红春. 三种主流软件工程方法的比较. 微电子学与计算机,2002(3):5-7.

[15] 徐怡,李龙澍. 面向 Agent 的软件工程方法学. 微机发展,2005(10):59-61.

[16] 周晓峰,王志坚. 分布式计算技术综述. 计算机时代,2004(12):3-5.

[17] 胡向东. 物联网研究与发展综述. 数字通信,2010(2):17-21.

[18] 刘智慧,张泉灵. 大数据技术研究综述. 浙江大学学报(工学版),2014(6):957-972.

[19] 李乔,郑啸. 云计算研究现状综述. 计算机科学,2011(4):32-37.

[20] 刘天时,赵嵩正. 一种通用数据库数据整理方法. 计算机工程,2004(20):70-71&74.

[21] 刘天时,赵嵩正. 一种分层式 2PC 协议通信算法研究. 计算机工程,2004(6):104-105&141.

[22] 刘威,刘天时. P2P 技术在网络外设协同工作中的应用. 微机发展,2005(7):60-61&64.

[23] 刘天时,孟东升,王田均,等. 信息系统数据迁移方法研究与应用. 西北大学学报,2006(1):25-28.

[24] 刘天时,张留美,程国建,等. 基于 P2P 通信的综合因子组播优化算法研究. 计算机应用研究,2013(5):1464-1466&1491.

[25] 刘枚莲,刘同存,李小龙. 基于用户兴趣特征提取的推荐算法研究. 计算机应用研究,2011(5):1664-1667.

[26] 刘枚莲,刘同存,张峰. 基于双向关联规则项目评分预测的推荐算法研究. 武汉理工大学学报,2011(9):150-155.

[27] 张志宏,寇纪淞,陈富赞,等. 基于遗传算法的顾客购买行为特征提取. 模式识别与人工智能,2010(02):256-266.

[28] 过蓓蓓,方兆本. 基于 SVM 的 Web 日志挖掘及潜在客户发现. 管理工程学报,2010(1):129-133.

[29] 陶雪娇,胡晓峰,刘洋. 大数据研究综述. 系统仿真学报,2013,25S:142-146.

[30] 李国杰. 大数据研究的科学价值. 中国计算机学会通信,2012(9):8-15.

[31] LI Jiao, LIU Tian-shi. Research of a Multi-link Concurrent P2P Communication Model. Applied Mechanics and Materials. Vols 263-266,2013:1012-1025.

[32] Weiner, LR, Digital Woes: Why We Should Not Depend on Software. Reading, MA: Addison-Wesley,1993:4-15.

[33] Zhang YY, Jiao JX. An Associative Classification-based Recommendation System for Personalization

in B2C E-commerce Applications. Expert Systems with Applications，2007（2）：200-253.

[34] Kim D，Yum BJ. Collaborative Filtering Based on Iterative Principal Component Analysis. Expert Systems with Applications，2005(4)：167-200.

[35] Hwang M，Jeong D H，Kim J，et al. A Term Normalization Method for Better Performance of Terminology Costrucion. Proceedings of the 11th International Conference on Artificial Intelligence and Soft Computing. Zakopane，Poland，2012：682-690.

[36] Ketata I，Mokadem R，Morvan F. Biomedical Resource Discovery Considering Semantic Heterogeneity in Data Gridenvironments. Proceedings of the International Conference on Innovative Computing Technology. Sao Carlos，Brazil，2011：12-24.

[37] Kang U，Chau D H，Faloutsos C. Pegasus：Mining Billionscale Graphs in the Cloud. Proceedings of the 2012 IEEE International Conference on Acoustics，Speech and Signal Processing（ICASSP）. Kyoto，Japan，2012：5341-5344.

教 学 资 源 支 持

敬爱的教师：

　　感谢您一直以来对清华版计算机教材的支持和爱护。为了配合本课程的教学需要，本教材配有配套的电子教案（素材），有需求的教师请到清华大学出版社主页（http://www.tup.com.cn）上查询和下载，也可以拨打电话或发送电子邮件咨询。

　　如果您在使用本教材的过程中遇到了什么问题，或者有相关教材出版计划，也请您发邮件告诉我们，以便我们更好地为您服务。

我们的联系方式：

地　　址：北京海淀区双清路学研大厦 A 座 707

邮　　编：100084

电　　话：010－62770175－4604

课件下载：http://www.tup.com.cn

电子邮件：weijj@tup.tsinghua.edu.cn

教师交流 QQ 群：136490705

教师服务微信：itbook8

教师服务 QQ：883604

（申请加入时，请写明您的学校名称和姓名）

用微信扫一扫右边的二维码，即可关注计算机教材公众号。

扫一扫
课件下载、样书申请
教材推荐、技术交流